NF文庫
ノンフィクション

艦艇防空

軍艦の大敵・航空機との戦いの歴史

石橋孝夫

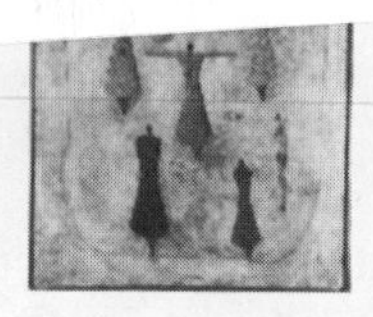

潮書房光人社

艦艇防空——目次

艦艇防空

軍艦の大敵・航空機との戦いの歴史

第1章　第一次世界大戦と最初の防空兵器

初物づくしの水母「若宮」

一九〇三年のライト兄弟による世界最初の飛行機の出現は、以後きわめて短期間裏に飛行機の軍用化がはじまり、戦場は二次元平面から立体的な三次元へと変貌することになる。

もちろん、誕生期の飛行機は飛ぶのがやっとといったありさまで、海上の王者、戦艦にとっては歯牙にもかけない存在であった。それよりも、当時台頭しつつあった潜水艦の方が、より気になる存在となっていた。

日本海軍では六年後の一九〇九（明治四十二）年、航空機の軍用化の研究に着手することになり、二人の大尉が海軍大学校選抜学生として、航空にかんする研究に従事することを命じられた。

この年の五月二十五日には、フランスのブレリオ機がドーバー海峡の横断に成功している。

バーミンガムから発艦実験を行なうカーチス機

アメリカ海軍では、この前年十二月に装備局長が航空機の有効性について着目し、航空機の購入と専従人員の確保について報告書を提出していた。

一九一〇年十一月十四日、民間人パイロットのユージン・エリィが、ハンプトンローズに停泊中のアメリカ海軍巡洋艦バーミンガムの前甲板に仮設された滑走台より、カーチス五〇馬力機による発艦に成功して、世界で最初の海上の艦船からの航空機発艦をなしとげた。

このとき、日本では陸軍がいちはやく航空機の取得をおこない、十二月十九日に代々木練兵場で徳川大尉が、フランスのファルマン機による初飛行に成功している。

陸軍に遅れをとった日本海軍は、この時期もっぱら航空機先進国のフランスに将校を派遣して、航空機の操縦習得につとめていた。

一九一二(明治四十五)年十月に、金子大尉がフ

「若宮丸」

ランスからファルマン式水上機二機、河野大尉がアメリカからカーチス式水上機二機とともに帰国し、翌月十二日の横浜沖観艦式で二機の飛行を初披露した。

　翌年九月、日本海軍は日露戦争の捕獲船で運送船として使用していた「若宮丸」に、かんたんな改造をくわえてファルマン式水上機を搭載、海軍小演習に参加した。

　翌年八月の第一次世界大戦の勃発にさいして、「若宮丸」はより本格的な艤装をほどこして、飛行機母艦として青島攻略戦に出陣することになる。もちろん正式には運送船のままである。「若宮」が正式に航空母艦となるのは、のちの大正九（一九二〇）年のことであった。

　搭載したファルマン七〇馬力機三機、同一〇〇馬力機一機は、八センチまたは一二センチ砲弾を改造した爆弾一〇発ないし六発を搭載して、機体両側の投下用筒におさめて、かんたんな目測照準機により投下するものであった。また一〇〇馬力機には旋回機銃一梃を装備していたという。

　約三ヵ月の作戦で途中、母艦の「若宮丸」の触雷損傷があったものの、出撃回数四九回、投下爆弾一九九発、総飛行時間七一時間という記録をのこしている。

このとき、青島にはオーストリア海軍の巡洋艦カイザリン・エリザベス四〇六四トンとドイツ海軍の水雷艇S90の二隻が在泊していた。日本機はたびたび爆撃をこころみたが、命中弾は得られなかった。

この作戦に参加した「若宮丸」は、世界最初の実戦に投入された水上機母艦であった。また、カイザリン・エリザベスとS90は、世界で最初に飛行機に爆撃された海軍艦船ということになる。

このとき、右記二隻にはもちろん高角砲などの対空火器はなく、反撃は小銃や機銃による小火器にかぎられていたらしい。

しかし、陸上の砲台からは時限信管付きの砲弾による反撃をうけたといわれており、高射砲らしきものの存在があったらしい。

これにたいして日本海軍機の被弾は二回あった。六発の小火器の銃弾が命中したのみで、ともに飛行に支障はなかった。

陸上砲改造の即席高角砲

このように、第一次世界大戦勃発時の海軍艦船には、飛行機にたいするそなえはないにひとしかった。

同時に、飛行機も艦船を攻撃する具体的な手段がなく、もっぱら偵察や戦況観測といった任務にあたるのが通例であった。

とはいっても、艦船側が完全に無防備であったわけではなく、開戦前の一九一三年度版『ジェーン軍艦年鑑』の巻末資料には、当時開発されたばかりの英独の最新高角砲のいくつかが紹介されており、艦船への対空砲火の装備は実現しつつあったことがうかがえる。

いずれにしろ、開戦時に実際に高角砲を搭載していた艦船は皆無とおもわれる。搭載が実施されはじめたのは翌年の一九一五年からのことで、新造艦で完成時から装備を実施していたのは、一九一六年になってからと推定される。

日本海軍で最初に高角砲を搭載した艦船は、先に青島攻略戦で世界最初の艦載飛行機による実作戦をおこなった「若宮」である。

大正五年に運送船から二等海防艦に格上げされ、「若宮丸」から軍艦「若宮」にかわった同艦に、五センチ大仰角砲二門が装備されたのは、みずから飛行機を搭載して、飛行機の威力をもっともよく知っているからであったのか、その真意は不明である。

当時は高角砲という名称はなく、そのものずばりの大仰角砲が正式な名称であった。

陸軍では、先の青島戦に三八式野砲を臨時に改造した仮高射砲一門をもちこんで実戦にもちいたというが、正式な高射砲の開発は、大戦終了時まで待たなければならなかった。

五センチ大仰角砲は「若宮」いがいには搭載例はなく、試作砲の意味あいが濃かった。正

第１図　日本海軍最初の高角砲搭載艦「若宮」

5㎝大仰角砲——艦橋両ウイングに装備

「若宮」（大正６年７月）

式な口径が四七ミリであるところからも、従来の山内式、または保式四七ミリ重速射砲を改造したものであることは、容易に想像できた。

　飛行機という、従来にないスピードで飛来する小さな目標に砲弾を命中させるには、従来の低仰角をたかめるいがいにも、俯仰旋回動作を軽快にして、目標追尾を容易にする必要があり、発射速度もまた重要な要素となっていた。

　また、砲弾も時限信管により、ねらった高度で炸裂

第2図　波号第9潜搭載短5cm大仰角砲

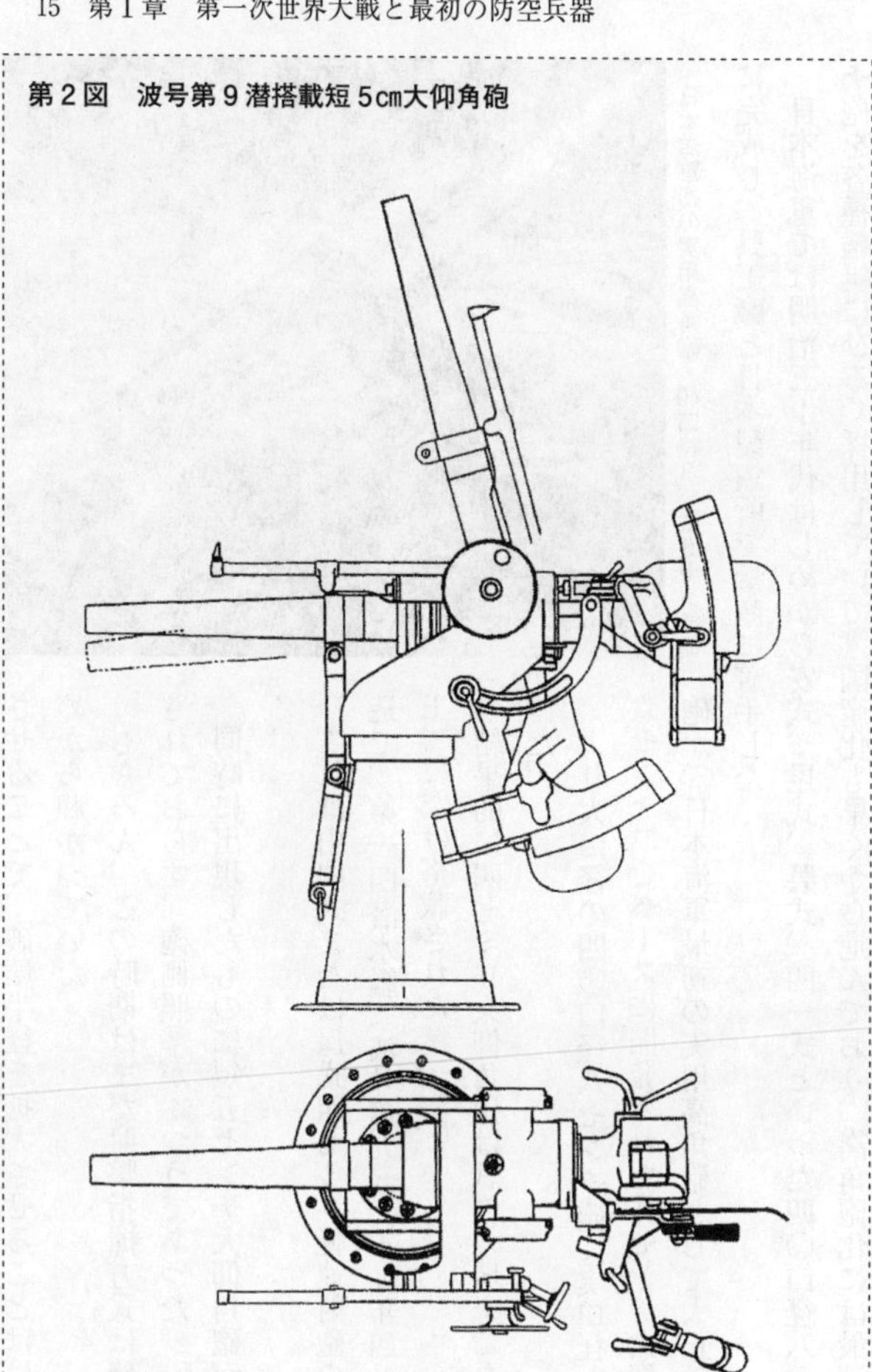

させることで、破壊半径を拡大させることははじめからわかっていた。

もちろん、この時期はまだ射撃指揮方式は確立されておらず、砲側照準がふつうであった。

同時に出現したものに短五センチ大仰角砲がある。

これは山内式または保式四七ミリ軽速射砲の改造で、第一四潜水艦（波号第九、大正九年四月竣工）にだけ搭載された。

結果的に四七ミリ大仰角砲は試作の域をでなかった。

より大口径の四〇口径八センチ砲（実口径七・六センチ）をベースに開発された八センチ大仰角砲が、日本海軍最初の実用高角砲として大正五年に完成し、呉工廠と日本製鋼所で量産に着手した。

日本海軍初の実用高角砲・40口径3年式8センチ砲

日本海軍では明治三十年代はじめから安式、毘式、呉式、四一式といった四〇口径八センチ砲を各種艦艇にひろく採用していて、国産化も早くから進んでおり、高角砲化には最適の

第3図　40口径3年式8㎝高角砲

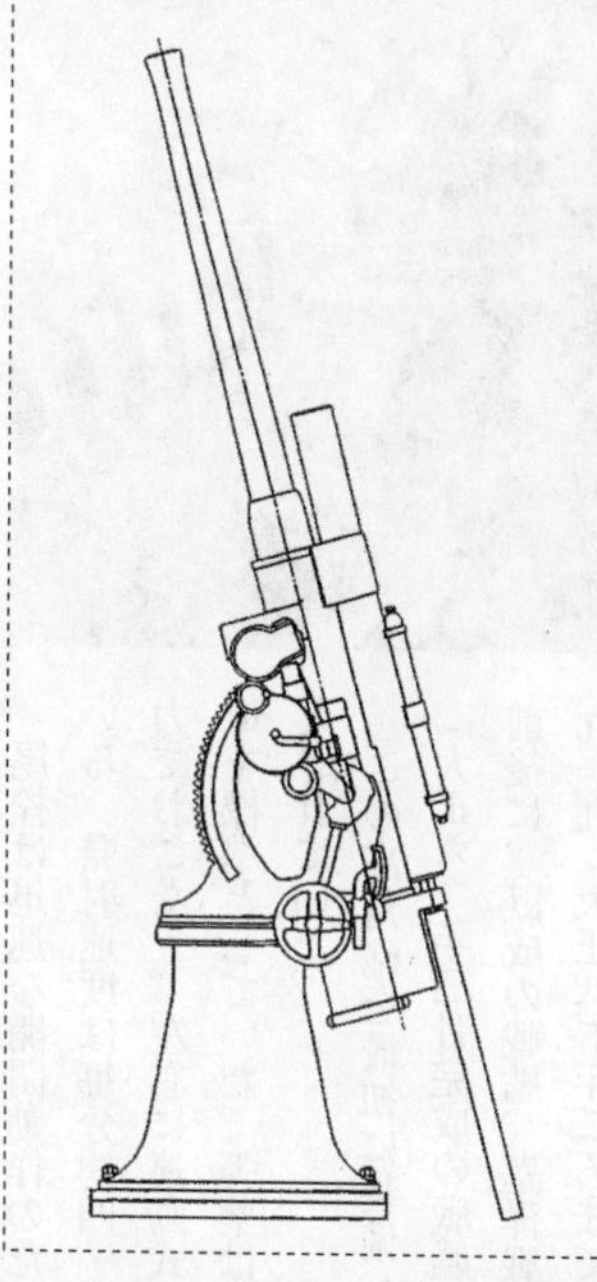

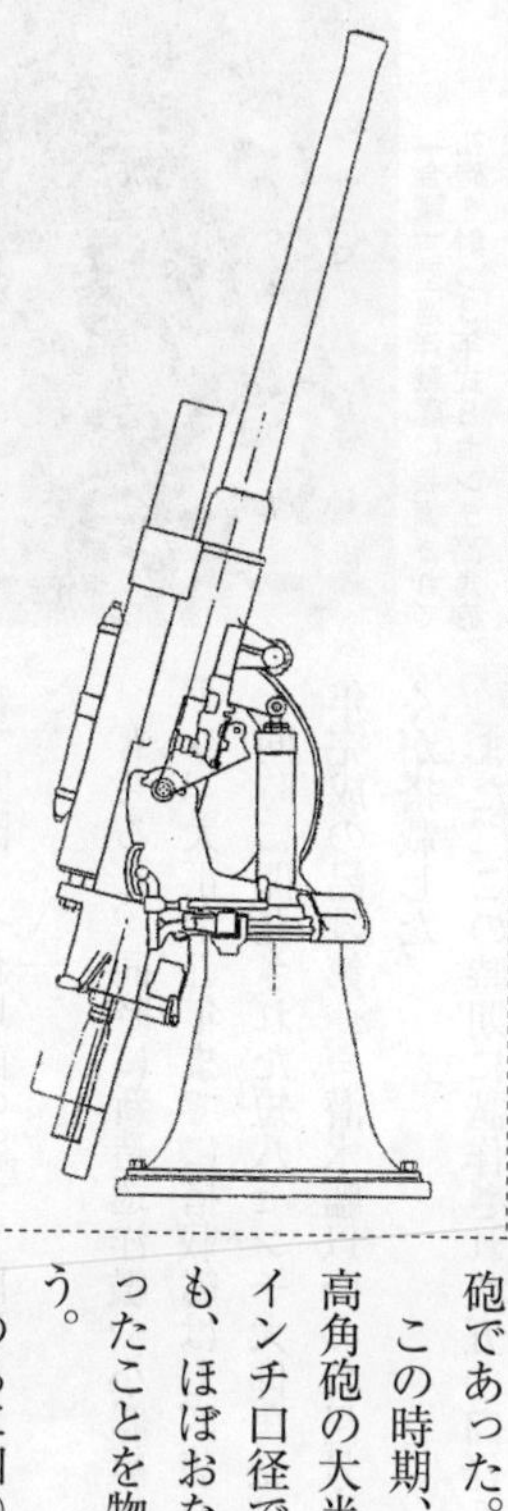

砲であった。

この時期、各国の初期高角砲の大半がおなじ三インチ口径であったことも、ほぼおなじ認識であったことを物語っていよう。

のちに四〇口径三年式八センチ高角砲となるこの砲は、円錐台上の砲架に砲身と推進筒をかさね、砲尾にもうけた錘と発条により、砲身の俯仰動作を軽快にした。

このため、最大仰角の七五度を繋止位置としている。

「金剛」型巡洋戦艦に装備されて礼砲を射つ3年式8センチ高角砲

尾栓は迅速な開閉動作のため、斜横栓式を採用している。発射速度は毎分約四・五発、砲の俯仰旋回は人力でおこなう。左右に連動式照準器をそなえ、砲側照準を標準としていた。弾薬は薬莢式で、発射は撃発式とされていた。

この高角砲を最初に装備した新造艦は、一九一七（大正六）年三月完成の戦艦「山城」であった。この前後に、既成の戦艦、巡洋戦艦にも装備がすすみ、一九一九（大正八）年ごろまでに「金剛」以降の超ド級艦で四門、それ以前の艦で二門装備が標準とされていた。

もちろん、同時に新造巡洋艦や小艦艇への搭載もすすみ、大正十五年までに搭載艦は七四隻を数えた。

同時に開発された短八センチ大仰角砲は、一九一九年完成の呂号第一一潜水艦以降の各呂号潜水艦のおくが搭載した。

また、この時期に試作された五〇口径八センチ大仰角砲は、気球射撃用に設計されたものとされているが、実艦への搭載はなかった。

優れていたMk10砲

アメリカ海軍では、日本海軍より一足はやく、大戦勃発の一九一四年はじめに、計画中の艦艇に対空砲を装備することを決定していた。

アメリカ戦艦ではじめから高角砲を搭載するかたちで計画されたのは、一九一五年計画のミシシッピー級からで、前級のペンシルベニア級も、一九一六年十二月からは三インチ五〇口径高角砲四門を追装備したかたちで完成している。ほぼ日本戦艦より一年先行していたといえる。

以後に完成の戦艦も、一九二〇年代はこの三インチ砲四門が標準装備となっている。

アメリカ海軍最初の高角砲、Mk10三インチ五〇口径砲は、厳密には両用砲と位置づけられていて、のちの第二次大戦までもちいられた傑作汎用砲である。

創設期の海上自衛隊の中核をなしたフリゲート船、いわゆるパトロール・フリゲート（PF）の備砲も、この系列に属するものであった。

両用砲だけに、日本の八センチ高角砲にくらべて水平射撃にも適しており、五〇口径砲ということで射程もいくぶん長く、速射性にもすぐれていたようであった。

一方、ヨーロッパにおいて対峙していた英独海軍にあっても、艦艇にたいする高角砲の装備は、開戦翌年の一九一五年ごろより見られはじめた。一九一六年にはいると戦艦、巡洋艦にたいする搭載も一般化されるようになった。

とはいっても、洋上での艦隊に航空機が脅威になるような事態はまだみられず、主に泊地に停泊中の防空を考慮したものと推定された。

ドイツ戦艦、巡洋戦艦の対空砲は、当時の水準としてはかなり重装備であった。大戦中に完成したバイエルン級戦艦やデルフリンガー級巡洋戦艦では一九一六年以降、八・八センチ四五口径高角砲八門を装備していた。

クルップ製のこの高角砲は、楯付きの単装砲で、のちの第二次大戦で名をなした八八ミリ高角砲の前身ともいえた。他の戦艦などにも、大戦中にこの八・八センチ砲を二〜四門装備しており、全般に対空火力は優秀であった。

これにたいしてイギリス海軍では、戦時完成戦艦、巡洋戦艦では三インチ高角砲二門ていどの装備が標準的な対空火力で、他に五七ミリ高角砲も一部の艦に装備されたようであった。

ただし、イギリス戦艦などの特別な防空装備として、大戦後期に実施された航空機搭載施設がある。これはドイツのツェッペリン飛行船に対抗したもので、洋上で偵察任務に接近するこれら飛行船を追いはらい、または撃墜するために陸上型戦闘機を搭載、砲塔上に仮設した滑走台から発進させるものであった。

任務をおえた戦闘機は陸上基地に帰還するか、海上に不時着することになっていた。

第一次大戦中に就役したドイツ海軍飛行船は合計七〇隻を数えるが、対空砲または戦闘機により撃墜されたのは二三隻、その他事故などで喪失したものは三〇隻に達するとされている。

また、北海方面においてドイツ海軍飛行船が実施した偵察、哨戒飛行は三一七回、また艦隊出撃における前路哨戒、偵察飛行も一二回に達している。各回三〜一〇隻の飛行船が参加したといわれており、イギリス艦隊にとっても無視できない存在であったことがうかがえる。

第２章　大戦間の艦艇防空

艦隊決戦での有力な戦力

一九一八年十一月、第一次世界大戦が休戦となり、五年余にわたった大戦がおわった。第一次大戦では、あらたに出現した潜水艦が猛威をふるい、従来の海戦とはことなる様相を見せた。

同様に出現した航空機は、まだ潜水艦ほどの直接的な脅威はなかったものの、兵器としての航空機は、もはや各国軍備に不可欠の要素になっていた。

アメリカは一九一七年四月に遅れて大戦に参戦したが、このときアメリカ海軍航空隊は将校四八名、下士官兵二三九名、飛行機五四機、飛行船一隻、航空基地一ヵ所という小規模な陣容でしかなかった。

そのわずか一年半後、大戦がおわった一九一八年十二月には、将校六七一六名、下士官兵三万六九三名、飛行機二一〇七機、飛行船一五隻という大勢力に成長していた。飛行機数だけでも四〇倍という急激な発展ぶりであった。

大戦中の戦果をみても、ドイツ海軍航空隊の例では、休戦までに連合国側の駆逐艦一隻、潜水艦三隻、高速艇四隻、商船四隻を撃沈、他に商船一二隻に損傷をあたえ、敵機二七〇機、飛行船二隻を撃墜したという。

ドイツ海軍航空隊は、休戦までに水上機二一三八機、飛行船七三隻を製造して兵力にくわえていたが、大戦中に水上機一一六六機をうしなっている。このうち、実際に戦闘による喪失は一七〇機とすくなく、大半は他の原因によってうしなわれたものであるという。

戦果のなかで、撃沈したとする駆逐艦はロシア海軍の水雷艇ストロジニー（三五〇トン）で、一九一七年八月二十一日にバルト海で座礁したところを、ドイツ海軍水上機による数度の爆撃をうけて大破、放棄されたために撃沈と認められたものであった。

ちなみに、第一次大戦中に航空機により撃沈されたイギリス商船は四隻、七九一二総トン、損傷した船舶は四四隻、八万九二二七総トンと記録されている。

このように、この時代に爆撃で艦船を撃沈するのは、爆弾自体が五〇〜六〇キロと小型で威力も低く、携帯数もすくなく、かつ照準装置も貧弱なため容易ではなかった。しかし、魚雷を搭載した雷撃機が出現するにいたって、その脅威はおおはばに増大した。

最初の航空機による雷撃は一九一五年八月十日、ダーダネルス作戦参加中のイギリス海軍

（上）1914年7月、英海軍によるショート機を使った雷撃実験。（下）1916年に船着したソッピース・クックーで日本海軍が行なった雷撃実験

水上機母艦ベン・マイ・クリー搭載のショート水上機が、双浮舟のあいだに魚雷をかかえて、停泊中のトルコ輸送船を雷撃、撃沈したのが最初といわれている。

この戦法は、ただちに各国の注目するところとなった。一九一七年に、ドイツ海軍でもフランダース飛行隊が北海でイギリス商船三隻を雷撃により撃沈している。

日本海軍でも、大正五（一九一六）年十一月にイギリスからショート184

水上機を購入して雷撃機の開発に着手している。このとき、ショート水上機の搭載可能な魚雷は一四インチ（三六センチ）魚雷で、重量は四〇〇キロ程度であったという。大正十年には、より本格的な艦上単座雷撃機ソッピース・クックーMk2六機が船着、本機では一八インチ（四五センチ）魚雷の搭載が可能であった。

これとは別に、日本海軍が「若宮丸」で実践したように、艦船に水上機を相当数搭載して艦隊に随伴して、洋上で艦隊作戦に従事する、いわゆる〝艦隊航空戦力〟がめばえていた。やがてフラットな飛行甲板をもうけて、直接艦載機を離着艦可能な、いわゆる航空母艦に発展していくことになる。

こうした艦載航空機の集団を、洋上での艦隊決戦における有力な戦力にもちいようとする傾向は、大戦中にイギリス海軍によりほぼ完成されたものになっていた。戦後、広大な太平洋をはさんで対抗しつつあった日米両海軍にとって、きわめて魅力的な兵力として認められることになる。

こうした艦隊航空力の台頭は、当然ながら個々の海軍艦艇にとって、より真剣に防空に取り組むことを必然とし、あらたな防空火器や射撃システムの開発が急務となるのであった。

必須事項の高角砲の装備

かくして第一次大戦後の各国海軍では、すべての主要艦艇に高角砲の装備は必須の事項となった。

日本海軍では、前述のように大正中期以降、四〇口径三年式八センチ高角砲をひろく採用して、戦艦クラスで四門、軽巡クラスで二門ていどが標準装備とされた。

戦艦でも「長門」などは、大正十四年の練習艦役務時に八センチ高角砲三門を増備して、合計七門を装備していた。大正十三年四月に発令された「砲戦指揮装置制式草案」によると、戦艦、巡洋戦艦、巡洋艦では射撃指揮所として、主砲、副砲いがいに高角砲指揮所の設置が定められており、指揮所を高角砲近辺に設置して、対空用測距儀や方位盤装置の装備を規定していた。

「長門」型の計画された時期には、まだこの制式は完成していなかったが、実際の砲戦指揮装置は、ほぼ後のこの草案に近いものとなっていた。たとえば、「長門」の建造着手時の計画では、両舷の高角砲付近に七年式二メートル対空測距儀（移動式）各一基を装備するものとされていた。

ただ、対空用方位盤照準装置の装備はのちのことで、八センチ高角砲自体は方位盤射撃には適応していなかった。またこの時期、戦艦などの羅針艦橋付近には七・七ミリ機銃三〜四梃が装備されて、近接来襲する航空機を撃退することを目的としていた。

一方、日本海軍は砲戦指揮装置制式草案にしめした高角砲としては四五口径一〇年式一二センチ砲を開発して、主力艦では八八艦隊の最初の巡洋戦艦「天城」型から搭載を予定していた。しかし、ワシントン条約により実現せず、戦艦、巡洋戦艦でこの一二センチ高角砲を装備した艦はなかった。

三年式八センチ高角砲にくらべて、最大仰角はおなじ七五度、最大射高は七〇〇〇メートルから一万一〇〇〇メートルに延長された。弾重は二〇・四キロと三倍余になり、威力を増している。旋回、俯仰とも電動、または人力により操作可能で、発射速度は毎分一〇発ていどと人力装塡を採用していた。

本高角砲を最初に装備したのは昭和三年完成の空母「赤城」で、巡洋戦艦から改造された同艦では連装のA型六基を装備した。やや遅れて重巡「青葉」型が同単装B型四基を装備している。

ひきつづき条約型巡洋艦の「妙高」型、「高雄」型各艦がおなじく単装六基および四基を装備し、いずれも対空用方位盤射撃装置（高射装置）による射撃指揮方式を採用していた。

なお、「赤城」では主な備砲として、五〇口径三年式二〇センチ砲一〇門を対水上戦用に装備していたが、このうち四門は連装砲塔二基におさめて、中段飛行甲板両舷に装備した。

この砲架には、最大仰角七〇度が可能な兼用砲構造を採用して、いちおう対空射撃可能となっていた。ただし、弾薬装塡は仰角五度固定の人力装塡方式であったから、毎分三発ていどの発射速度で、もちろん迅速な射撃は期待できなかった。

ただ、最大射高は一万五〇〇〇メートルに達したから、その弾丸威力を頼みにした〝腰だ

（上）「赤城」の12センチ連装高角砲。（下）「加賀」の同砲

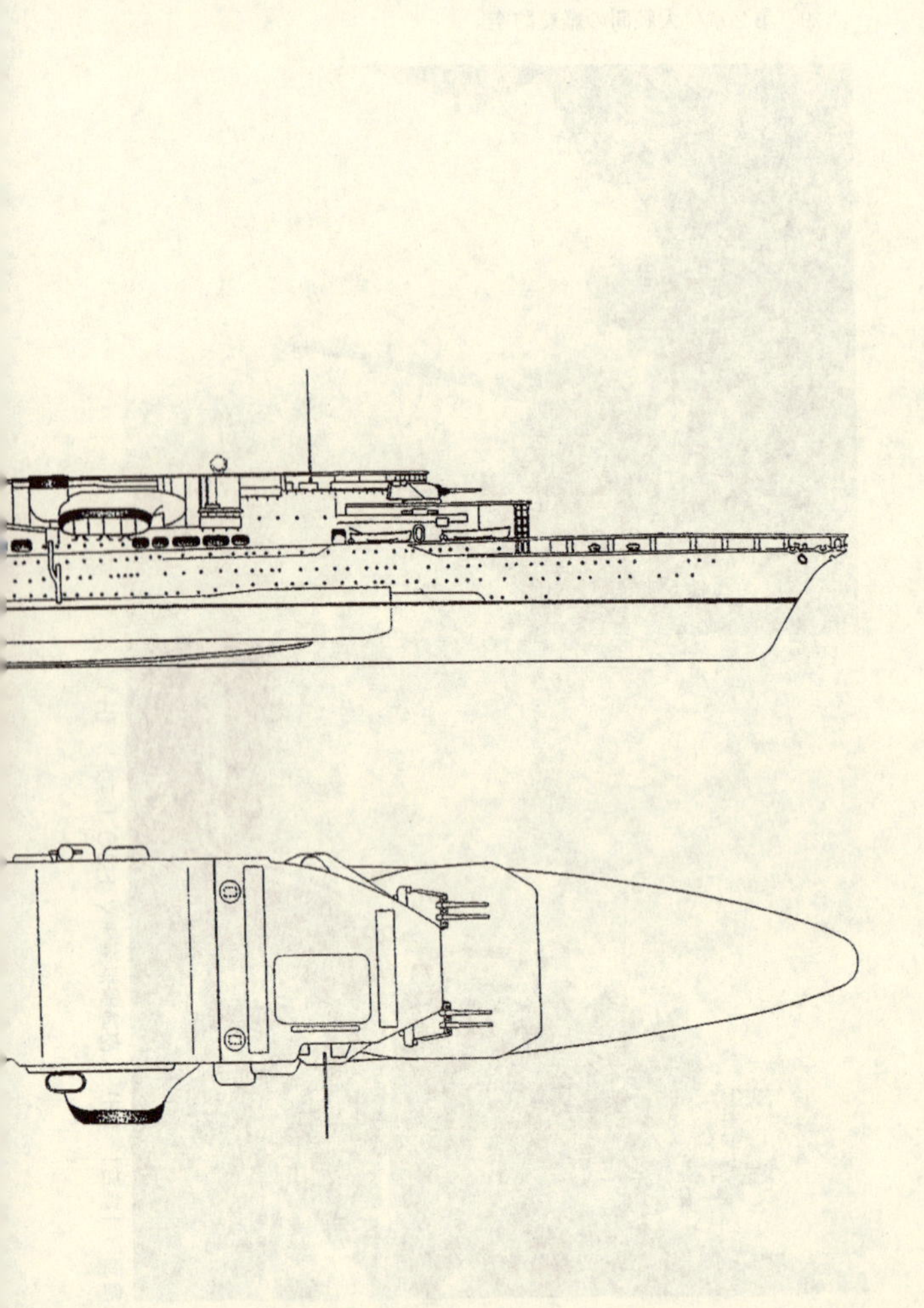

第４図　空母「赤城」竣工時

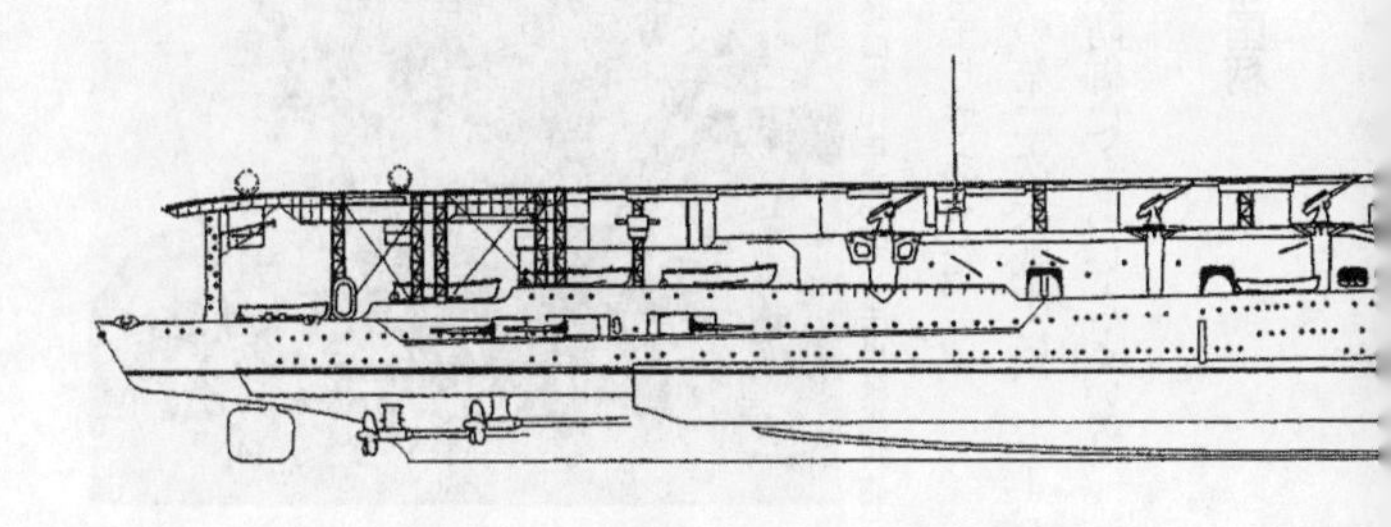

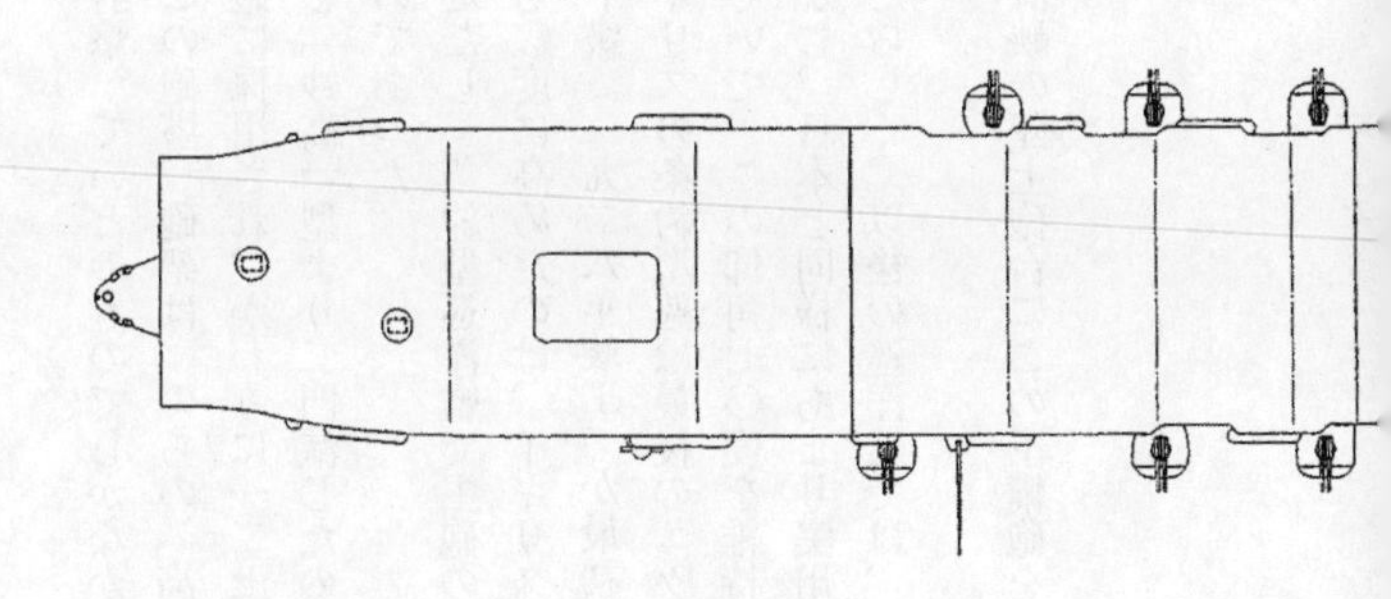

め射撃〟ていどのものでしかなかった。

この砲塔、砲架は、のちの「高雄」型の主砲に採用され、かわりに一二センチ高角砲を「妙高」型より二門減じたのも、このためであった。

ただし、条約型巡洋艦で主砲の最大仰角を七〇度に高めたのは、イギリス海軍のケント級（一九二八年竣工）が最初であった。イギリスの条約型巡は最後のエクゼターをのぞいて、この仰角七〇度を維持していた。しかし、日本と同様にあまり実用性はなかったらしく、以後の巡洋艦では、主砲の仰角は最大でも六〇度どまりであった。

重巡「那智」搭載の45口径10年式12センチ単装高角砲

イギリスでは、のちの第二次大戦中に、ドーバー海峡の陸上砲台にこの予備砲を設置して、大仰角を生かして海峡防御にもちいたという。

各国条約巡にみるお国柄

ワシントン条約により、一九二〇年代に列強各国海軍がいっせいに新造した条約型巡洋艦は、この間における最大の戦闘艦艇であったため、その初期計画艦の高角砲装備をくらべれば、いちおう各国における防空力にたいする配分のていどが判断できよう。

イギリスのケント級は四五口径四インチ（一〇・二センチ）単装砲四基、アメリカのペンサコラ級は二五口径五インチ（一二・七センチ）単装砲四基、フランスのデュケーヌ級が六〇口径三インチ（七・六センチ）単装砲八基、イタリアのトレント級が四七口径三・九インチ（一〇センチ）連装砲八基という状態であった。

傾向としては、日米英は四インチ以上の中口径砲四～六門を標準としているのにたいして、仏伊は比較的に小口径砲をほぼ倍の装備だった。とくにイタリアのトレント級では、唯一の連装高角砲を採用し、しかも片舷四基という重装備がめだっている。

さらに、近接防空火器としての対空機銃の装備までみれば、フランスのデュケーヌ級はホチキス三七ミリ単装八基、おなじく一三・二ミリ連装三基を装備している。イタリアのトレント級では、英ヴィッカーズ社の四〇ミリ単装四基を装備していた。

これら地中海勢のきわめて充実した防空火力にたいして、イギリスのケント級の対空機銃は、トレント級とおなじくヴィッカーズ社の四〇ミリ単装四基とまずまずであるが、アメリカのペンサコラ級では一二・七ミリ機銃単装八基、日本の「妙高」型にいたっては、ルイス式七・七ミリ単装二基という貧弱さである。

第５図　各国の初期条約型巡洋艦（○は対空砲）

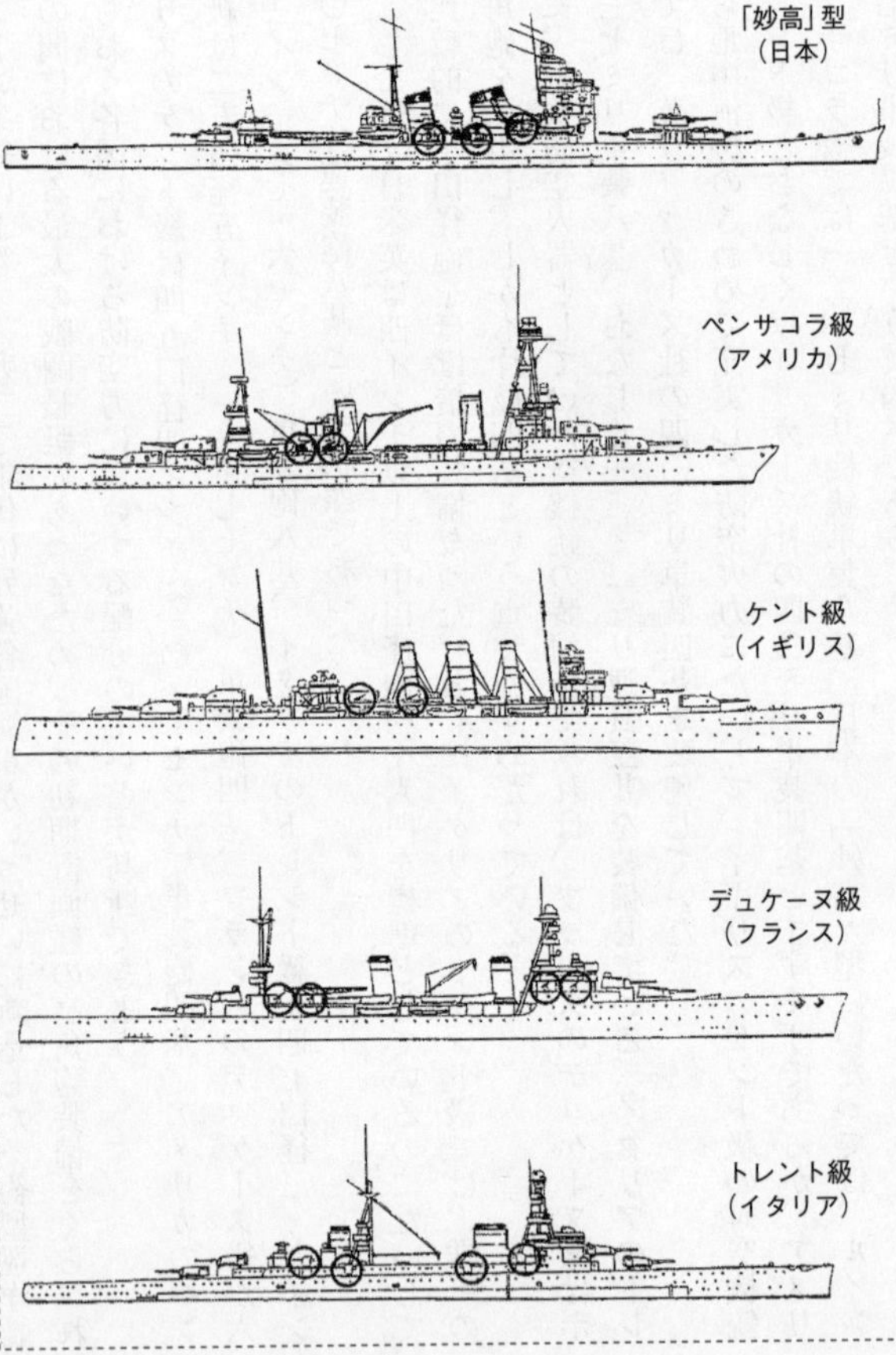

こうした傾向をみると、対空火力にたいする配慮に各国でかなり差異のあることがわかる。とくに、フランスのように三段がまえの火力は、当時の軽構造、低速の航空機の近接攻撃にたいしては、かなりの威力を発揮したはずで、「妙高」のような軽装備とは歴然とした差が感じられる。

ひとつに、英仏伊の欧州列強は、伝統的に自国内に有力な兵器メーカーが存在しており、艦載機銃のような製品を、つねにビジネスとして開発販売している関係から、容易に採用できる利点を有していることも、日米とのちがいであった。

米海軍のMk10・25口径12・7センチ高角砲（両用砲）

事実、日本海軍では当時、英ヴィッカーズ社の四〇ミリおよび一二・七ミリ機銃を、自国艦艇の対空機銃として採用しつつあったというのが実情で、しかしのちに、フランスのホチキス社の二五ミリ、一三・二ミリ機銃に乗りかえることになるのであった。

アメリカ海軍も、のちの第二次大戦時まで有力な艦載機銃をもたず、けっきょくボ

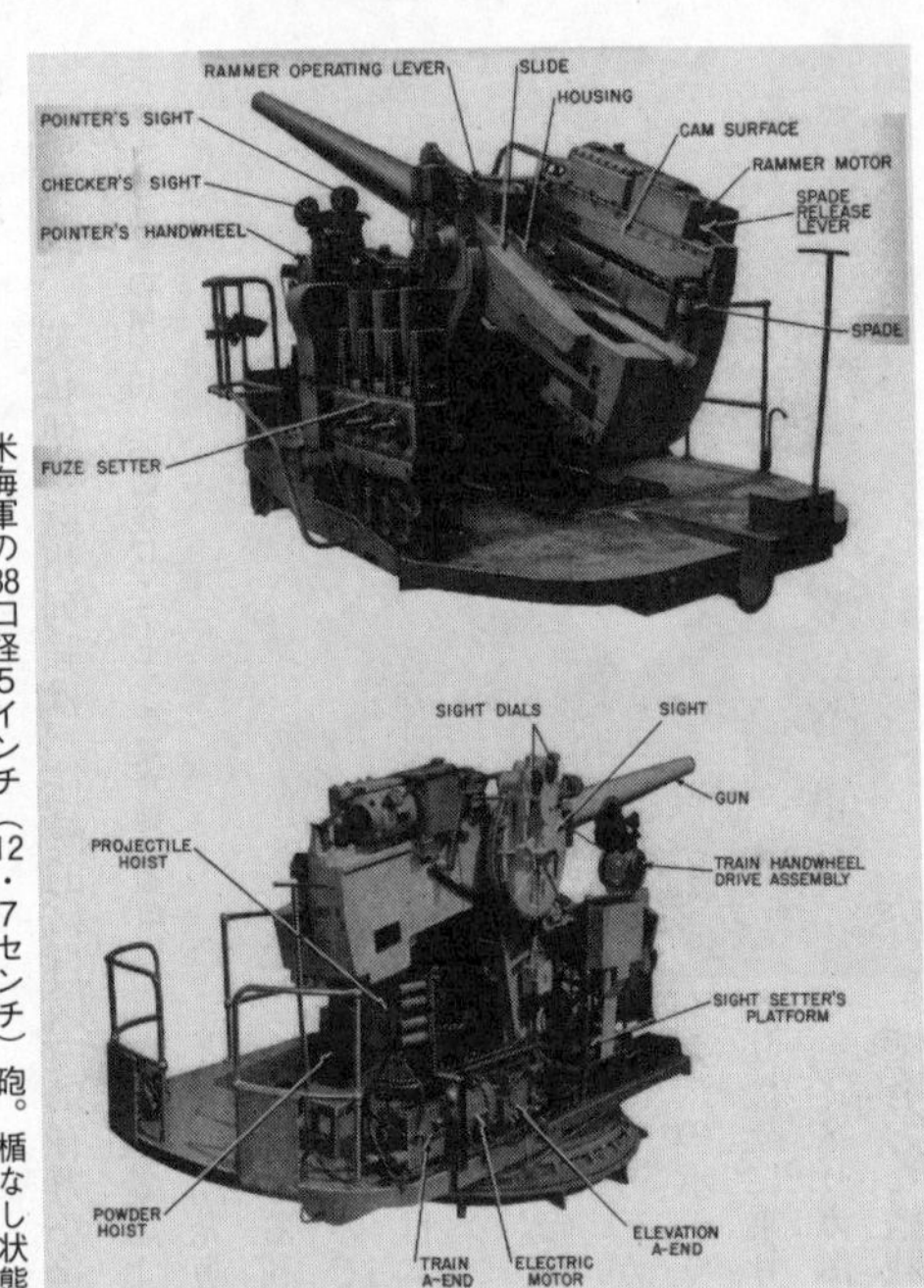

米海軍の38口径5インチ（12・7センチ）砲。楯なし状態

フォース社の四〇ミリ機銃、エリコン社の二〇ミリ機銃というか欧州メーカーの製品のライセンス生産で、大戦を乗りきることができたのであった。

実際問題として、のちの第二次大戦時とはことなり、当時の空母搭載の航空機自体が比較的に脆弱な構造で、かつ低速であったことを考えれば、雷撃や爆撃のために来襲するような場面では、射撃指揮装置が貧弱で動作のにぶい高角砲よりは、軽快な機銃兵装の方が、より有効な防空手段であったということもできた。

ここでもうひとつ注目したいのは、アメリカのペンサコラ級の搭載した二五口径一二・七センチ高角砲である。これは当時、アメリカ海軍が従来の五一口径一二・七センチ砲にかわるあらたな両用砲として開発した新型であった。

開発の主眼は、弾薬重量の軽減、発射速度の増加、操作性の向上などにあった。砲身長を思いきって短縮して二五口径という、当時の艦載砲としては異例な短砲身とし、砲架構造を軽量化した。

弾薬重量は薬莢式一体型として装薬量を削減した。運弾は人力ながら装塡動作は機力化して、大仰角での装塡を容易としたほか、時限信管のセットも自動化されている。発射速度は毎分一五〜二〇発と、これまでの五一口径一二・七センチ砲の約二倍に向上している。

ただし、短砲身のため、射高と水上射撃の有効距離は満足すべきものではなく、まもなく有名な三八口径一二・七センチ砲に取りかえられることになる。しかし、当時としては注目すべき半自動構造を取りいれた対空砲で、のちの第二次大戦時まで在来艦の高角砲として使用されつづけた。

第3章　最初の防空専用艦の出現

ヨーロッパ空軍独立の波

第一次大戦後における航空機の戦力化にあって、特記すべき出来事のひとつに、空軍の独立があった。

最初に空軍を独立させて、陸海軍につぐ、第三の軍事組織としたのはイギリスで、大戦末期の一九一八年にこれを実行した。さらに一九二三年にイタリア、一九二八年にフランスがこれにならった。

こうしたヨーロッパにおける空軍独立の波は、太平洋にはとどかなかった。日米両国においては、いぜんとして空軍力は、陸海両軍が個別に保有して発達し、欧州列強とはことなる、空母を中心とした艦隊航空戦力の装備に注力していた。

ヨーロッパにおける独立空軍の成果は、艦隊航空力という見地からは、完全にマイナス効果しかなかった。空母を建造運用する海軍と、そこに搭載する航空機と人員は、空軍の所轄に属するという矛盾した組織のねじれは、その発展をいちじるしく阻害することになったのは当然であった。

欧州列強で唯一、艦隊航空力を維持していたイギリスなどでは、さすがにこの欠陥に気づいていた。艦隊航空力については所轄を海軍にもどしたが、空母搭載機の発展という面では、機材の近代化に大きな遅れをきたした。

これにたいして、もともと陸軍国のフランスは艦隊航空力におおくを割かず、第一次大戦当時の航空大国は、国内航空工業の衰退もあって一九二〇、三〇年代における空軍力の弱体化はいちじるしかった。

一方、地中海でフランスと対峙したイタリアは、一九二四年にムッソリーニのファシスト党が政権をとると、積極的に空軍戦力の強化にのりだした。艦隊航空力に相当する海洋航空部隊を、空軍内にもうけてイタリア半島各地に配置し、地中海の制空権を確保せんとした。

一九三〇年代にはいり、ナチス政権下で再軍備宣言をしたドイツにあっても、空軍は独立していた。海軍における艦隊航空力は空軍より派遣される存在で、ほんらいの艦隊航空戦力はそだたず、のちの第二次大戦にあっても、イギリス海軍の艦隊航空力に対抗できる戦力は実現しなかった。

英国で生まれた防空軍艦

こうした両大戦間における各国航空戦力の発展において、象徴的な事件が一九三五年に地中海で発生した。

すなわち、イタリアによるエチオピア侵攻であった。このときイギリス地中海艦隊は、イタリア空軍の脅威に対抗する自信がなく、イタリアの侵攻を黙認せざるを得なかった。このことにたいする反省より生まれたのが、防空艦の出現であった。

世界最初の防空艦は、イギリス海軍のＣ級軽巡洋艦の改造艦として、一九三四年に計画された。当時、第一次大戦中の計画になる後期Ｃ級軽巡は、同型一三隻が就役中であったが、最初のプロトタイプとして、コベントリーとカーリューの二隻がえらばれてポーツマスとチャタム海軍工廠で一九三五〜三六年に改造工事を実施された。

ほんらいＣ級軽巡は、大戦末期から戦後にかけて完成した排水量四二〇〇トン、速力二八〜二九ノット、一五センチ砲六門、八センチ高角砲二門、五三センチ魚雷発射管連装一基を装備する艦隊型の軽巡である。日本の五五〇〇トン軽巡よりはいくぶん小型低速ではあったが、兵装ではほぼ互角であった。

改造では、在来の兵装をすべて撤去した。あらたにＭｋ５一〇センチ単装高角砲一〇門、Ｍｋ６八連装四〇ミリポンポン砲三基の対空火器が装備された。

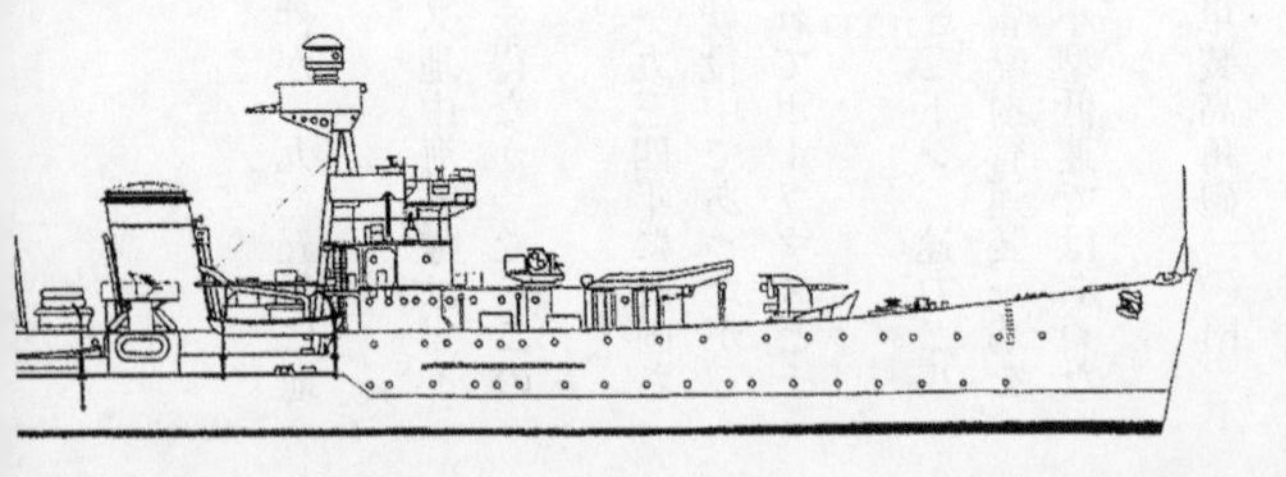

第6図　イギリスの防空艦

C 級軽巡洋艦原型

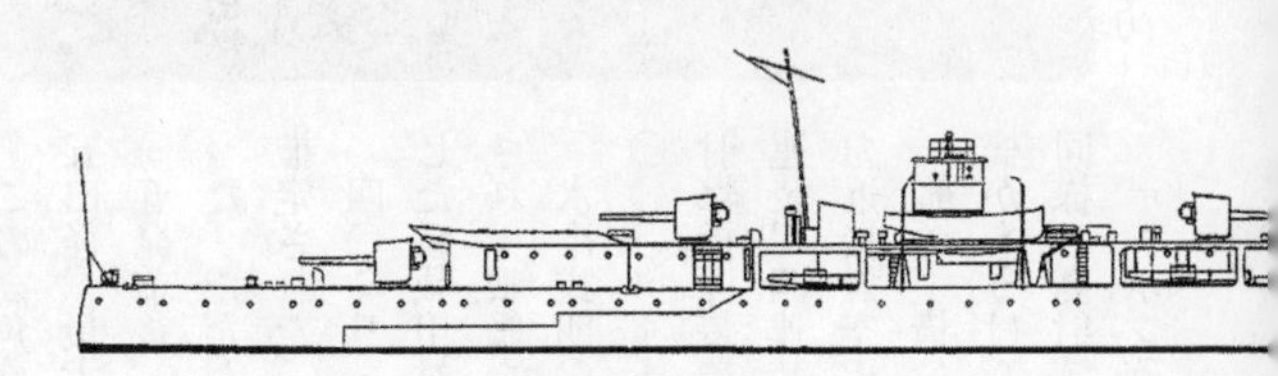

防空巡コベントリー（1936 年）

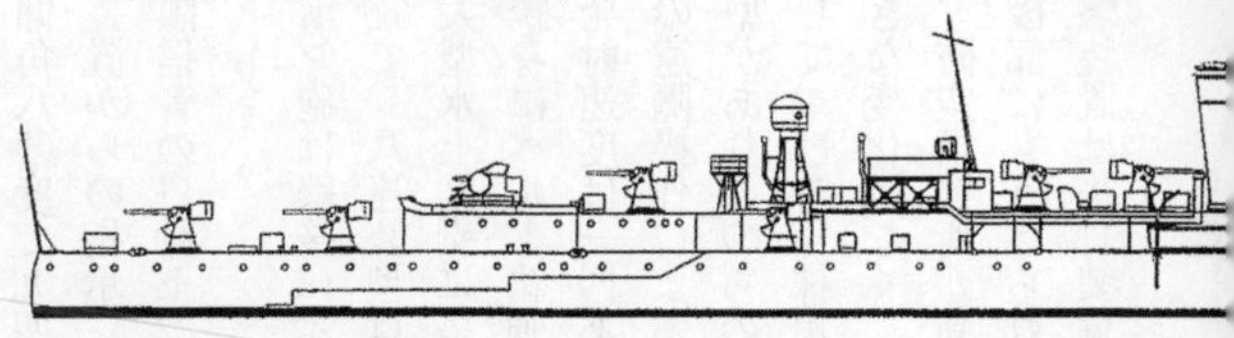

防空巡カイロ（1939 年）

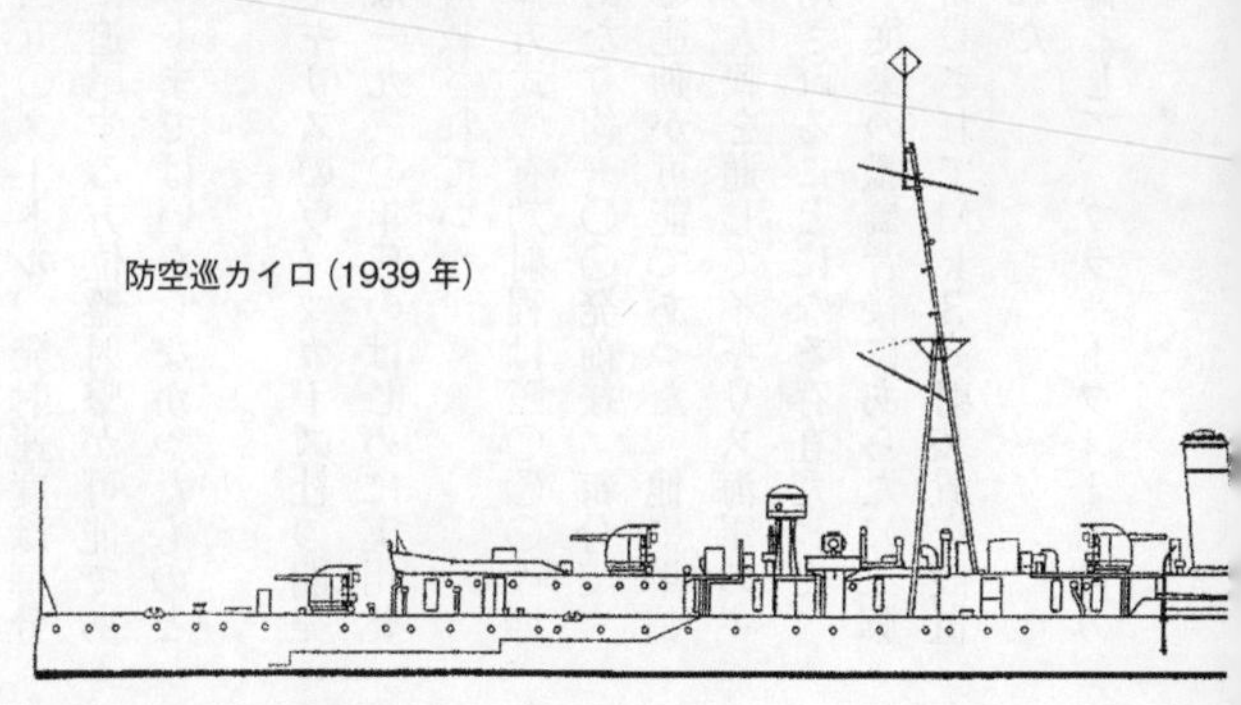

コベントリー

この高角砲は、当時イギリス海軍の主要艦艇の標準対空砲で、四五口径、最大射高仰角八〇度で九四五〇メートル、発射速度は毎分一五発前後、高射装置からの指示に追尾する方位盤射撃が可能であった。ただし、時限信管の自動セットまではいたらなかったものと推定された。

四〇ミリ・ポンポン砲は戦後にイギリスのヴィッカーズ社の開発した艦載用対空機銃で、八連装型は一九三〇年代のはじめに実用化され、戦艦などの大型水上艦艇に搭載されていた。

水冷式四〇口径銃身にベルト給弾方式、有効射程は三〇〇〇〜四〇〇〇メートル、発射速度は一門あたり約一〇〇発前後／毎分で、射撃指揮装置からの遠隔操作による連動が可能であった。他に単装、連装、四連装の各型があり、のちの大戦を通じてイギリス海軍の主力近接対空火器として、ひろく採用されることになる存在だった。

艦の上構には大きな変化はなく、従来の艦橋背後にあらたに三脚檣がもうけられて、防空指揮所が新設されてＭｋ３高射装置を設置、同様の高射装置が後部にもうけられた。

ポンポン砲の射撃装置は後日装備として、プラットフォームのみ

Ｍｋ６・８連装40ミリ・ポンポン砲

が設置されていた。艦内の弾薬庫も、当然一〇センチ高角砲用に改正され、甲板上にはポンポン砲の弾薬函も新設された。

いずれにしろ、上部構造物などの改正を最小にとどめ、機関関係の改装に手をつけなかったのは、改造費をすくなくするとの基本方針があったからといわれている。改造による排水量の増加は一七〇トンほどであった。

当初の計画では、のこりのＣ級一一隻についても、ひきつづき改造に着手するはずであった。しかし、実際には一九三八年まで着手されず、最初のカイロとカルカッタの二隻が改造をおえたのは、第二次大戦の勃発する直前の一九三九年七月のことであった。

これら第二陣の改造では、兵装は刷新されていた。高角砲はＭｋ19一〇センチ連装砲四基に、機銃はＭｋ７四〇ミリ四連装機銃一基と一二・七ミリ四連装機銃二基にかわっている。

そのほか、上部構造物ではあらたに軽三脚後檣がもうけられて、通信機能の向上がはかられている。また、艦の安定性確保のため、バラスト一〇〇〜二〇〇トンが搭載されたといわれている。

Mk19一〇センチ連装砲は、日本海軍の八九式一二・七センチ連装高角砲とおなじく、大戦を通じての主力高角砲で、終戦時までに二五五五基が製造されたという。

砲身長四五口径、最大射程一万八一五〇メートル、最大射高一万一八九〇メートル、毎分一二発前後の発射速度で、時限信管のセットも自動式であった。

けっきょく、C級軽巡の防空艦への改造は、他に三隻が工事を実施したのみで、残りは開戦による兵器供給の優先度から改造を中止、合計七隻の改造にとどまった。

七隻のうち五隻は一九四二年までに戦没しており、いかに熾烈な戦闘であったかがわかろう。各艦とも開戦後に各種レーダーなどの装備を搭載、また一部の艦はエリコン二〇ミリ機銃数基を増備している。

イギリス海軍では第二次大戦前に、すでに新造防空艦を計画していたが、これについては後述する。

幻におわった軽巡改造案

この時期、こうした既成艦の防空艦への改造計画は、日本海軍にも存在した。日本海軍で

駆逐艦「夕霧」搭載の3年式50口径12・7センチ砲

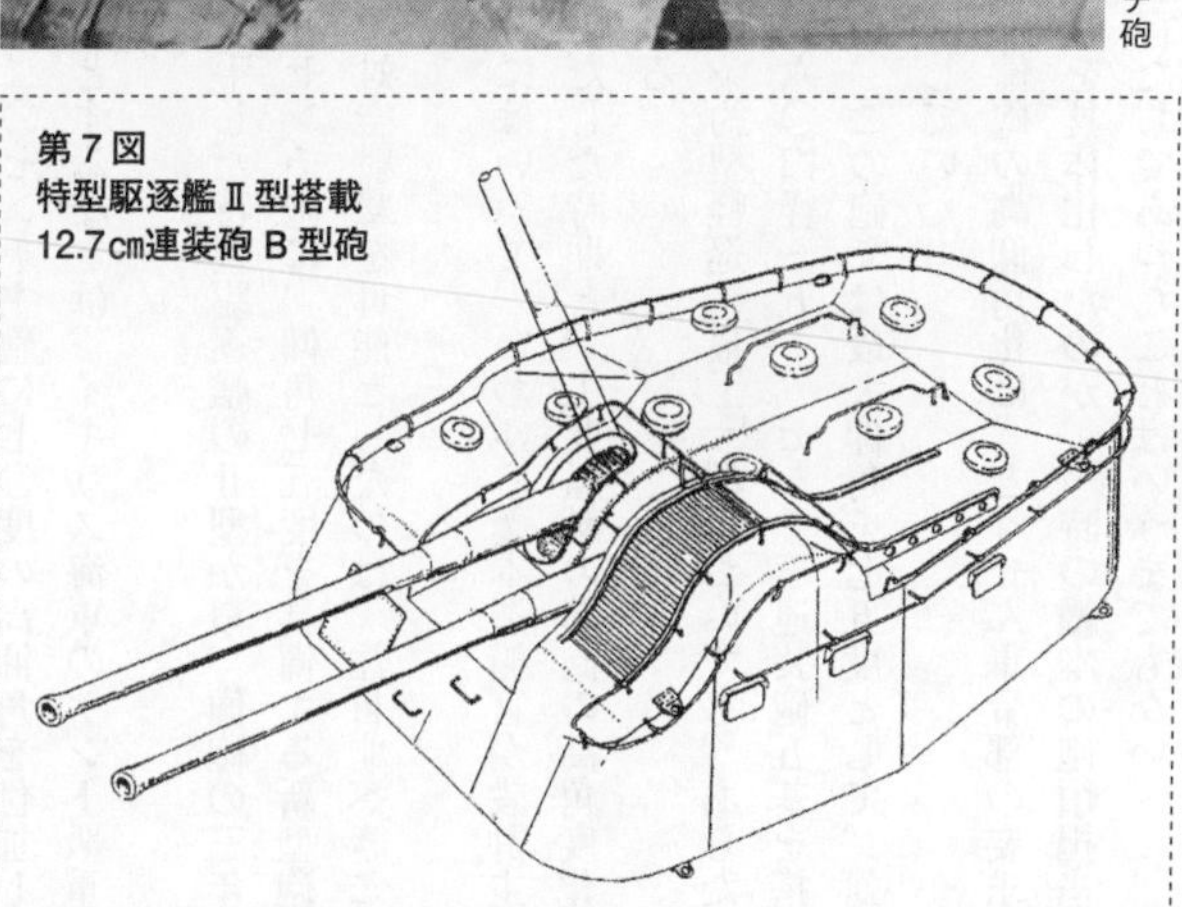

第7図
特型駆逐艦Ⅱ型搭載
12.7㎝連装砲B型砲

第８図　「最上」型軽巡洋艦原案

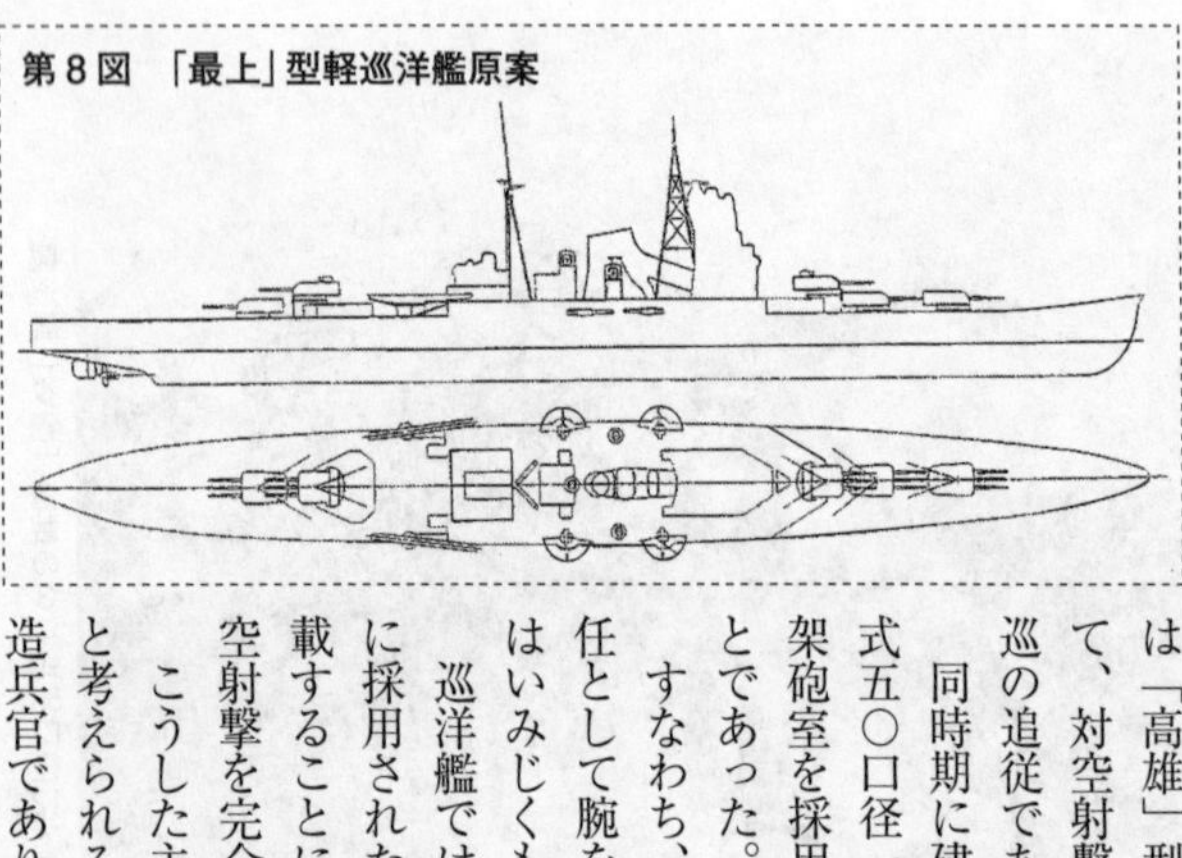

は「高雄」型重巡の二〇センチ主砲に七〇度の高仰角を付加して、対空射撃を可能とするなどは、イギリス海軍のケント級重巡の追従であった。

同時期に建造に着手した特型駆逐艦のⅡ型から、備砲の三年式五〇口径一二・七センチ砲に、仰角七五度を具備する新型砲架砲室を採用して、対空射撃を可能としたのは、注目すべきことであった。

すなわち、昭和期にはいって、いわゆる藤本造船官が設計主任として腕をふるいだした時期と、主要艦艇の備砲の高角度化はいみじくも一致する。

巡洋艦では、次の条約型軽巡「最上」型においても、あらたに採用された三年式六〇口径一五・五センチ三連装砲五基を搭載することになるが、この砲では最大仰角を七五度として、対空射撃を完全に意図していた。

こうした主要艦艇備砲の高仰角化は、とうぜん軍令部の要求と考えられる。それを具体化したのが、当時の艦本の砲熕担当造兵官であり造船官たちであったことはいうまでもない。

ということは、昭和の日本海軍は艦艇の防空ということに、あらためて先進的な方針をもっていたことになる。しかしながら、こうした藤本デザインの艦艇は、昭和九年の「友鶴事件」により破綻をきたすことになる。すなわち、艦艇の安全性をそこなう重兵装備に、一転して批判がくだされることになるのであった。

備砲の高仰角化は、必然的に砲熕重量の増加を助長していたこととされて、「最上」や特型の備砲は最大仰角五五度に下げられ、砲室の構造にも手がくわえられるにいたった。

もっとも、これらの砲が実際の対空射撃において、どれだけ効果的であったかということには、おおいに疑問がある。単に従来の水上戦用砲の仰角を高めただけで、いわゆる両用砲にはいたっていなかったことは明らかであった。

両用砲として実用化するには、弾薬の一体化をはじめ、装塡の機力化、自由装塡角度、迅速な旋回俯仰速度、時限信管の自動設定などのおおくの課題がある。単に仰角を高めただけですむことではなかった。そして、なによりも優秀な射撃指揮装置が不可欠であった。

これ以降、日本海軍は艦艇の防空については、ほんらいの高角砲主流にもどっている。そして、昭和四年採用の八九式四〇口径一二・七センチ連装高角砲が以降、大戦中を通じて主要艦艇の防空力の主流となる。

昭和十三年において、次期高角砲として九八式六五口径一〇センチ砲と九八式六〇口径八センチ砲の二種の長砲身高角砲が採用された。

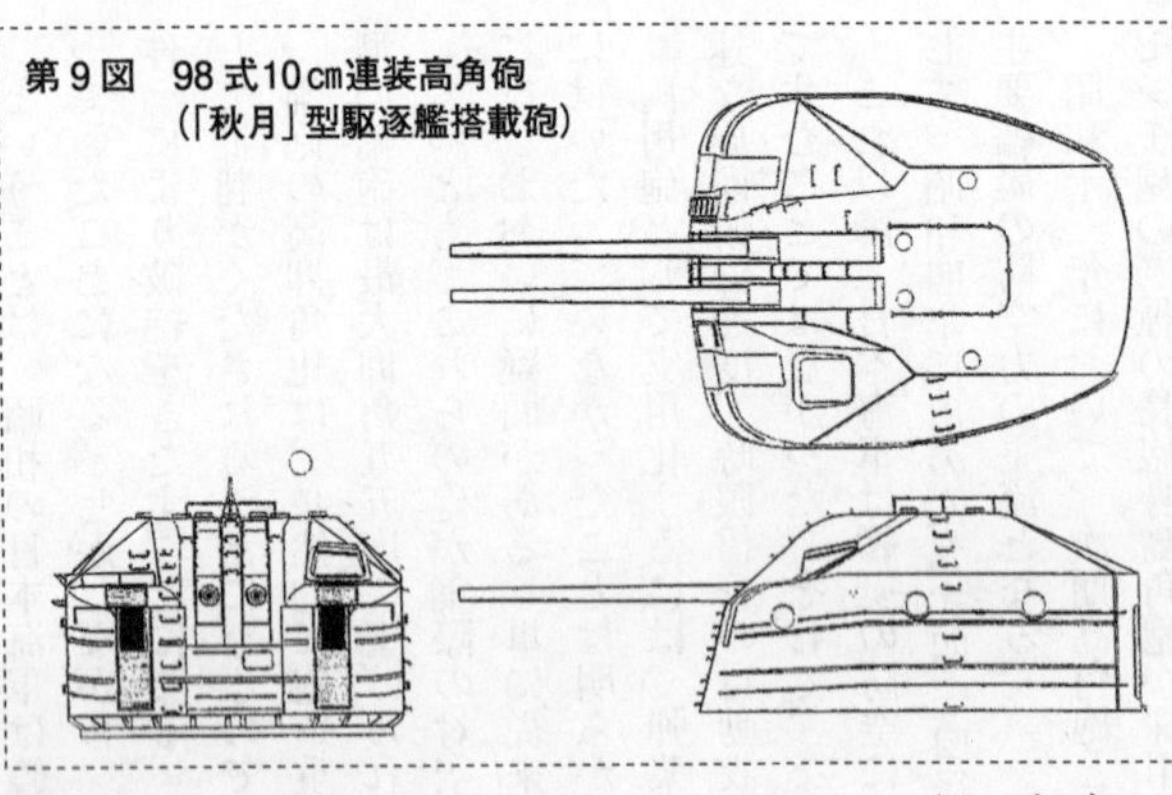
第9図　98式10cm連装高角砲
（「秋月」型駆逐艦搭載砲）

口径を落として長砲身化することで、砲自体の性能向上と装填機構をおおはばに自動化している。メカニズム的にはかなり進歩したものであったが、反面、精緻に走った構造は、量産を阻害することにもなった。

このとき、日本海軍ではこれらの新高角砲を搭載した艦隊型防空艦を計画することになるが、これとは別に、新艦出現までのつなぎとして既成軽巡の防空艦への改造案がいくつか存在した。以下は福井静夫氏の記録から引用させていただく。

最初はもっとも旧式な軽巡「天龍」型の改造案で、A、Bの二種がある。いずれも在来の兵装をすべて撤去して、九八式八センチ連装高角砲五基と二五ミリ連装機銃四基を装備するもので、高角砲はすべて中心線配置である。

A、B案は、艦橋および前後檣の位置を変更させ、それにおうじて高角砲の位置を変えたもので、他の上構はほぼ原型のままとされている。

第10図　日本軽巡洋艦の防空艦改造案

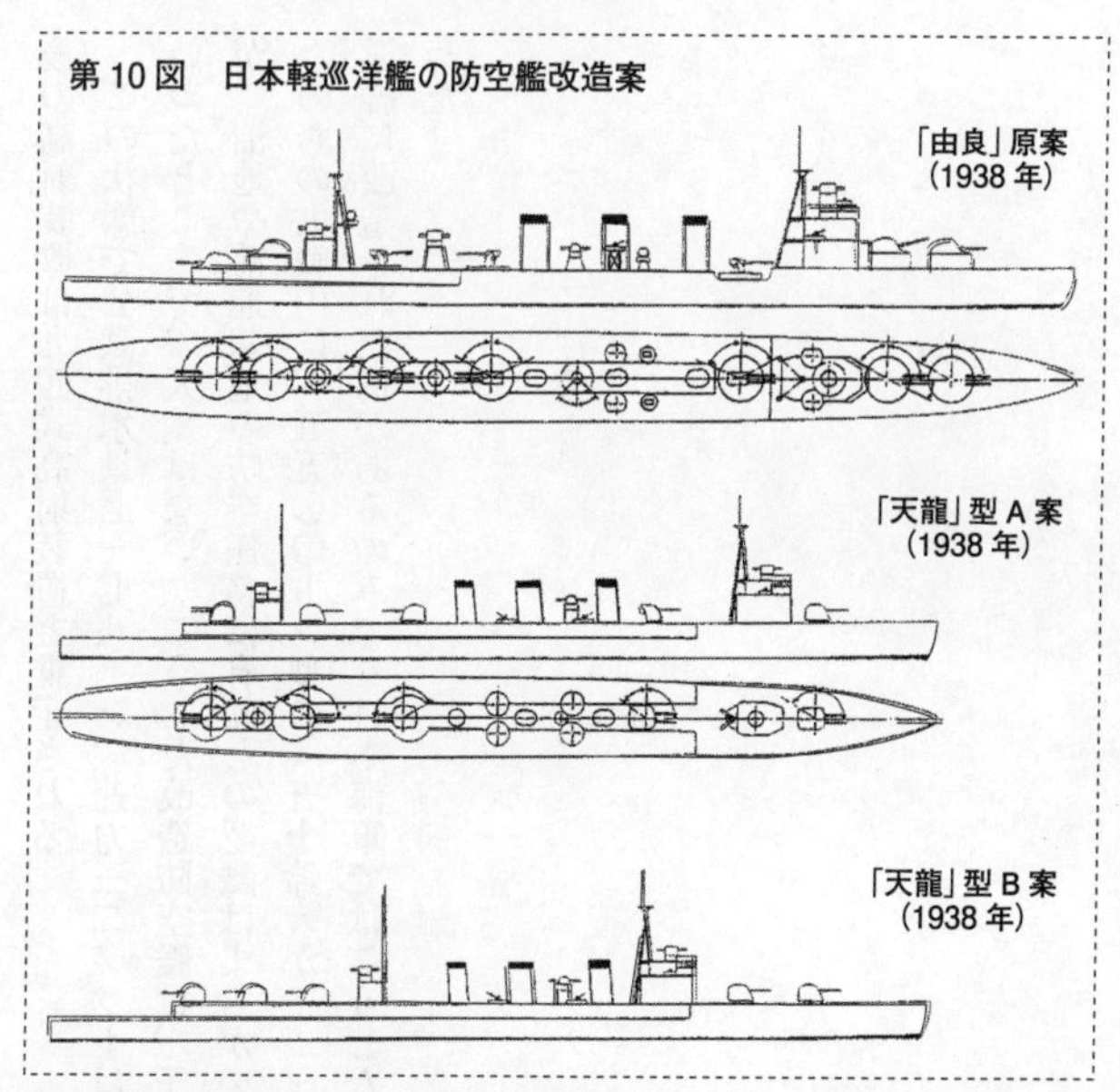

他にも、九八式一〇センチ連装高角砲三基搭載案があるといわれている。イギリス軽巡の改造例とおなじく、機関をはじめ、在来の船体にはほとんど手をくわえないミニマム改造案となっていたようである。

同様に五五〇〇トン型の改造例として「由良」型防空艦案があった。五五〇〇トン案では船体に余裕があり、一〇センチ連装高角砲七基を中心線上に配置した。

中央の三基を砲楯なしとしたのは、重量軽減のためらしい。前甲板の二基を背負い式でなく平行配置としたのも、重量物の高所配置をきらったものと推定される。前後の高射装置は九四式高射装置と推定される。

この状態で公試排水量七一七八トン、速力三二ノットは軽巡時代よりわずかに重量増加といったところで、大差はない。こうした改造防空艦は、予算化されるまでにいたらなかったが、泊地や前進基地の防空任務に有効との認識はまちがいではなかった。

のちの大戦中に、五五〇〇トン型の「五十鈴」が一二・七センチ連装高角砲三基の防空巡洋艦に改造された例があるのみで、日本海軍ではこうした本格的な改造防空艦は出現しなかった。

第４章　第二次世界大戦に至る各国の対策

注目される新戦艦の主砲

一九三〇年代も後半にいたって、ドイツの再軍備やイタリアのエチオピア侵略などがあり、さらにスペイン内戦も勃発して、ヨーロッパでは戦雲がますます濃厚となりつつあった。

また、太平洋にあっても、日中戦争の勃発を契機に、日米対立がたかまる一方であった。

かくして、必然的に列強各国の軍備拡充も過熱の度をますことになり、とくに空軍力の強化は当時の一般的な傾向でもあった。

こうした背景には、航空機自体の技術的進歩がいちじるしく、第一次大戦に台頭しつつあった空軍万能主義に、ますます拍車をかける結果となったのである。

こうした傾向は、各国の海軍軍備にも影響し、一九三六年のワシントン条約明け後の日英米三国の新戦艦計画において、あきらかとなるのであった。

当時、海軍兵力における戦艦の地位は、空軍万能主義者によれば不要といわれてはいたが、これを真にうけた列強海軍は一国もなかった。あいかわらず戦艦は、海軍兵力の中核と信じられていた。

当時、新戦艦一隻の建造、維持費は、中型爆撃機四三機の製造、維持費に匹敵するとの説もあった。しかし、戦艦の価値はもちろん、こうしたコストパフォーマンスだけでは割りきれず、トラディッショナルな艦隊決戦思想における存在価値を捨てさる勇気のある国はなかった。

逆説的にいえば、相手海軍が戦艦を保有している以上、それに対抗できるのはおなじ戦艦しかないとする考え方が、当時の一般常識であった。

さて、条約明け後に日英米はいっせいに新戦艦の建造に着手することになる。ここで日本以外の米英は第二次ロンドン条約により、新戦艦の艦型、備砲に制約が課せられており、基準排水量三万五〇〇〇トン、主砲口径一四インチを超えることは、原則として禁じられていた。

英国の新戦艦キング・ジョージ五世級は、一九三七年に同型五隻が起工された。英海軍としては、一九二二年のネルソン級いらいの新戦艦建造だったが、主砲の選択で一四インチ砲とする冒険をあえておこなった。

日本脱退後のロンドン条約では、米英仏伊が第二次ロンドン条約を締結した。ここでは、ワシントン条約明け後の新戦艦は、前述のように基準排水量三万五〇〇〇トン、備砲口径は一四インチに制限していた。

ただし、ワシントン条約署名国のいずれか一国が、一九三七年四月一日以前にこの規定に応じない場合は、備砲口径を一六インチにひきもどすという例外規定をもうけていた。

これは、明らかに脱退した日本を意識した規定であった。日本の新戦艦の備砲口径が一四インチでなく、一四インチ以上だったら一六インチにしてもいいという意味であった。

一九三七年一月にキング・ジョージ五世が起工されたとき、日本では新戦艦（大和型）はまだ起工されていなかった。「大和」が起工されたのは、この年の十一月四日であった。

もちろん当時の日本は、新戦艦の起工や主要目はいっさい公表しなかったから、一九三七年四月一日を待っても、日本の新戦艦の主砲口径が一四インチかいなかは知るすべもなかった。

米国は、これを一四インチ以上と規定して、一九三七年十月二十七日に起工した最初の新戦艦ノースカロライナでは、当然のように一六インチ砲を採用していた。

新戦艦の建造には、通常四年前後を要したが、同時に新主砲の開発、設計、製造には、砲塔などをふくめてほぼ同等、またはそれ以上の期間を要することは、意外と知られていない事実である。

当然ながら新戦艦起工には、すくなくとも一年前には、搭載する主砲が決定されていなければならないことは明白である。

世界をリードした両用砲

かくして、一九三七年に日英米三大海軍は、いっせいに新戦艦を起工したことになった。

ここで、各新戦艦の対空防御能力の優劣を知るうえで重要な要素は、各艦の対空防御火力と、防御構造の二つがある。

前者の対空火力は、高角砲や機銃などの対空火器による来襲する航空機の撃退という、能動的な防御手段である。火器自体の質と量、さらに射撃指揮能力の是非も大きな要素となる。

後者は、航空機の雷爆撃に耐える船体構造で、鋼鈑などによる直接防御と、舷側水密構造部の細分化や、注排水機構などのダメージコントロールによる間接防御がある。

こうした見地より、日英米の新戦艦の対空防御能力をみてみると、すくなからずその優劣が判明する。

通常、これらの新戦艦は、第二次大戦勃発後に出現したため、完成後まもない時期から対空火器の増備をくりかえしており、我々は新造完成時の艦姿を見すごし気味だが、そこにこその戦艦の設計思想の原点を読みとることができる、貴重な情報があるのである。

そうした意味で、ここに日英米の新戦艦の完成時の艦姿を掲げておく。

完成は英国のキング・ジョージ五世が一番早く、一九四〇年十二月十一日、つぎが米国の

記念艦として保存されるノースカロライナの艦橋構造物左舷。5インチ両用砲と40ミリ機銃を装備している

ノースカロライナで一九四一年四月九日、「大和」が同年十二月十六日で太平洋戦争の開戦直後であった。今回は、こうした各艦新造完成時の対空兵装を、艦型図をもとに検討してみよう。

対空兵装については、「大和」と英米艦では設計的に大きな差異があった。すなわち、英米では副砲と高角砲を統一して両用砲を採用するという進歩性をしめしたのにたいして、日本の「大和」では従来どおりの分離装備を踏襲した。

こうした傾向は、当時の日本だけではなく、独伊仏ソの新戦艦においても見られたものである。戦闘能力は、在来の水上戦闘を重視すれば、当然六インチ副砲の威力はすぐれており、高角砲自体の質量に問題がないかぎりメリットはあった。

もちろん、両用砲がえられれば、設計上からも、コスト的にも、両用砲の採用によりメリッ

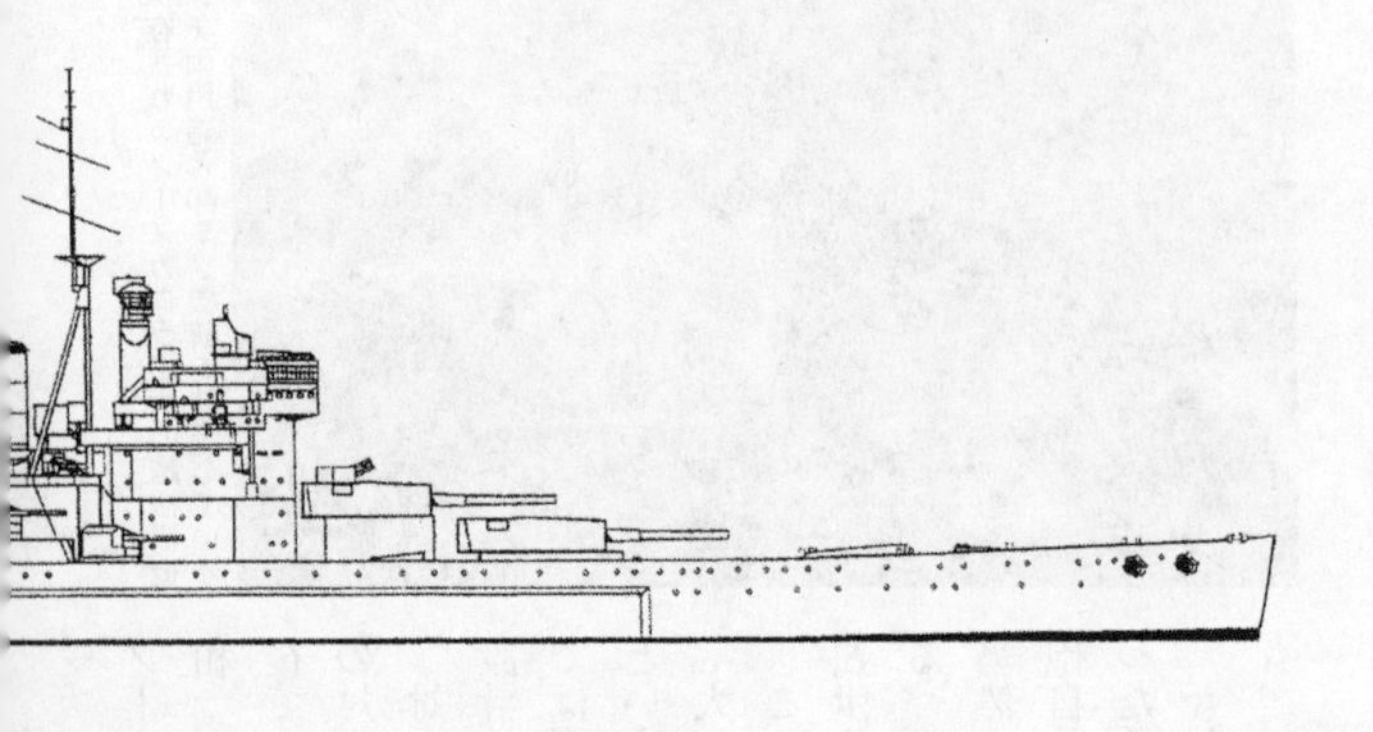

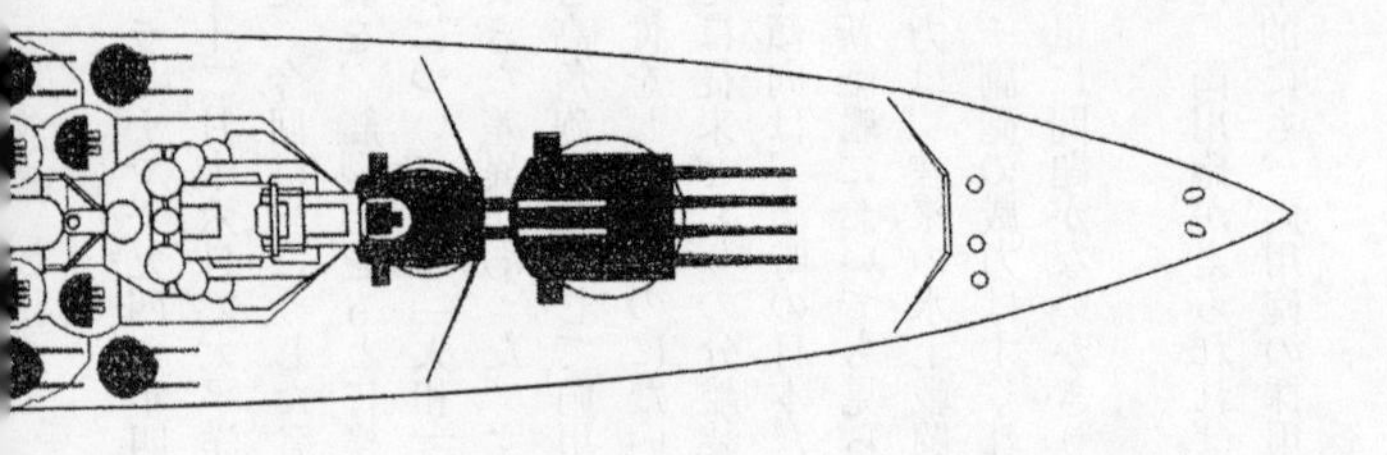

第11図　戦艦キング・ジョージ五世(1940年12月)

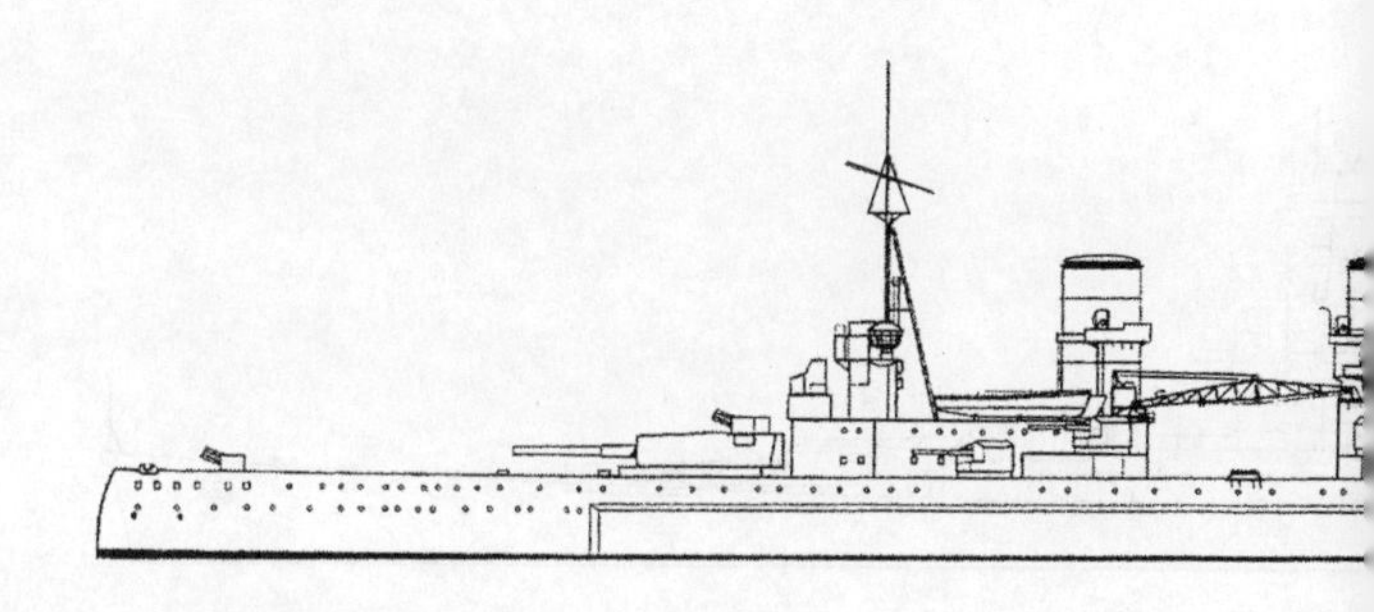

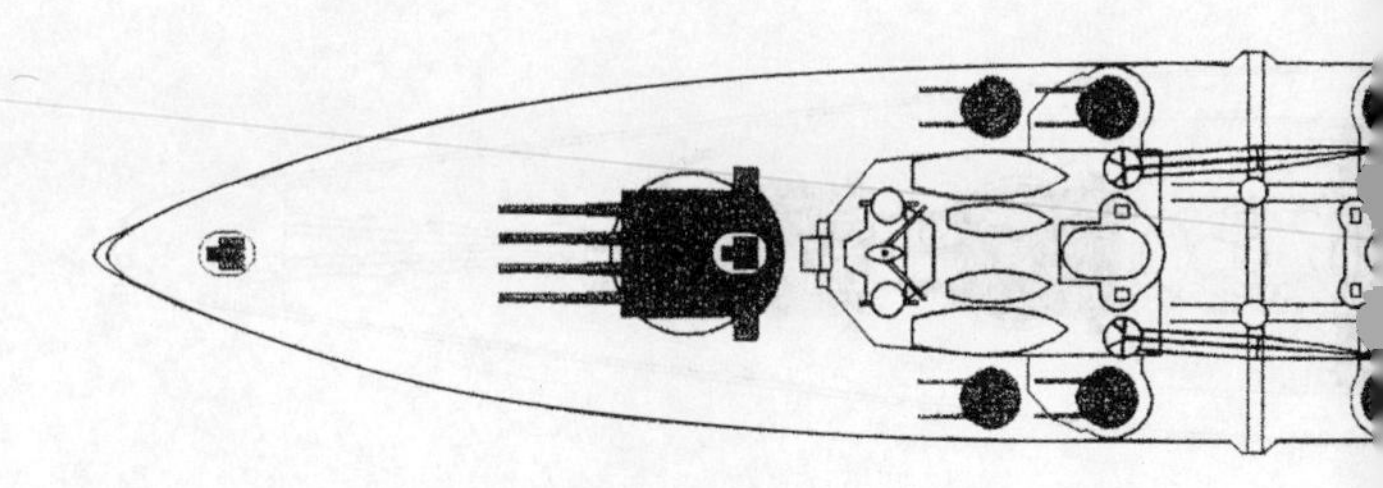

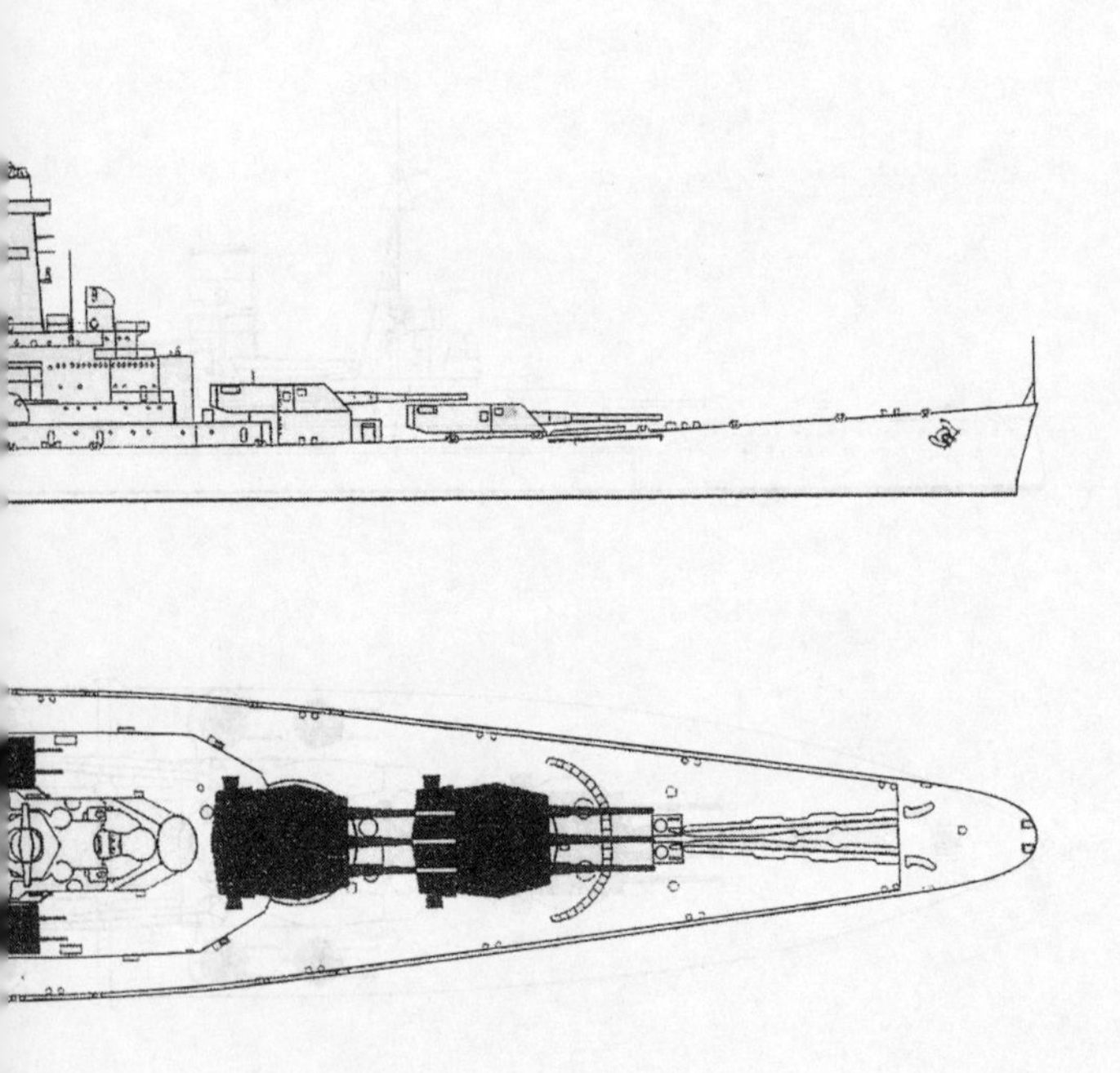

第12図　戦艦ノースカロライナ(1941年4月)

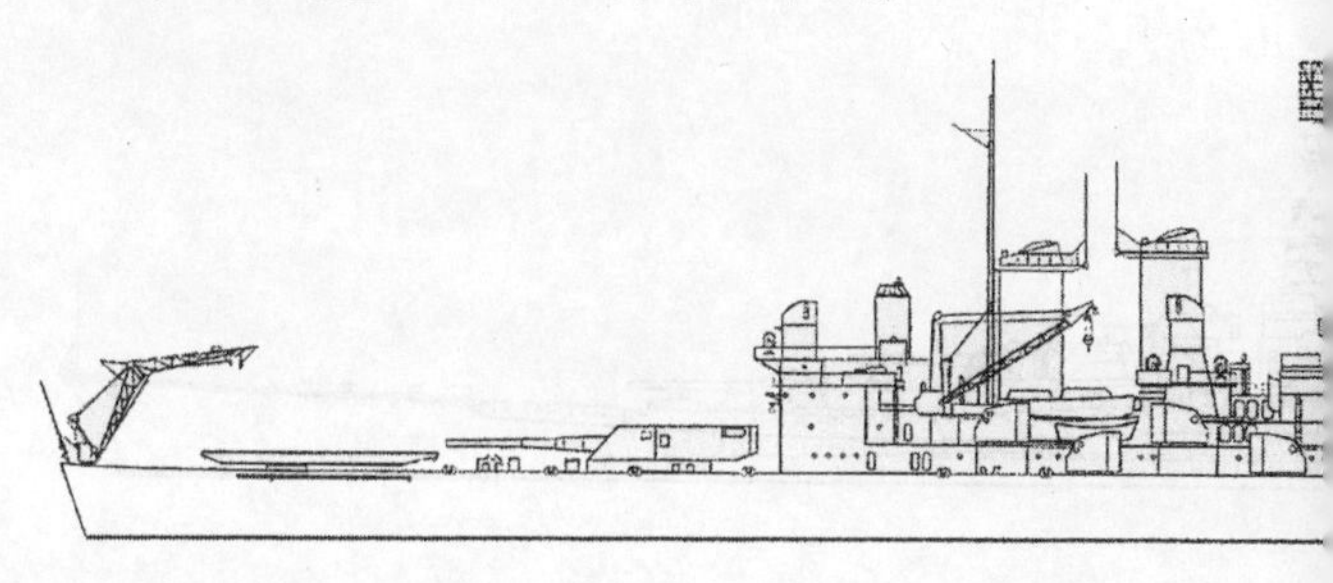

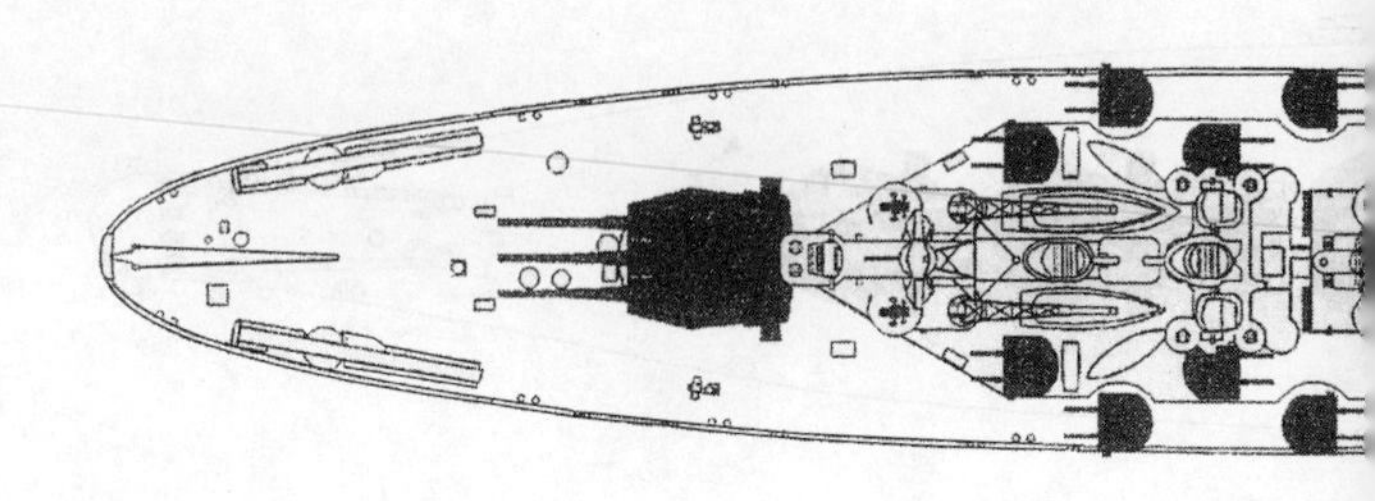

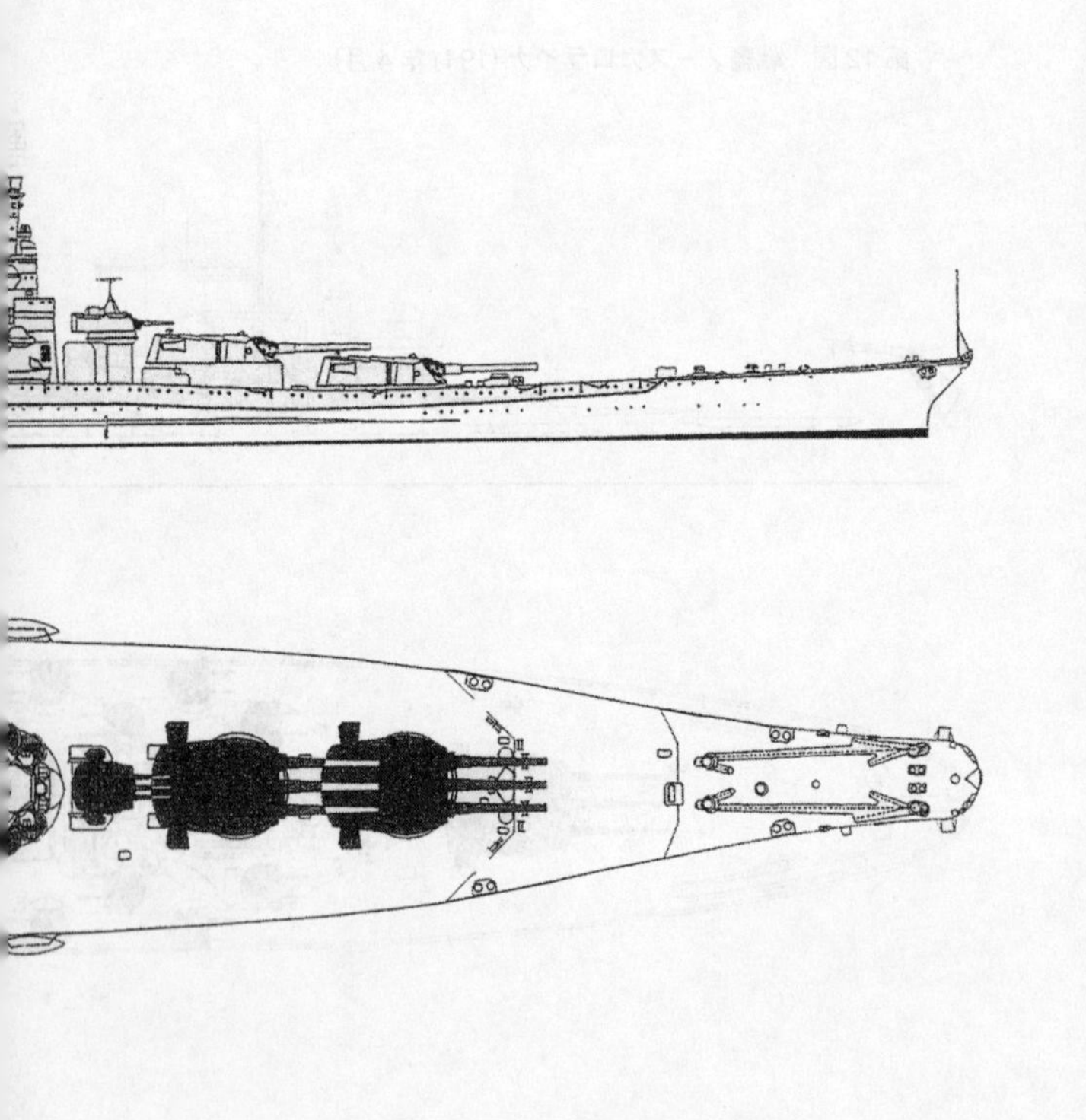

第13図　戦艦「大和」(1941年12月)

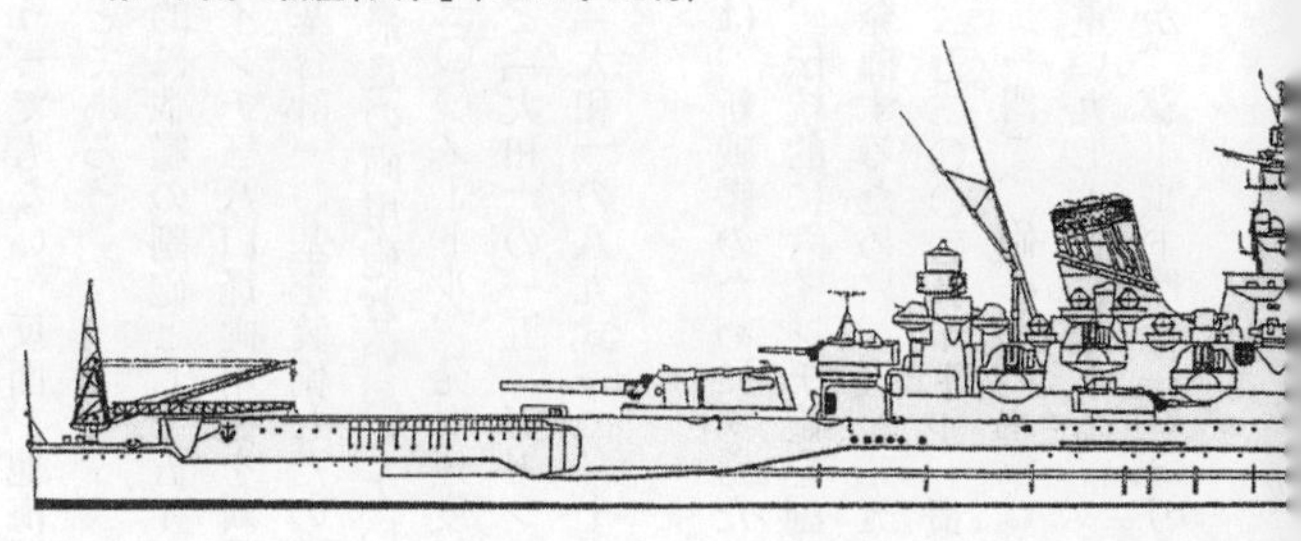

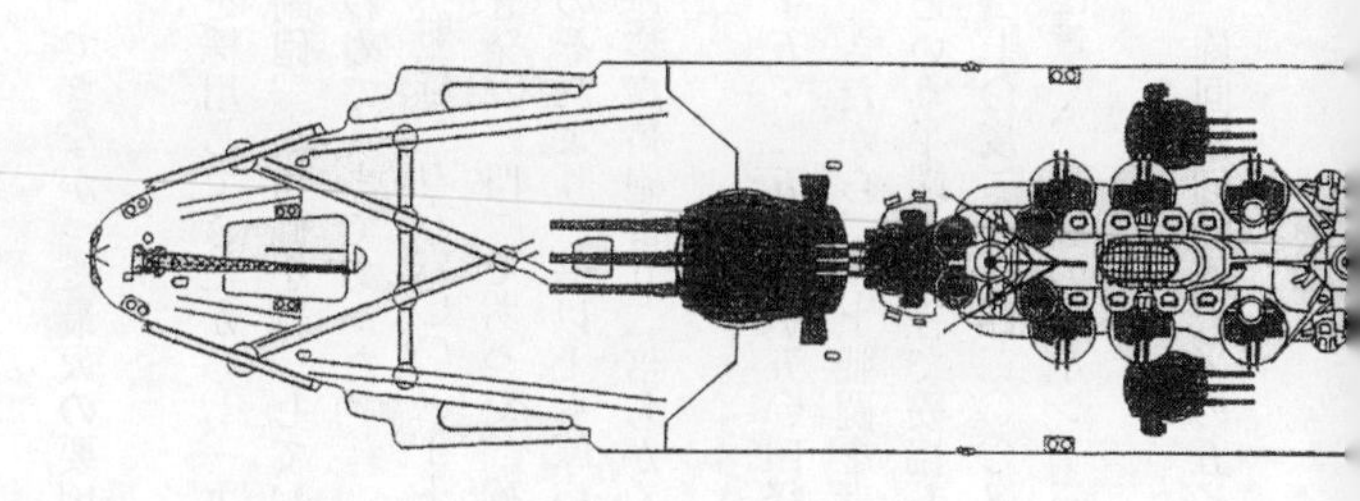

トがあることはいうまでもない。反面、他海軍が統一できなかった最大の要因は、適当な両用砲がなかったことであろう。

米海軍は、伝統的に戦艦の副砲として五インチ砲を採用してきたから、一九三〇年代なかばに実用化した五インチ三八口径両用砲を新戦艦の副砲、高角砲を統一してＭｋ32連装砲として完成、片舷五基合計一〇基を装備したのは、きわめて妥当であった。

本砲は大戦中の最良の両用砲といってよい。最大射程一万六六〇〇メートル、最大射高（八五度）一万一三〇〇メートル、発射速度毎分一五発（一門）であった。砲塔のシールドは、厚さ六三ミリと「大和」の一五・五センチ副砲のそれより二倍以上も厚いにかかわらず、旋回、俯仰動作は「大和」の八九式一二・七センチ連装高角砲より二倍ちかく早く、きわめて優秀であった。

英海軍においては、新戦艦のためにあらたにＭｋ1五・二五インチ五〇口径両用砲を開発した。英海軍では、伝統的に六インチ砲を副砲としてきたから、水上戦闘を考慮して軽巡いどの艦に威力を発揮するために、五・二五インチという半端な口径で妥協したものらしい。

本砲は最大射程二万二〇〇〇メートル、最大射高（七〇度）一万四二〇〇メートル、発射速度毎分七・五発（一門）、砲塔部の重量はさすがに重く、米国の五インチ三八口径連装砲より二〇トンほど重い九七トンに達する。

重量軽減のためか、シールド厚は一三ミリと薄く、旋回俯仰動作も米の五インチ三八口径

キング・ジョージ五世級の戦艦に装備された5・25インチ連装両用砲と8連装ポンポン砲

砲の半分ていどに落ちている。結果的に両用機能はそなえているが、対空能力は射高をのぞいて米の五インチ砲よりかなり劣るといわざるをえない。

対空威力だけなら、戦艦バリアントの改装で採用された四・五インチ四五口径連装両用砲の方がベターといえたが、新戦艦としては副砲的な要素を重視したのであろう。キング・ジョージ五世は片舷連装四基を装備し、配置上はきわめて理想的な設計であった。

こうした英米の新戦艦にくらべて、「大和」の副砲と高角砲の分離装備は、たしかに新味はなかった。

副砲の一五・五センチ六〇口径三連装砲が、ほんらいの対空機能をすすめて完全な両用砲となっていれば別だが、この時点では最大仰角を五五度にして、水上戦闘用にとどめていた。

「大和」が完成まぢかになって問題とされたのは、前後の主砲に密接してもうけられた一、四番副砲が、砲塔シールドが二五ミリときわめて薄弱であったことである。ここに被弾、被爆した場合、内部の隣接した主砲弾薬庫に被害がおよぶおそれが指摘されたことであった。シールドの装甲強化は砲塔動作の低下をまねくとして、バーベット側部への鋼鈑追加と、内部の防炎装置装備ていどでお茶をにごしたが、抜本的な対策はとれなかった。

また、数的にも「大和」の高角砲は、片舷連装三基とあきらかに劣勢であった。計画時の各試案でも、片舷四基ていどのスケッチがおおかったことから、片舷四基が理想的と思われたようだ。たぶん、主砲発射の爆風を考慮したうえで、理想的な配置に走ったきらいがある。「大和」竣工直前にハワイ、マレー沖海戦を実践した日本新戦艦の対空火器としては、いささか不満足であった。

射撃指揮装置と対空機銃

この時期、これらの両用砲、または高角砲の射撃を指揮する射撃指揮装置は、各海軍においてもかなり高度に進歩していた。

「大和」の搭載した九四式高射装置は、光学および機械式対空射撃指揮装置としては、発達の極致ともいうべき精緻な装置であったが、ノースカロライナのＭｋ37射撃指揮装置も同レベルにあり、キング・ジョージ五世のＭｋ４射撃指揮装置は、これらにくらべていくぶん小ぶりであった。

キング・ジョージ五世の両用砲用Mk4射撃指揮装置

ただ、これらの射撃指揮装置は、「大和」が二基装備であったのにたいし、英米は四基を装備していた。この時期、英米ではこれらに装備する射撃指揮用レーダーは、実用化の最終段階まですすんでいて、一九四二年には実現することになる。さらには、VTヒューズの開発もかなりのレベルまですすんでいたのである。

その証拠に、ノースカロライナは竣工前後にCXAM－1対空捜索レーダーを、キング・ジョージ五世でタイプ279対空レーダー、さらにタイプ284射撃指揮レーダー（主砲）までを装備して完成していた。

もちろん、こうした初期のレーダーはかなり性能的に問題はあったが、この時点で日本海軍は、レーダーにかんして完全に五年遅れており、その差はますます開きつつあった。

この時代、高角砲につぐ近接防御火器として重要視されていたものに、対空機銃がある。

通常、口径四〇ミリ前後の重機と二〇ミリ以下の軽機の二段装備が一般的な傾向であった。「大和」では、仏ホチキス社のライセンス製品である二五ミリ機銃を独自に連装化した九六式三連装機銃八基とおなじホチキス社の一三・二ミリ九三式連装機銃二基を艦橋防御として艦橋両側に配している。二五ミリ機銃は四群にわかれ、四基の九五式機銃射撃装置により遠隔操作されるしくみであった。

米海軍では一九二〇年代以降、ブローニング社の一二・七ミリ単装機銃を艦載機銃として多用してきたが、より威力のある重機の開発が一九二八年ごろに着手された。一九四〇年にいたってやっと量産化に成功したのが一・一インチ（二八ミリ）四連装機銃Mk1で、ノースカロライナの完成時に四基が装備された。

銃身は水冷式で、最大射高は五八〇〇メートルと日本の九六式二五ミリ機銃と大差なく、発射速度の毎分一〇〇発は、九六式の二二〇発よりかなり下まわっていた。

俯仰、旋回は機力で、銃側照準を標準としていた。遠隔操作のMk2も開発されていたようであったが、いずれにしろ米海軍は、この機銃にかなり不満足だったらしい。

一九四一年に代替機銃としてボフォース四〇ミリとエリコン二〇ミリ機銃の採用を決断した。その効果は、一九四二年後半にいたって歴然としめされるのであった。

キング・ジョージ五世の機銃にかんしては、従来からの四〇ミリ八連装ポンポン砲四基を

(上)キング・ジョージ五世に搭載されたUP／Mk1ロケット砲
(下)キング・ジョージ五世艦尾及び後部砲塔の同砲

装備していて、あまり新味はなかった。これにくわえてUP／Mk1と称する新型ロケット砲四基を装備した。

これは口径七インチ（一八センチ）のロケット弾に落下傘とワイヤーネットを内蔵し、敵機の前面に発射して、落下傘に吊るされたネットを展開、敵機をこれにからめて、ネットの各所にもうけた爆雷でしとめるという空中機雷であった。

いかにも英国人好みの珍兵器といえるが、案の定、物にならず、そうそうに撤去されている。ランチャーは二〇連装、射程は約九〇〇メートルといわれていた。

航空機に沈められた戦艦

一九三九年九月一日、第二次大戦が勃発したとき、日米英の新戦艦はいずれも建造中であった。最初に戦禍の洗礼をうける立場にあったのは、英国のキング・ジョージ五世で、翌年一九四〇年十月に完成、二ヵ月ほどの訓練期間を経て一九四一年一月に本国艦隊に編入、最初に戦列にくわわった。

つづいて同年三月に二番艦のプリンス・オブ・ウェールズが完成した。完成そうそうのプリンス・オブ・ウェールズ（ＰＯＷ）は、同年五月にグリーンランド沖で、僚艦フッドとともにドイツ新戦艦ビスマルクを迎撃することになった。

戦闘開始直後にフッドは爆沈、ＰＯＷはビスマルクに若干の手傷を負わせたものの、被弾

（上）新造時のキング・ジョージ五世
（下）プリンス・オブ・ウェールズ

により退避をよぎなくされた。数日後、この仇はキング・ジョージ五世がうってくれたものの、POWにはこの後、航空機による熾烈な洗礼が待っていた。

一九四一年十二月十日の太平洋戦争開戦三日目、マレー半島クワンタン沖でPOWは僚艦レパルスとともに、日本海軍陸上基地航空隊の陸上攻撃機による雷爆撃により、あっさりと撃沈されてしまったのである。

二日前にハワイ真珠湾で、米太平洋艦隊の戦艦群を空母機により殲滅させたばかりの日本海軍が、今度は洋上で、航行中の戦艦を航空機により撃沈するという快挙をなしとげたのであった。しかも、POWは不沈戦艦の呼び声たかい最新鋭の戦艦であっただけに、撃沈の報を聞い

１９４１年12月10日、日本海軍陸上攻撃機隊の攻撃をうけるプリンス・オブ・ウェールズ（下）とレパルス

たチャーチルも色をうしなったといわれている。

攻撃に参加した陸攻は、九六式陸攻五九機、一式陸攻二六機の合計八五機で、英艦の対空砲火により撃墜されたのはわずかに三機で、他に一機が被弾により不時着時大破している。

このときのPOWの対空火力は、先のビスマルク戦での損傷修理にさいして、いくつかの強化がはかられていた。まず、前後の砲塔上および艦尾にあった対空ロケット発射機を撤去し、かわりに前後砲塔上に四〇ミリ八連装機銃（ポンポン砲）各一基を、艦尾にはボフォース四〇ミリ単装機銃一基が装備された。また、エリコン二〇ミリ単装機銃七基も追加装備されていた。

この時期、すでにボフォース四〇ミリとエリコン二〇ミリ機銃を英艦が採用していたのは、あまり知られていない事実で、米艦より一足早く、その有効性に着目していたものであった。

事実、シンガポールで日本軍は英軍の使用していたボフォース四〇ミリ機銃を捕獲し、その優秀性にかんがみ五式機銃として国産化をはかったが、終戦まぎわにやっと少数が実用化されたのみであった。

いずれにしても、このマレー沖海戦における英艦の対空砲火はきわめて不十分で、のちの米艦相手の対艦攻撃とは大きな差異があった。

ＰＯＷにかぎっては、一つに最初に被雷した魚雷の一本が左舷の外軸ブラケット付近に命中、外軸が大きくまがったまま高速回転をつづけたため、軸を通していた軸室が長い範囲にわたって破壊された。これにより、左舷側機械室、缶室に浸水、左舷側二軸の運転が不能になり、左舷に大きく傾斜するにいたった。

しかし、それよりなにより、戦闘力喪失の最大原因は、八基のうち五基の発電機が浸水により発電不能となったことで、一三・三センチ両用砲の後部四基が駆動不能になったことであった。前部の四基も、傾斜により操作が不自由となり、思うような対空戦闘ができなかったという。

当時、ＰＯＷでは一三・三センチ両用砲と四〇ミリ・ポンポン砲の射撃指揮装置は射撃用レーダー付きで、高々度水平爆撃をおこなった九六式陸攻の一〇機が、弾片によりかなりの損傷をうけたといわれている。さすがに射撃は正確であったという。

雷撃機は一五機が被弾したが、これらは主に四〇ミリ・ポンポン砲によるものとみられる。

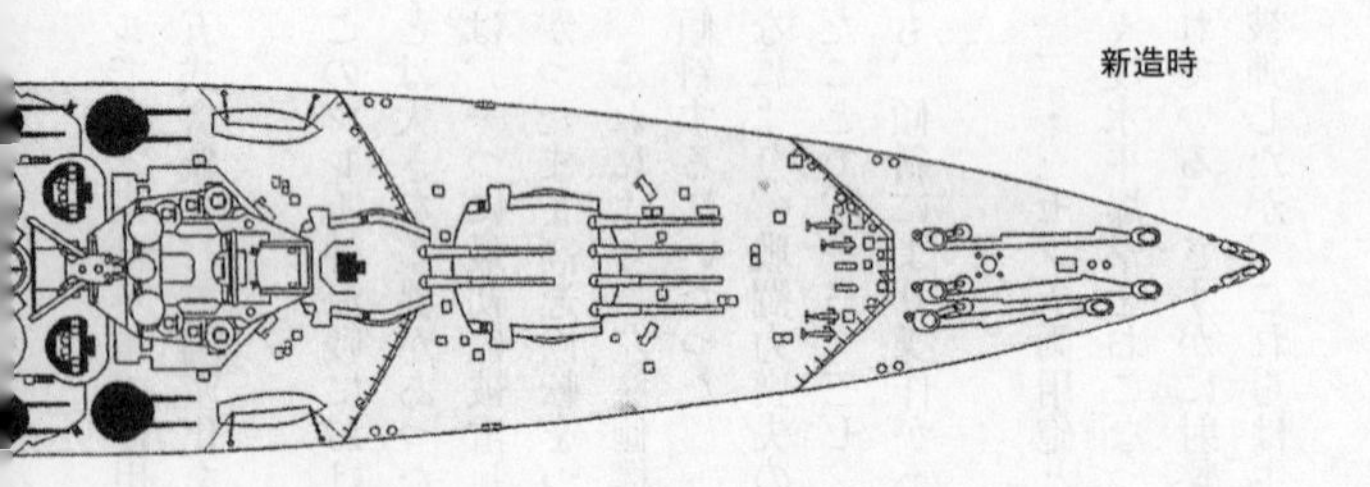
新造時

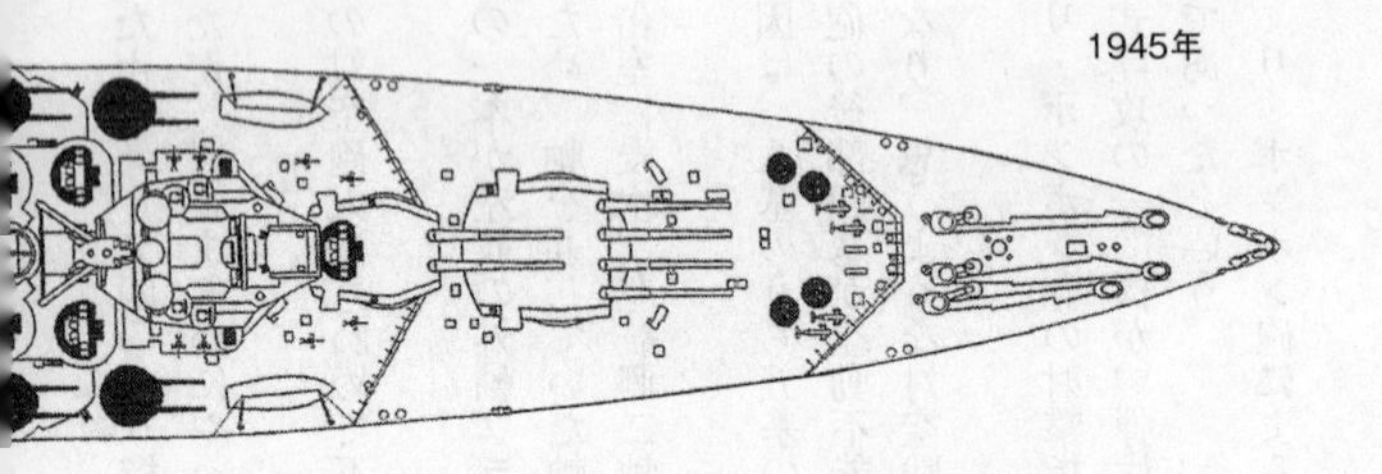
1945年

第14図　戦艦キング・ジョージ五世

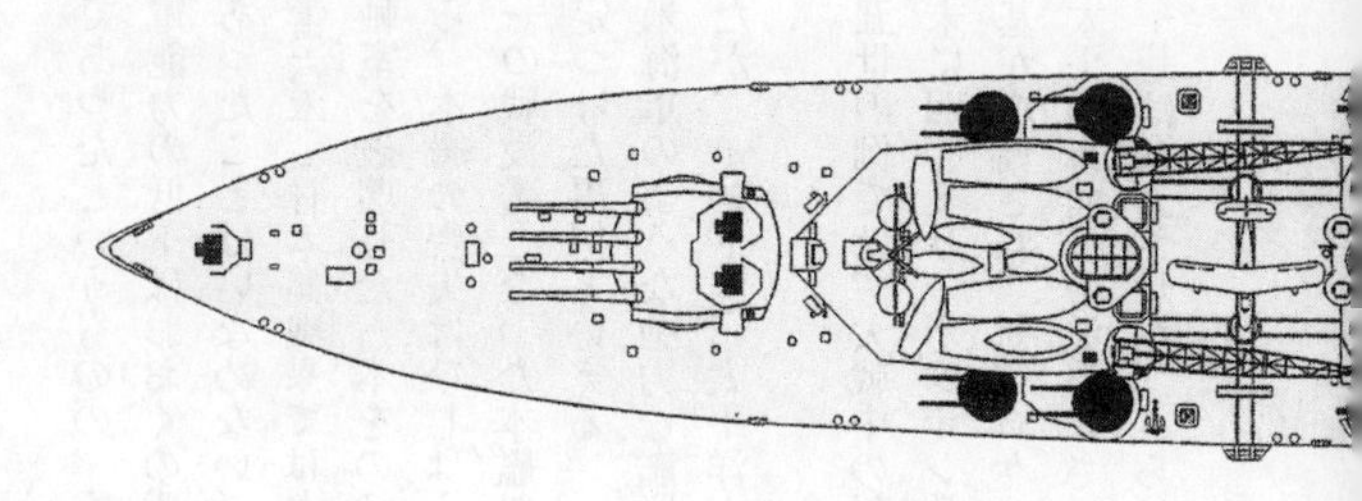

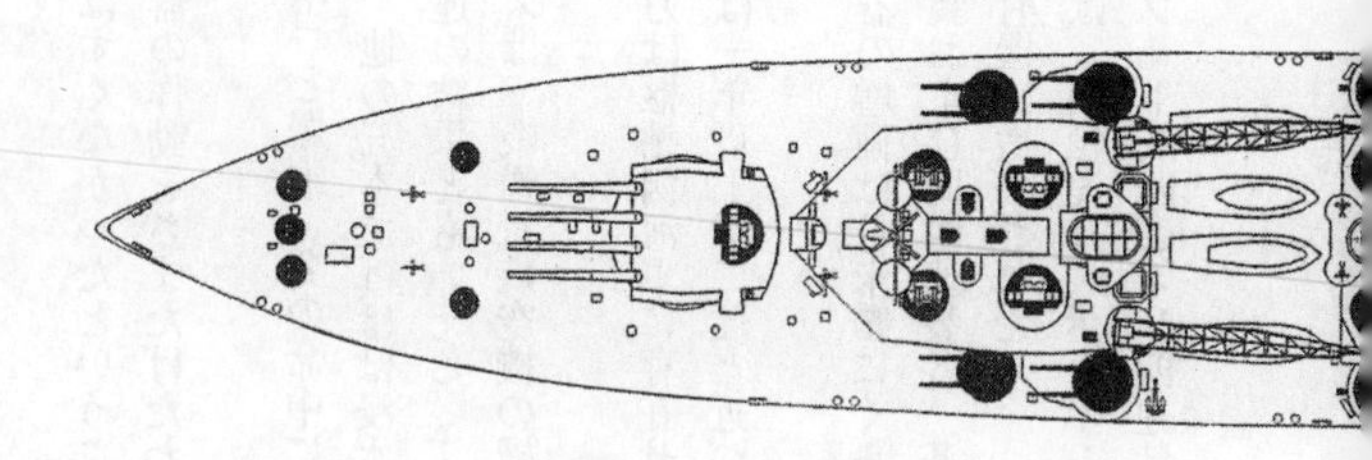

弾幕はきわめて濃密であったというものの、有効打はすくなかったということになる。

いずれにしろ、発電能力の低下はおおくの電動機器の作動をさまたげたわけで、きわめて不本意な対空戦闘であったことはいなめない。

ＰＯＷは結局、魚雷六本（日本側戦果では七本命中）と爆弾一発の命中により、二時間弱の戦闘で沈没した。軸室を破壊した一本をのぞいて、他の五本ではほぼ浸水を舷側の防水区画にとどめていたから、本艦の喪失はひじょうな不運の結果ともいえる。

英米の新戦艦で唯一の戦没艦となった本艦のケースは、戦艦対航空機の構図において、最初の航空機優位を決定づけた事例といえる。

欧州戦線では、日米海軍のような強力な艦隊航空力は枢軸側海軍に存在せず、英国戦艦は比較的に安泰であったが、インド洋、太平洋方面には一年以上、二度と近づくことはなかった。

キング・ジョージ五世の例では、大戦中の対空火器の増備は日米艦にくらべてかなりひかえめで、一九四一年末に四〇ミリ・ポンポン砲八連装および同四連装各一基と、エリコン二〇ミリ単装機銃一八基が増備され、対空ロケット発射機は撤去された。

一九四四年六月、太平洋方面への派遣にさいしては、四〇ミリ・ポンポン砲八連装三基が増備され、同四連装一基は撤去された。さらに、ボフォース四〇ミリ四連装機銃二基も新設された。

エリコン二〇ミリ機銃は、一九四三年なかばには三八基にまで増備されていたが、この時点では単装二六基、連装六基を装備していた。

マジック・ヒューズ登場

一方、米国の新戦艦でも、対空火力の強化は着実にすすめられていた。

戦艦アイオワの40ミリ4連装機銃

ノースカロライナの例では、太平洋戦争開戦直後の時点でエリコン二〇ミリ機銃単装三三基を新設、従来の一二・七ミリ機銃も二五基ていどに増設していた。

米新戦艦が太平洋戦線に出現したのは、一九四二年夏のガ島反攻がはじまってからで、九月十五日初見参のノースカロライナは、空母ワスプをねらった伊一九潜の魚雷一本が左舷一番砲塔横に命中、舷側の防御隔壁が破壊された。約一〇〇〇トンの浸水により、一番砲塔は使用不能となり、速力も一時的に一八ノットまで低下した。

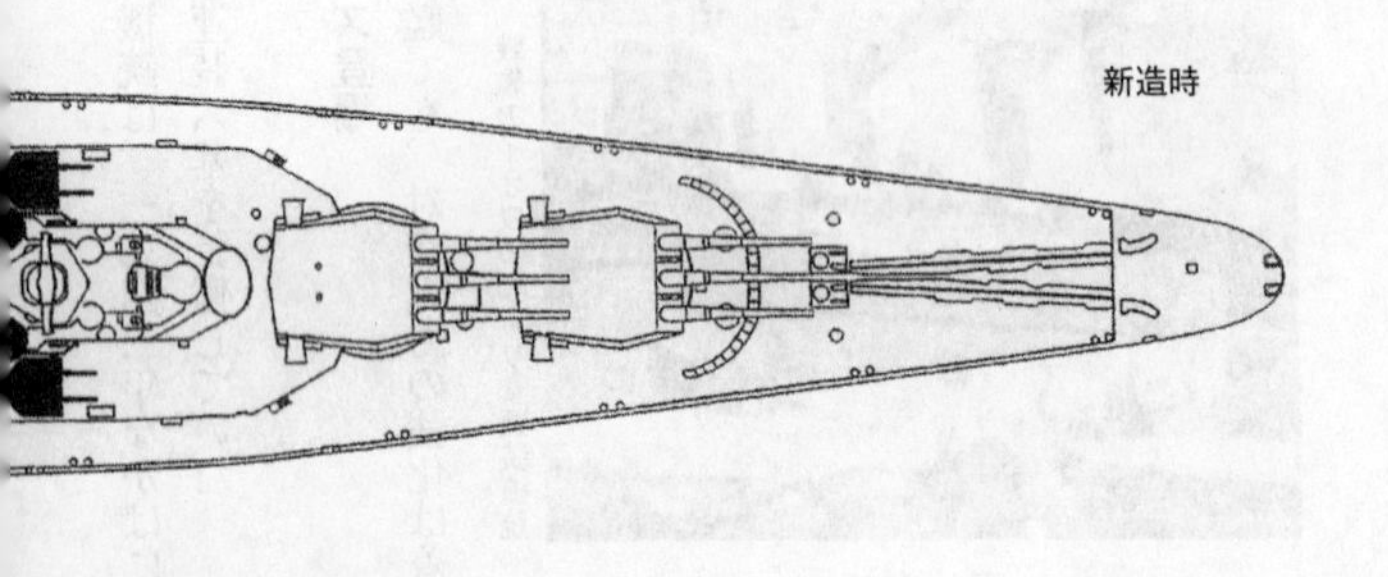
新造時

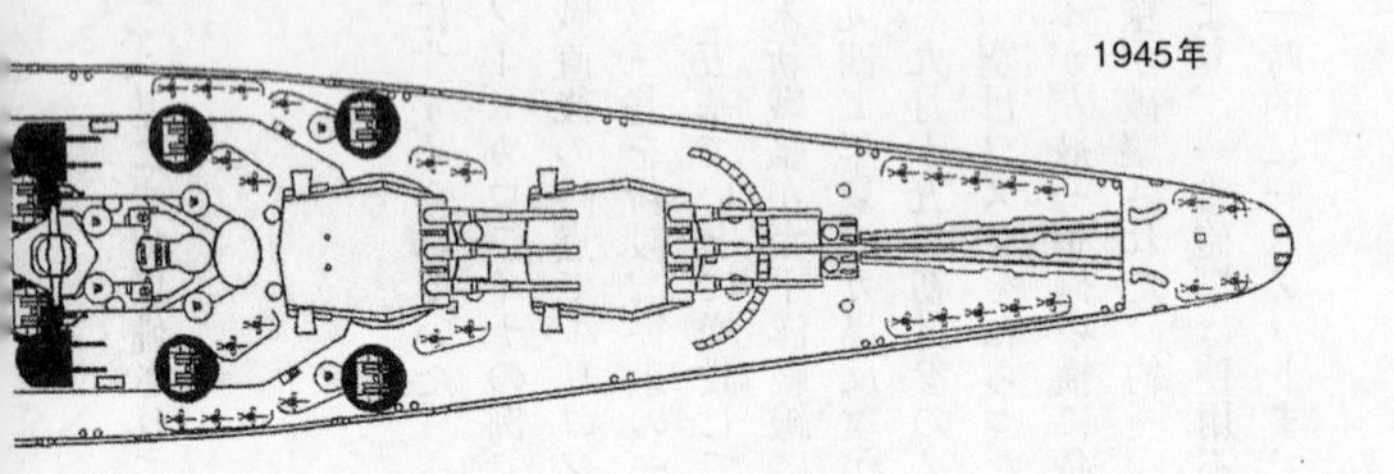
1945年

第15図　戦艦ノースカロライナ

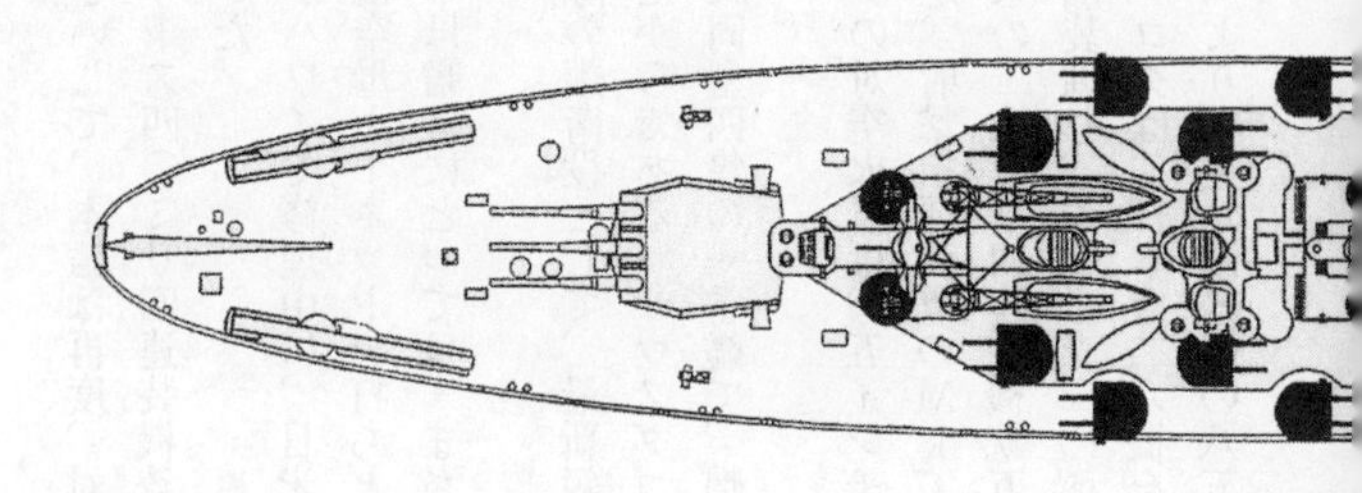

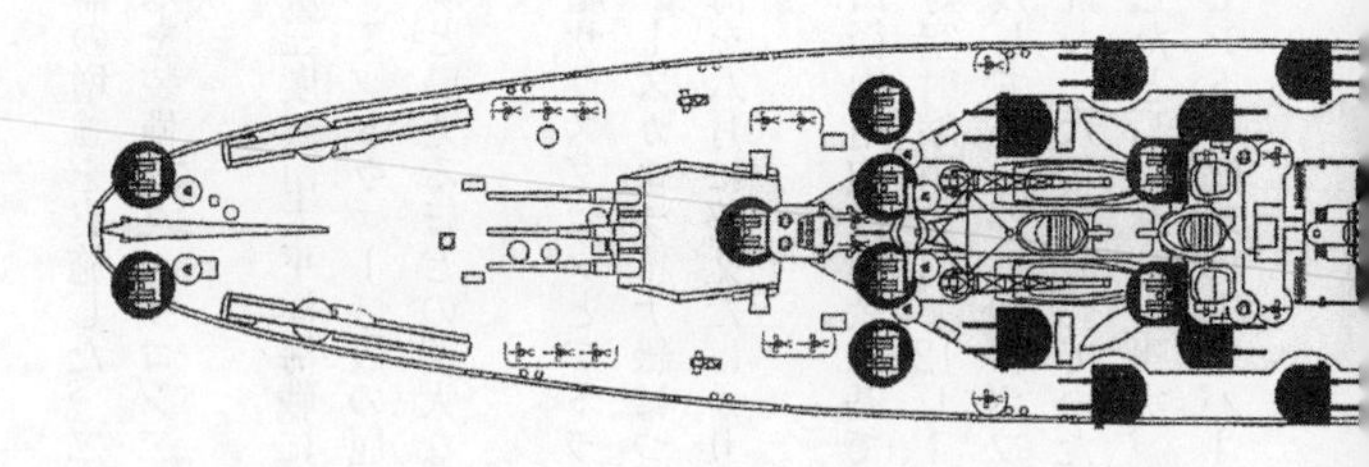

ハワイでの修理にさいして、本艦は再度、対空火器の増強を実施した。二八ミリ四連装機銃をおろして、ボフォース四〇ミリ四連装機銃一〇基を装備し、エリコン二〇ミリ機銃も四〇基以上にたっしていた。

ノースカロライナがハワイで修理中に、日米空母が三度、南太平洋海戦において激突した。この海戦は、米正規空母ホーネットを打ちとって、ミッドウェー惨敗の屈辱をいくぶんはらしたとはいえ、日本母艦機にとっては、まさに墓場といえるほどの甚大な損害をうけたのであった。

それは、米空母部隊の護衛役として、最新鋭の戦艦サウスダコタとアトランタ級防空巡洋艦三隻がくわっていたからである。サウスダコタはノースカロライナ級につぐ米新戦艦の第二陣、サウスダコタ級同型四隻の一番艦で、慣熟航海を八月に終えたばかりの文字どおりの新艦であった。

当時のサウスダコタの対空火器は、五インチ三八口径両用砲は連装八基で、他の同型艦より二基すくなかったが、射撃指揮装置のMk37には対空射撃用のMk12レーダーをそなえていた。機銃はまだ在来の二八ミリ四連装機銃五基を残していたが、他にボフォース四〇ミリ四連装機銃四基を追加装備し、エリコン二〇ミリ機銃も三六基を有していた。

この海戦でサウスダコタは、日本機二六機を撃墜したとしており、事実、第一次攻撃隊として「翔鶴」「瑞鶴」より発進した艦爆の八五パーセント、艦攻の七六パーセントが失われたことが、その被害の大きさを証明している。

深刻なのは機材の損害よりも、真珠湾いらいの熟達の搭乗員の損失であった。先のミッドウェーにつぐこの戦闘で、おおくのクルーをうしなった日本海軍空母部隊は、二度と米海軍空母部隊と互角に交戦できなかった。

のちの米戦艦が、この数倍の対空火器を搭載したことを考えたうえに、さらに射撃指揮装置の高精度化とVT信管の実用化を加味すると、大戦末期の沖縄戦における特攻作戦で、特攻機の突入がいかに困難であったかが想像し得よう。

VT信管はマジック・ヒューズの別名どおり、電波応用の近接信管である。すなわち、砲弾自体に電波発信受信装置を内蔵させ、受信感度に応じて炸裂する方式の信管であった。

従来のような機械的時限信管とことなり、標的の一定至近を通過する砲弾は自動的に炸裂するため、撃墜の確率は大きく向上することになる。

米海軍では一九四〇年ころより、こうした新しい方式の信管の開発に着手していた。当初は音響式、温度式、磁気式、光学式などのさまざまな方式が研究されたが、当時大規模に開発のすすんでいたレーダーを応用した電波式にしぼって開発が進められた。

電波式の最大のネックは、砲弾に内蔵するため、小型の電子管（真空管）で、しかも二万Gもの衝撃にたえうる部品の調達にあった。国内の研究機関とメーカーを総動員した結果、こうした問題もクリアーして、一九四二年四月に気球をもちいた最初の実験に成功した。

同八月十二日にチェサピーク湾にて、新造軽巡クリーブランドの五インチ両用砲をもちいた最初の実艦テストが実施された。試験では、飛来したドローンを四発の砲弾で破壊、みごとに成功をおさめた。

装備数だけはおおい「大和」

VT信管最初の実戦投入は一九四三年一月五日で、ソロモン諸島ムンダ島の日本軍飛行場砲撃に、他の僚艦とともに出撃した軽巡ヘレナが、VT信管付き砲弾を来襲した日本の艦爆にたいして発射、二斉射目で艦爆一機を撃墜したという。

大戦後半においてVT信管は量産を開始した。米陸軍および英陸軍にも供給されて、大戦末期の英本土へのV1迎撃に威力を発揮した。米海軍では当初、秘密保持のため、不発弾を回収されるおそれのある場面での使用を制限していたともいわれている。

沖縄戦でのカミカゼ特攻機にたいする米艦艇の防御砲火の熾烈さは、カラー映像でよく知られているが、大戦末期の米艦艇の防空力は、数的な増強以上に、質的にも高度に向上していたことがよくわかろう。

かくしてノースカロライナの例では、こうしたVT信管付き砲弾装備のほかに、終戦時の機銃装備はボフォース四〇ミリ四連装機銃一五基、エリコン二〇ミリ機銃連装八基、単装二〇基となっていた。

二〇ミリ機銃は、一九四五年四月には単装五六基を装備していたが、暫時減少傾向にあった。こうした英米新戦艦の大戦中における対空火器の変化にたいして、日本の「大和」型も、数のうえでは負けずに多数の高角砲と機銃を装備したことは、よく知られていよう。

日本海軍の対空火器増強は、戦局の悪化した昭和十九年以降に実施されたもので、「大和」型では高角砲二四門、機銃一四四梃、他の戦艦では高角砲一六門、機銃一二〇梃を装備することを目標としていた。

「大和」の例では、昭和二十年四月の最終状態で一二・七センチ連装高角砲一二基、二五ミリ三連装機銃五〇基、一五〇梃、同単装二基、合計一五二梃を装備して、これを上回っていた。前年十月の比島沖海戦時には、二五ミリ機銃三連装二九基、同単装二六基の一一三梃を装備していたものの、その後に単装を撤去、三連装を増備した。

日本海軍では三式弾の採用で、積極的に主砲による対空戦闘を実施したものの、発射時の爆風で周囲の機銃射撃をさまたげることから、影響の大きい単装機銃を撤去したものであった。

こうしたことで、数のうえでは米英艦を上回っていたものの、「大和」の対空戦闘能力はかなりおとったものであった。最大の問題は、射撃指揮装置が戦前のレベルより進歩することなく、レーダーを欠き、VTヒューズをもたなかったことにくわえ、機銃が二五ミリ一本だけで、米英の四〇ミリ、二〇ミリの二本立ての弾幕にたいして、かなり威力を減じていた

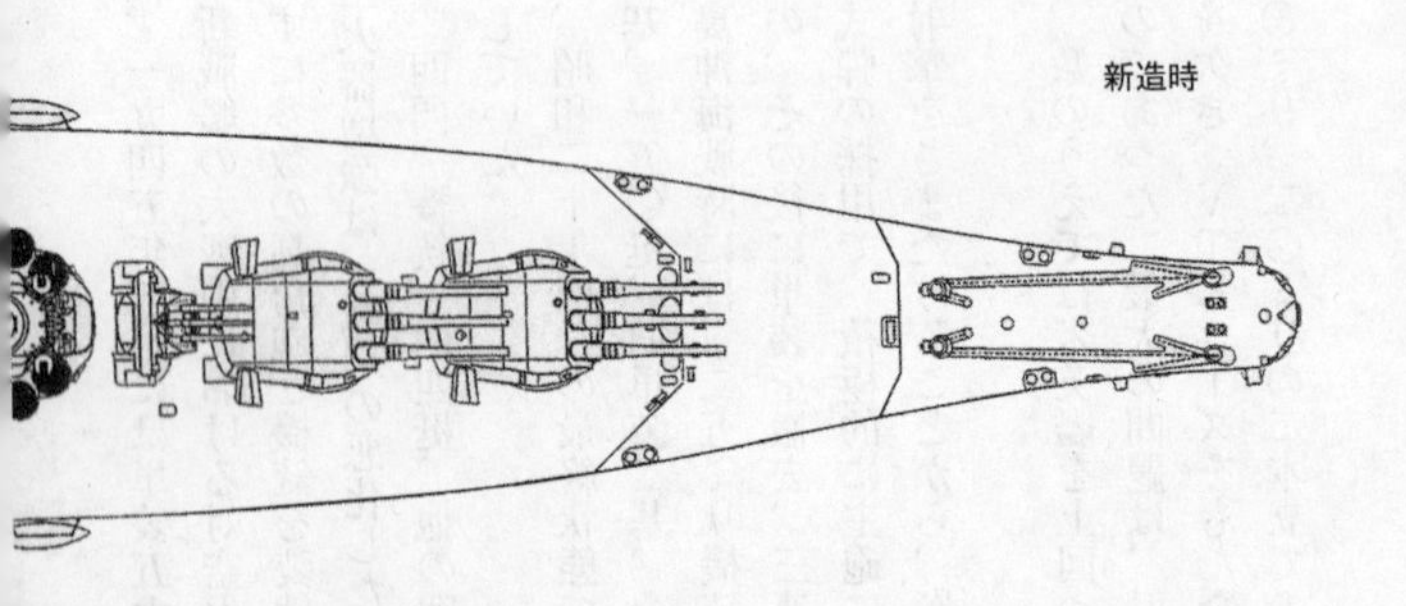
新造時

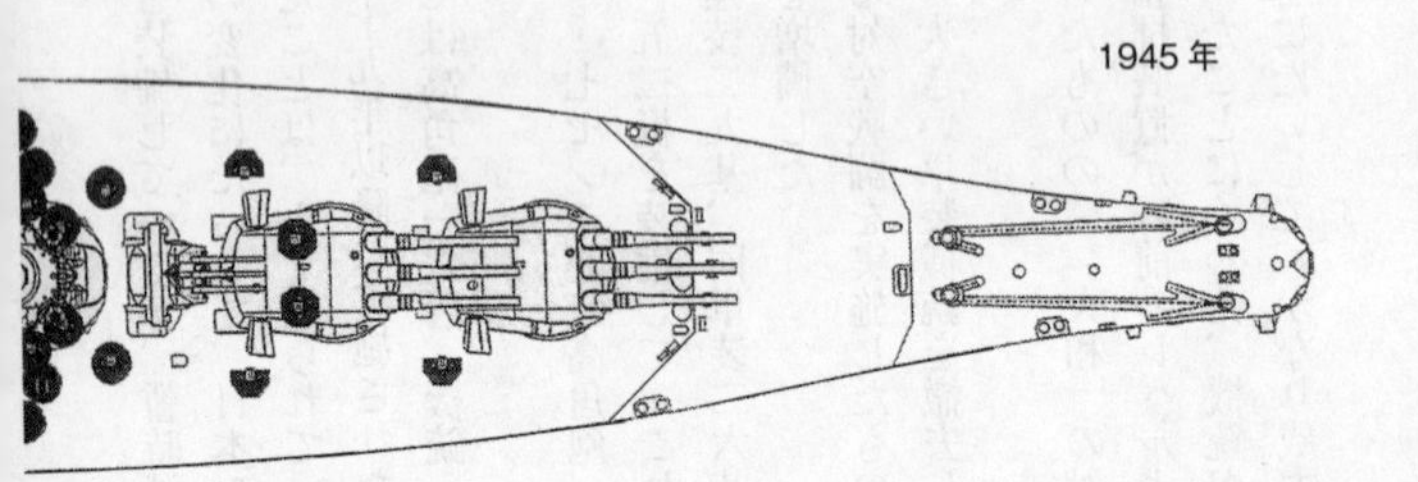
1945 年

第16図　戦艦「大和」

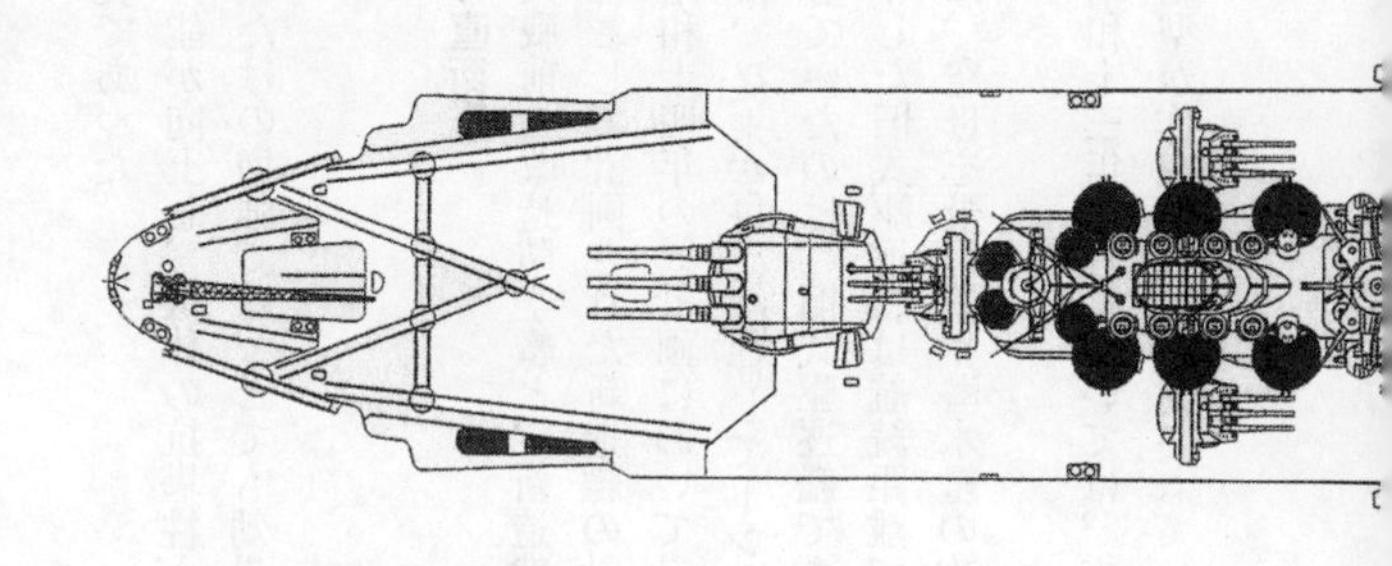

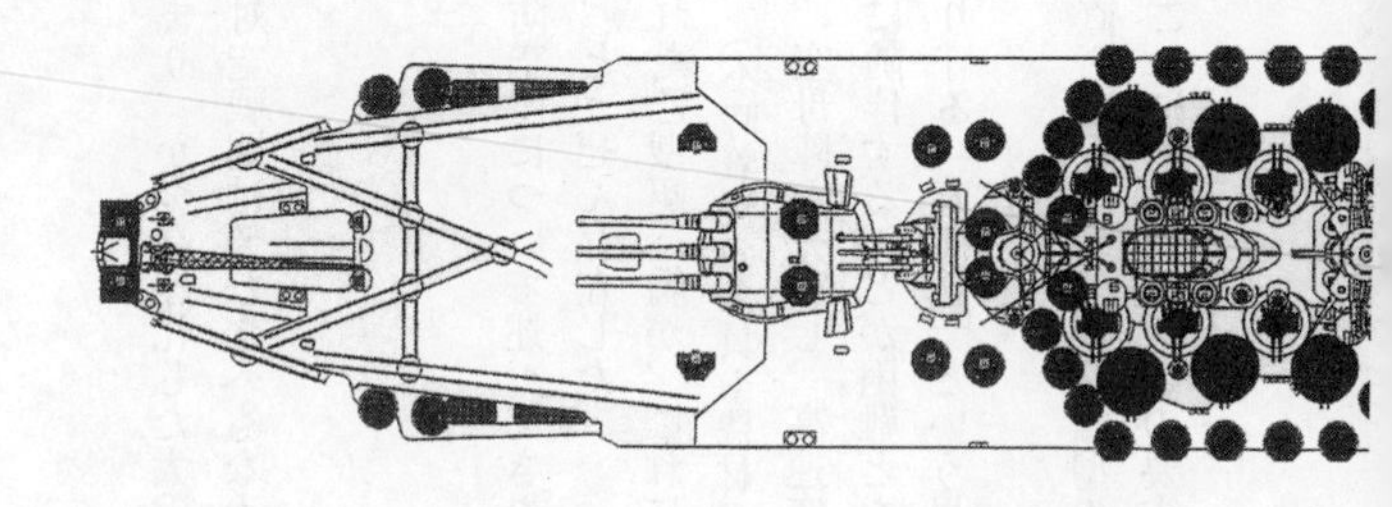

のもいなめない事実であった。

結果的に、防弾性能が向上し、機体の抗堪性がたかまり、かつ高速化した大戦中の航空機にたいして、単に数だけの増強では、とても効果的な対空戦闘は望むすべもなかったというのが実情であった。

新型高角砲装備の直衛艦

これまで第二次大戦前の改造防空艦と、新造戦艦の防空度について述べてきた。大戦前には、最初から防空艦として計画された新造艦の計画も、とうぜん存在した。

日本海軍では、昭和十四年の㊄計画において計画された乙型駆逐艦が、これに相当する。

そもそもの発想は、従来空母に随伴してトンボ釣り（不時着機の乗員や機材の回収）といわれた役割をはたしていたのは、旧式駆逐艦であった。空母陣が充実し、高速空母が出現するにおよんで、こうした旧式駆逐艦は航続距離で空母に随伴することが困難となってきた事実があったと同時に、空母を飛行機や潜水艦の攻撃より守る「直衛艦」という思想が芽生えていった。

㊄計画成立前の昭和十三年七月においては、本型は直衛艦W115型の仮称艦型のもとに、艦本において数案の艦型が作成されて検討されている。これに先立つ軍令部の要求要目は、以下のようであった。

速力　三五ノット
航続距離　一八ノットで一万海里
兵装　一〇センチ高角砲八門、長距離爆雷砲
良好な耐波性。飛行機回収用デリックの装備

直衛艦としての原案の基本兵装は、当時開発されたばかりの新型高角砲九八式六五口径一〇センチ砲連装四基を前後に配し、他に二五ミリ連装機銃二基、艦尾に長距離爆雷砲二基を搭載したものであった。

九八式一〇センチ高角砲は、日本海軍が自信をもって開発した長砲身、半自動装塡機構を採用した高性能対空砲で、従来の八九式四〇口径一二・七センチ高角砲にかわる主力高角砲として期待されていた。

最大射高一万三〇〇〇メートルは五〇〇〇メートル弱延伸しており、発射速度も毎分一四発から一九発前後まで向上していた。砲自体の性能は申し分なかったが、反面その精緻な構造は量産を阻害して、計画した数量を確保することが困難であった。

高射装置は最新の九四式で、前後の砲塔群の背後にそれぞれ配し、背の高い艦橋トップには九六式機銃射撃装置を置いていた。

艦尾の爆雷砲は、特殊な爆雷を筒状の発射筒から発射する特殊な対潜兵器である。英ヴィ

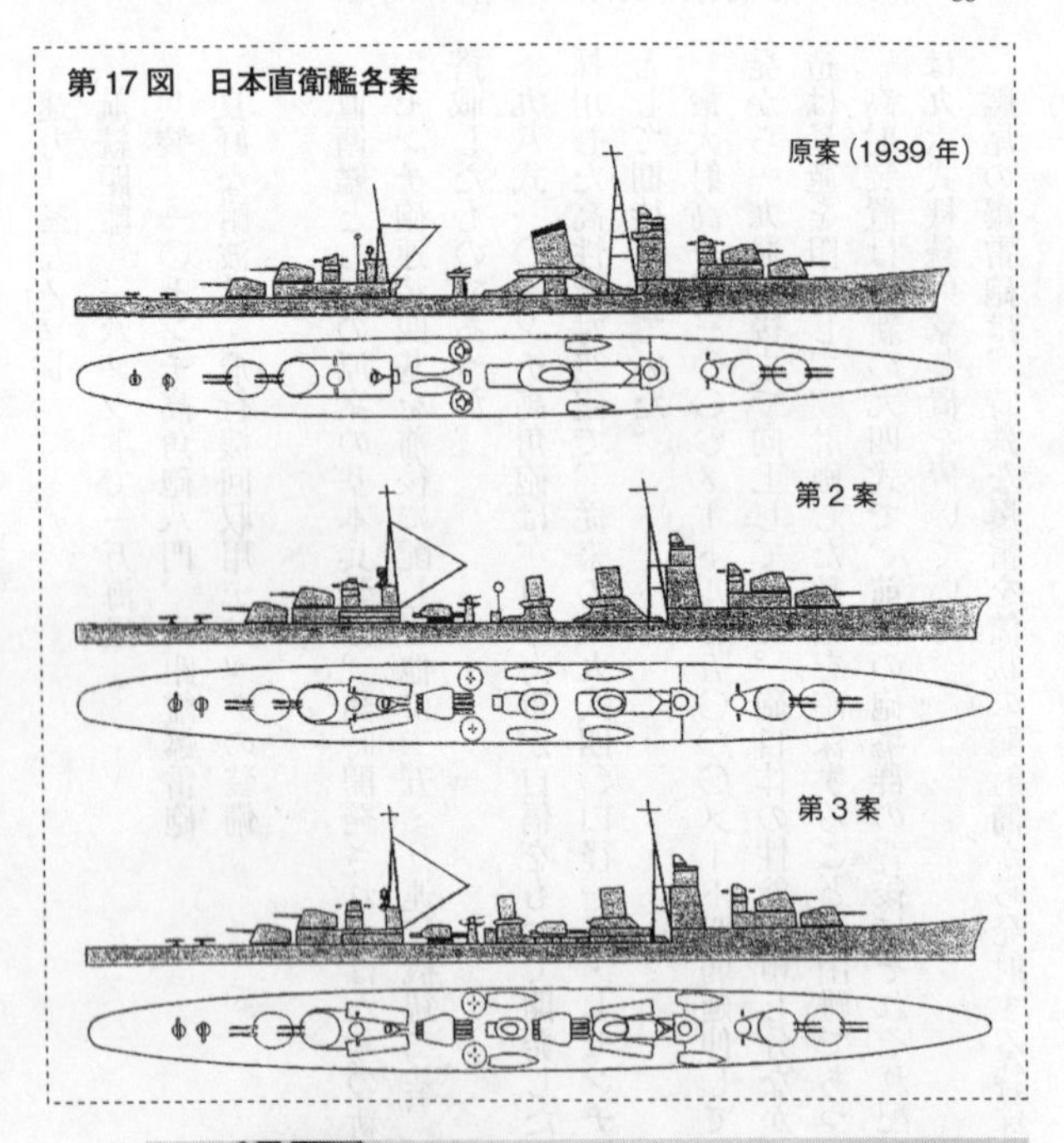

「秋月」型が搭載した九八式10センチ連装高角砲

ッカーズ社より購入した同種の爆雷砲を参考に国産化したもので、九三式爆雷および九三式投射機として制式化された。重量一〇〇キロの爆雷を最大一四〇〇メートルまで投射でき、投射機は旋回俯仰が可能であったが、敷設艦「厳島」に搭載された実績しかなかった。

米海軍注目の防空駆逐艦

この直衛艦「秋月」原案は、公試排水量三三〇〇トン、吃水線長一三四メートル、水線幅一一・四メートル、速力三三ノット、出力五万二〇〇〇軸馬力、航続距離一〇ノットで八〇〇〇海里でまとめられた。

これは、軍令部案の速力と航続距離を実現するには、公試排水量五〇〇〇トンの軽巡なみの大型艦となり、予算的に隻数をそろえるのが無理と判断されたからであった。

この原案にたいして、せっかく駆逐艦に準じる三三ノットを発揮するなら、魚雷兵装を追加して駆逐艦としてもつかえる駆逐艦化案が生まれた。結合煙突を二本にわけて、九二式四連装発射管を一基または二基搭載する一〜三案が生まれている。当然予備魚雷も四〜八本の搭載を予定していた。

発射管二基を搭載した三案では、公試排水量三八五〇トン、吃水線長一三八メートルと大型化し、速力三三ノットで出力五万六〇〇〇軸馬力と増加している。

結局、折衷案ともいうべき発射管一基搭載の一案で決定されることになるわけだが、かく

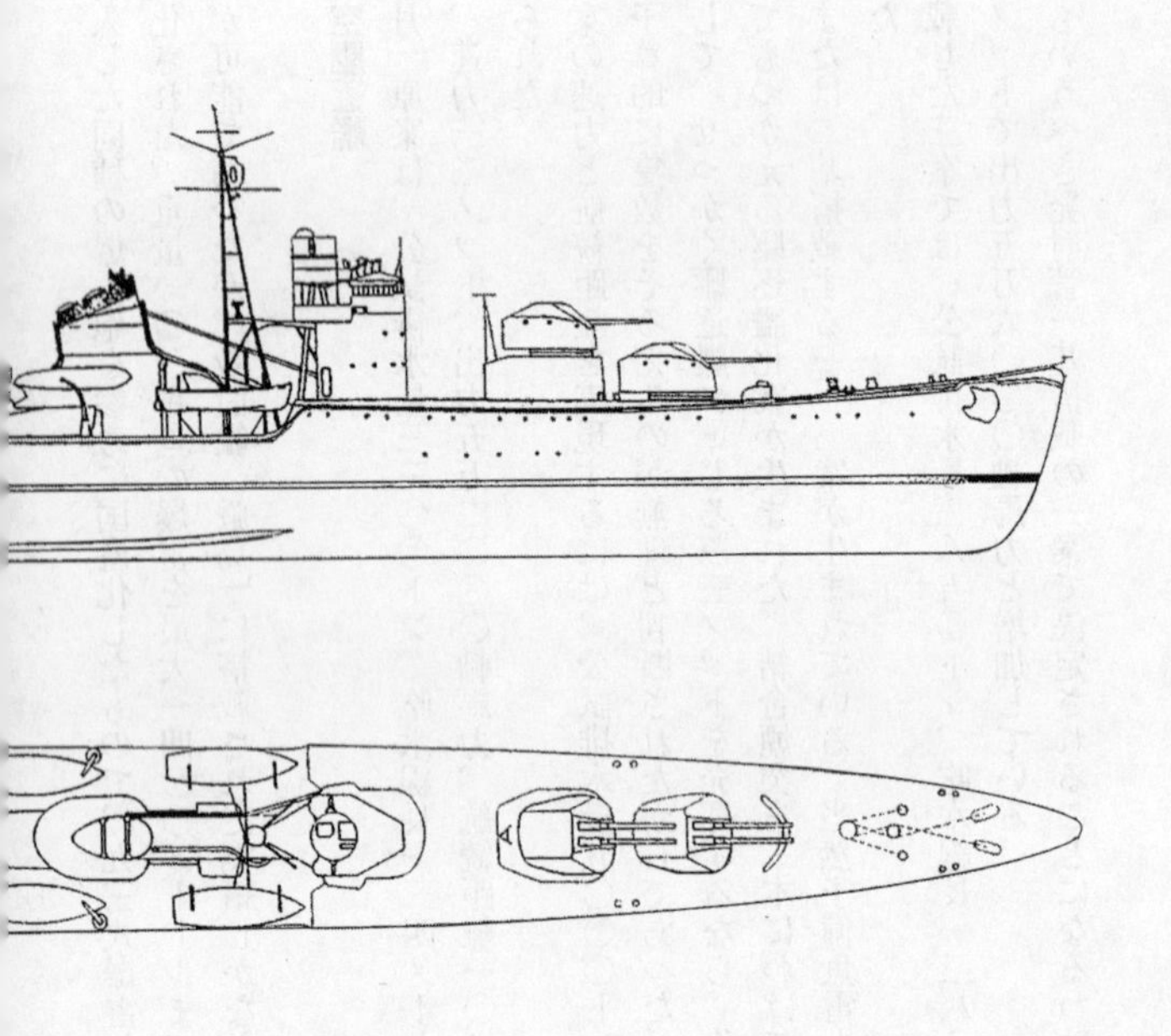

第 18 図　乙型駆逐艦「秋月」完成時

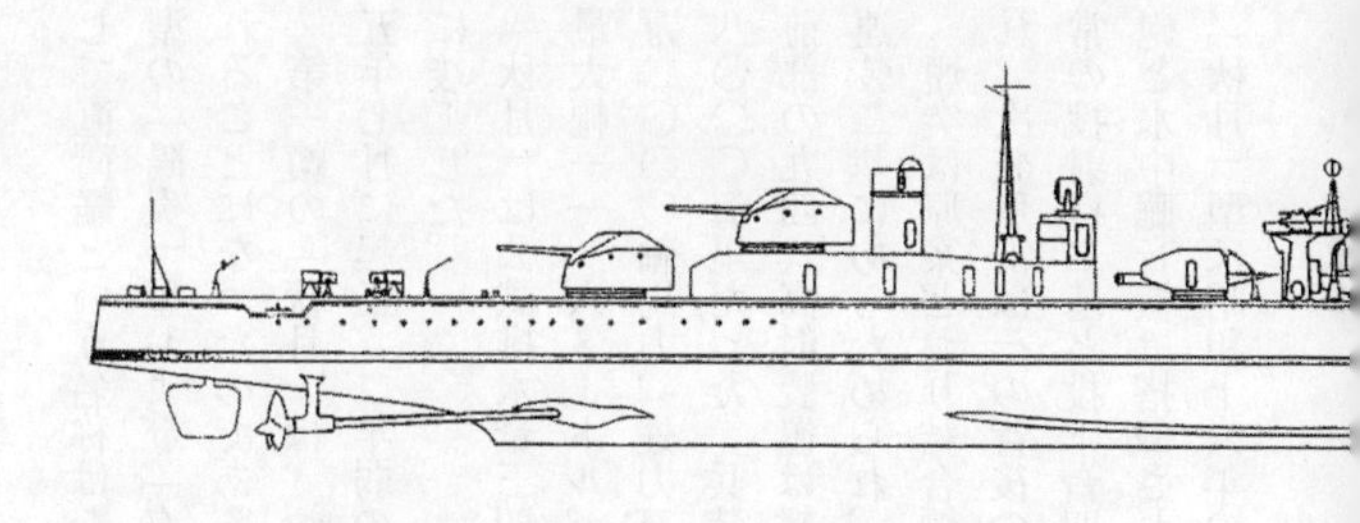

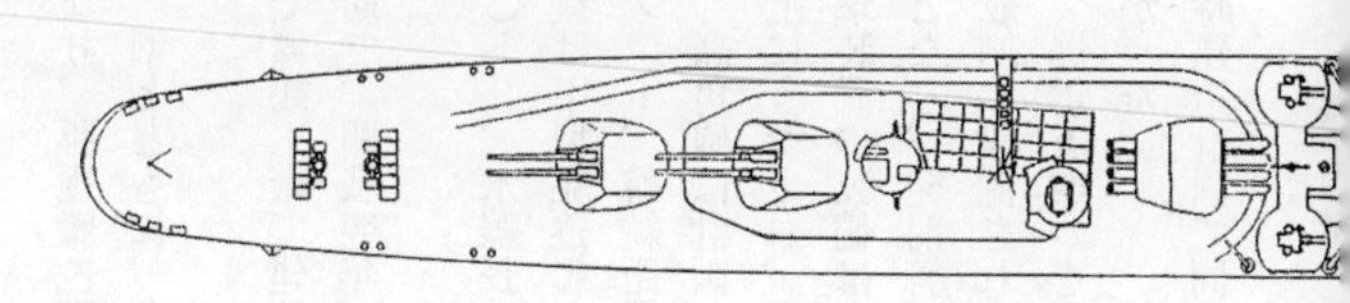

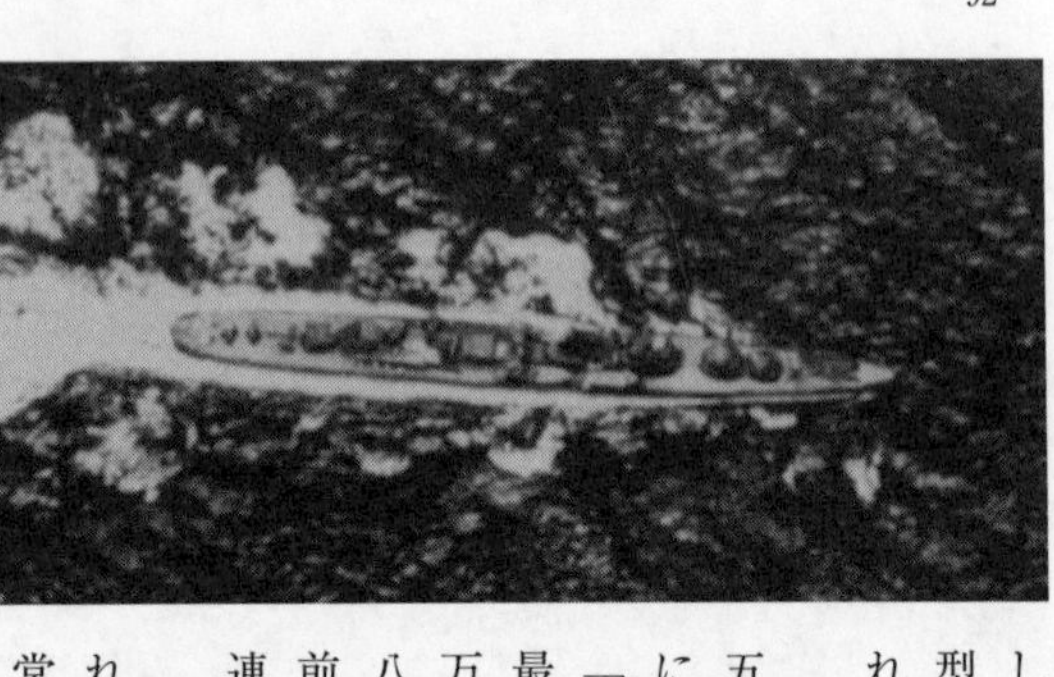

1942年9月29日、米軍機によって撮影された「秋月」型駆逐艦

して直衛艦という名称はなくなり、駆逐艦乙型として駆逐艦甲型の「陽炎」型および「夕雲」型とともに、同型六隻が建造されることになったのである。

第一艦の「秋月」は、恒例で舞鶴工廠で建造された。昭和十五年七月に起工、二年弱の工期で、開戦翌年の昭和十七年六月に竣工した。

「秋月」は公試排水量三四七〇トン、水線長一三二メートル、最大幅一一・六メートル、主機は甲型駆逐艦とおなじで出力五万二〇〇〇軸馬力、速力三三ノット、航続距離一八ノットにて八〇〇〇海里だった。兵装は、高角砲は計画どおりであったが、前部の九四式高射装置は艦橋上にうつされ、二五ミリ機銃は三連装二基にあらためられ、射撃装置の装備はとりやめられた。

煙突は原案どおり結合煙突となり、発射管はその後方に置かれ、次発魚雷はその背後の左舷側に設置されている。爆雷は通常の投射機二基と投下台四基、爆雷五四コを搭載したが、爆雷砲と水中聴音機は搭載されなかった。

「秋月」型は昭和十六年の戦時建造計画で同型一〇隻、翌年の

㊄計画では速力を三五・五ノットに高め、発射管を六連装にあらためた改「秋月」型一八隻がふくまれていた。これは、改㊄計画では「秋月」型二三隻に変更されている。

結局、終戦までに完成したのは同型一二隻で、後期の艦は簡易化がほどこされており、機銃兵装はおおはばに強化されたが、九四式高射装置は一基に減じていた。

大戦中に六隻が戦没、二隻は潜水艦の雷撃、一隻は爆撃で、三隻は水上戦闘でうしなわれている。

「秋月」型のデビューは昭和十七年九月二十七日、単艦でショートランドに向かう途中、ブーゲンビル島沖でB17の爆撃にたいして対空戦闘を実施した。一〇七発を発射して、B17一機を撃墜したことが初陣であった。

米軍はその後、本艦の艦型を空撮して日本海軍の新型駆逐艦として識別、その対空戦闘能力に注意を喚起していた。

米英製防空巡のデビュー

日本海軍が「秋月」を起工した二ヵ月前、米国でもフェデラル造船所で一隻の軽巡が起工されていた。

CL55アトランタと命名されたこの艦は、老朽化したオマハ級軽巡にかわるべく計画された新型の駆逐艦戦隊旗艦用軽巡であった。しかも、この艦は軽巡としての六インチ砲をもたず、備砲は駆逐艦の備砲とおなじ五インチ三八口径両用砲で統一しており、先に新戦艦ノースカロライナの副砲として採用されたMk32連装砲を八基搭載した防空巡洋艦であった。

米海軍では、条約明け後の駆逐艦戦隊旗艦用軽巡として三五〇〇〜八〇〇〇トン、速力三三〜三六ノット、主砲として六インチ砲または五インチ砲を装備した二〇数種の計画案をもって検討してきた。その結果、基準排水量六〇〇〇トン、速力三二ノット、五インチ連装砲八基搭載のアトランタ級を選択したのであった。

駆逐艦戦隊旗艦としては、いささか速力では不満があるものの、船体には対駆逐艦備砲防御として舷側甲帯九五ミリ、甲板三二ミリ、砲塔三二ミリの甲鈑をもち、米巡洋艦としてはめずらしく発射管も装備していた。

アトランタ級防空巡は一九三九年度計画で同型四隻を建造、さらに一九四一年度の両洋海軍拡張計画において同型四隻、一九四三年度計画で改型三隻を計画した。最後の三隻の完成は、終戦の翌年になったものの、いずれも一・五年ほどの短工期で完成して、戦線に登場している。

一九四二年にはいると、Mk37射撃装置にMk4射撃用レーダーが装備され、機銃もボフォース四〇ミリ、エリコン二〇ミリ機銃を装備しだすと、本型の対空戦闘能力も急速に強化された。一九四二年十月の南太平洋海戦では、本級二隻が空母の直衛にあたり、きわめて効果的な防空戦闘を展開して、日本側艦攻や艦爆は深刻な被害をうけるにいたった。

しかも、一九四三年後半からはVTヒューズの供給もはじまり、五インチ三八口径砲の威力は飛躍的に高まることになるのであった。

しかし、これより前の昭和十七年十一月の第三次ソロモン海戦で、アトランタと二番艦のジュノーはガダルカナル島沖で夜間、飛行場砲撃に出撃してきた「比叡」「霧島」以下の日本艦隊と遭遇、至近距離での乱戦となった。アトランタは四九発もの被弾と九二式魚雷一本が中央部に命中して沈没、ジュノーも魚雷一本が命中、低速で退避中を伊二六潜の雷撃で最後をとげた。

大戦も後半にいたると、ぞくぞくと戦線に投入された戦時建造重巡、軽巡は主砲以外に五インチ連装砲六基を装備していた。アトランタ級の後期艦は、トップヘビイをきらって両舷の五インチ砲二基をおろしており、搭載数がおなじになっていたことで、防空巡として特化した意味もうすれていた。

なお、米海軍の軽巡ブルックリン級以降が搭載していた六インチ四七口径三連装砲は、仰角六〇度の高仰角が可能で、対空射撃も考慮した構造のようであったが、まだ完全な両用砲にはいたらず、それは戦後に完成したウースター級防空巡において完成することになる。

また、大戦末期の計画では、アトランタ級の五インチ砲を新しい五四口径砲（海上自衛隊「あきづき」型護衛艦搭載）に置きかえた防空巡六隻の建造を決めていたが、終戦によりキャンセルされている。

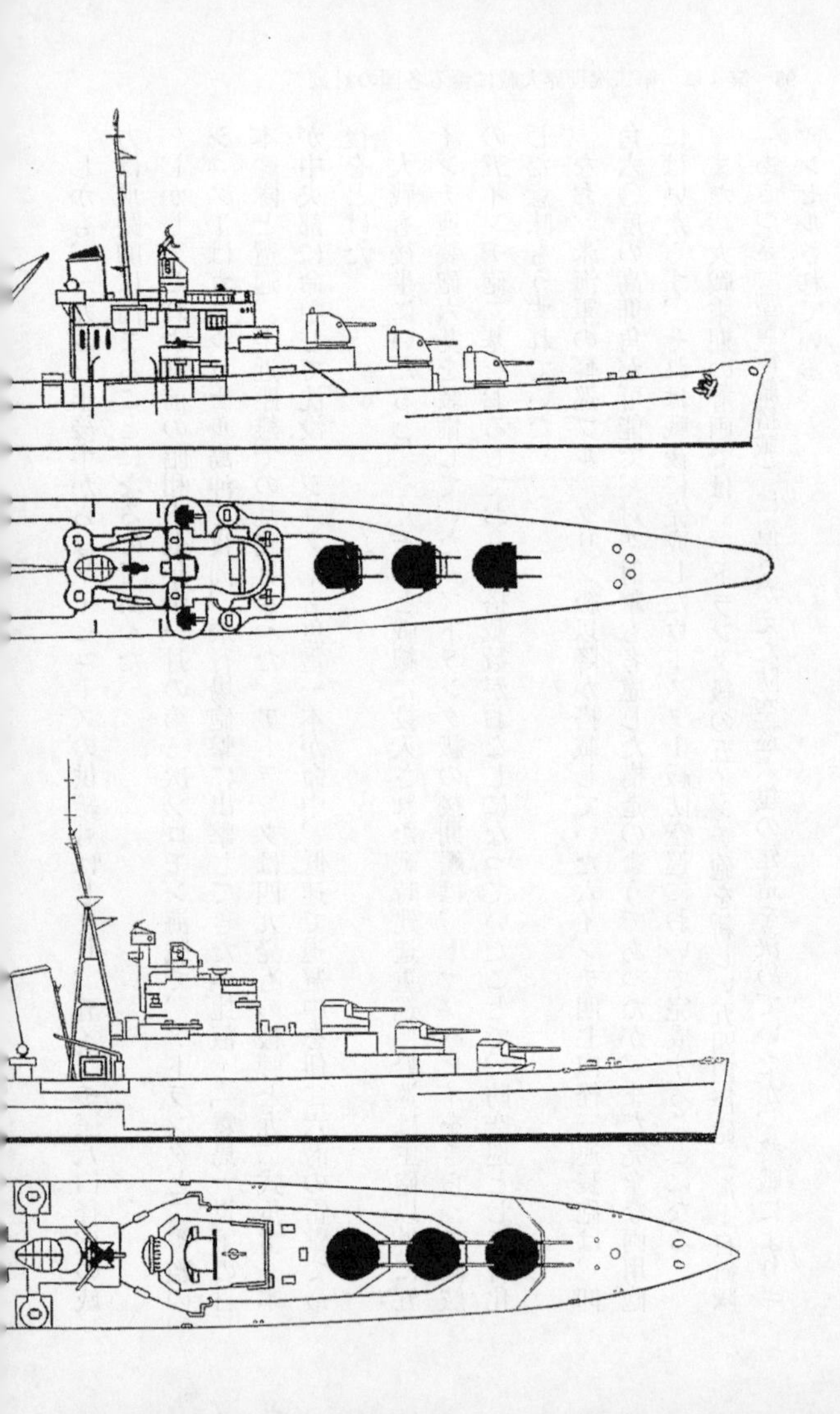

第19図　アトランタ級防空巡（アメリカ・1942年）

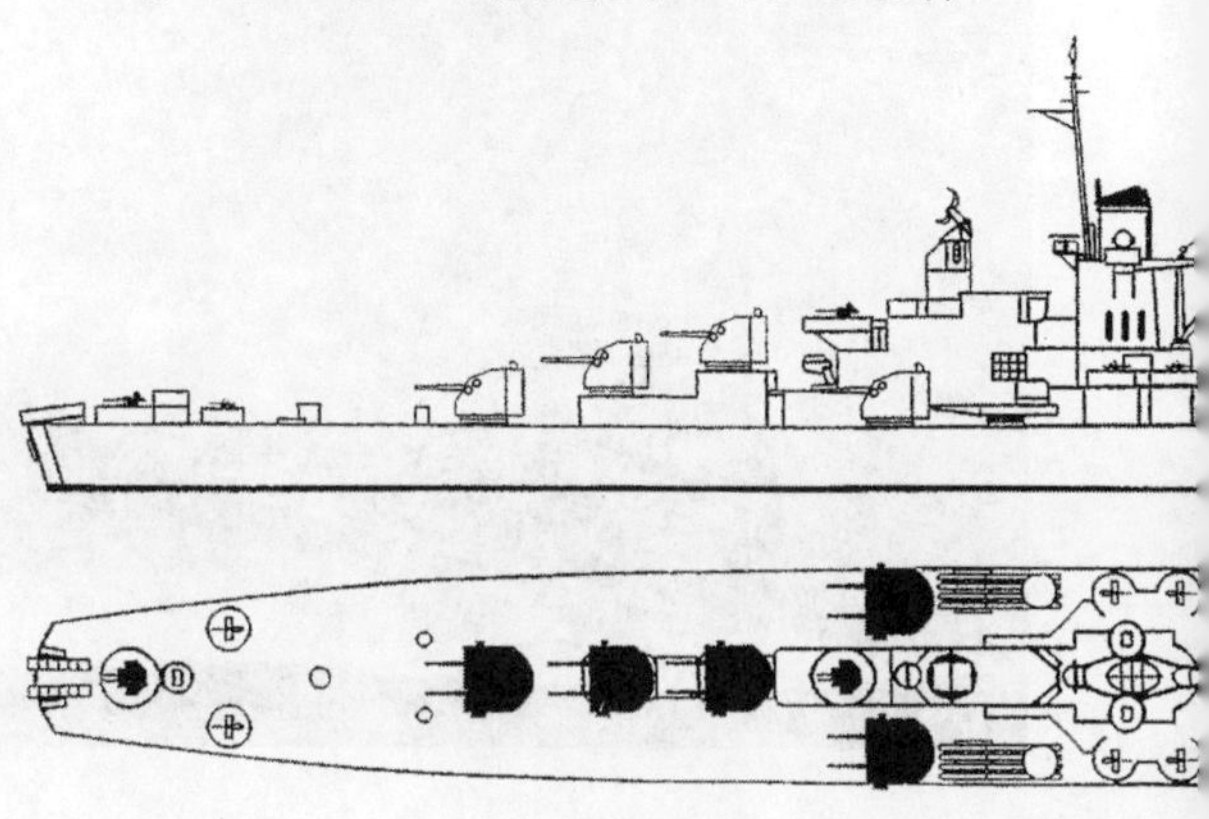

第20図　ダイド級防空巡（イギリス・1941年）

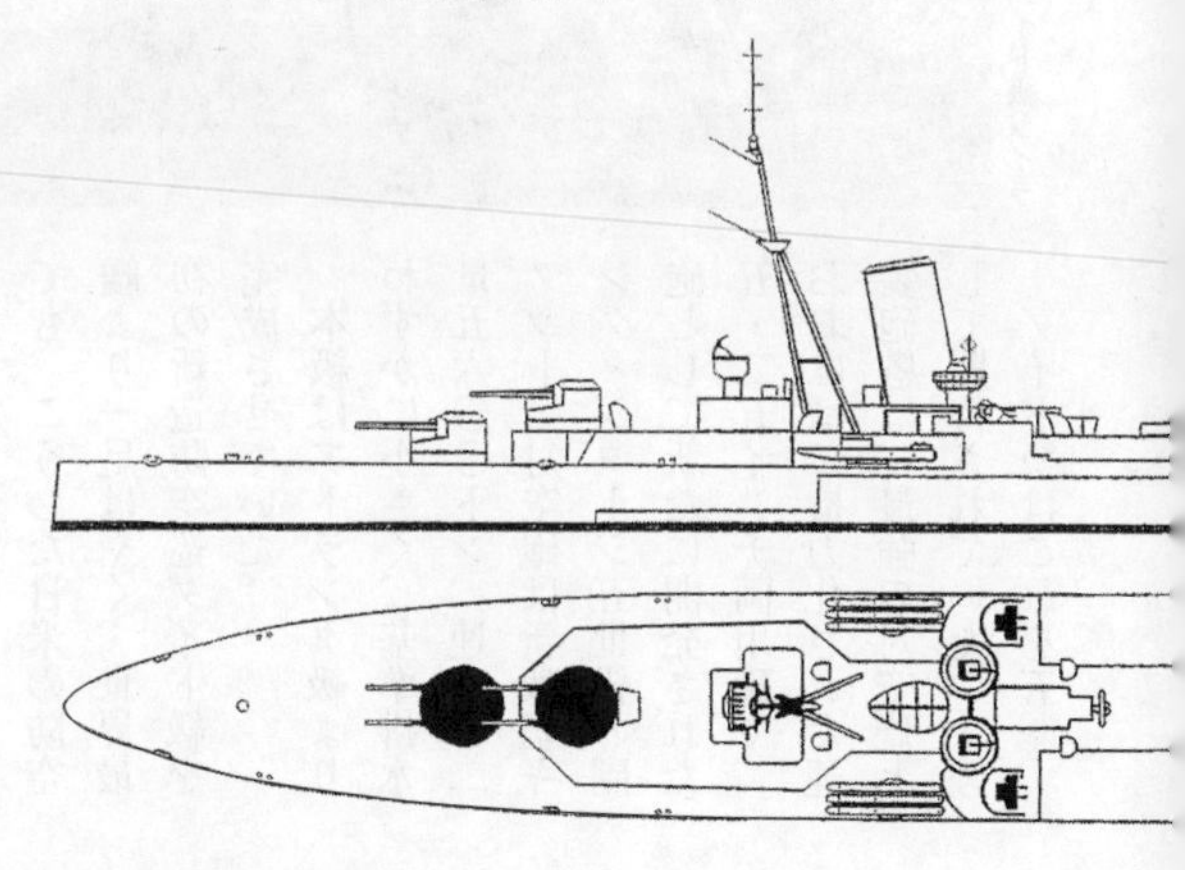

（上）アトランタ。（下）ダイド級シイラ

一方、防空巡ではもっとも歴史のある英海軍においても、こうした日米の防空艦より一足はやく、世界最初の新造防空巡ダイド級を完成させていた。

本級はアトランタ級よりわずかに小さく、基準排水量五六〇〇トン、速力三二ノット、対空砲は新戦艦キング・ジョージ五世級の副砲として新たに開発された五・二五インチ両用砲で、おおはばに機力化された連装砲塔は、最強の対空砲として期待されていた。

ダイド級はこれを五基、

第21図　防空艦試案（日本）

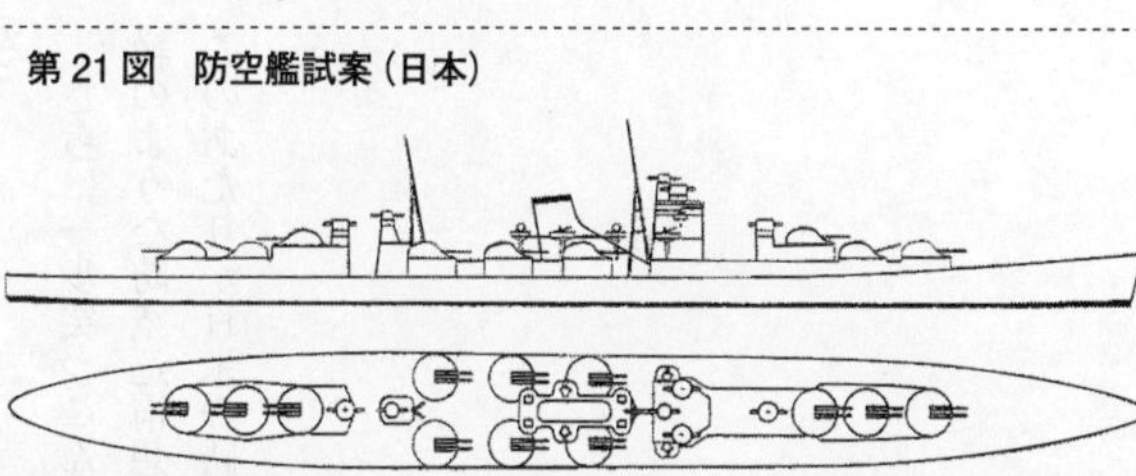

前部に三基、後部に二基を中心線上に配し、水上戦闘においても六インチ砲に準じる性能を発揮できるとみられていた。

　ダイド級は、くしくもアトランタ級とおなじ同型一一隻が一九四二年までに完成した。途中、五・二五インチ砲の供給が間にあわず、搭載数を四基に減じたり、四・五インチ高角砲連装四基で代用するなどの同型艦が出現している。

　大戦中に四隻が戦没、三隻は潜水艦の雷撃で、一隻はドイツ水雷艇との交戦で被雷してうしなわれている。

　なお、ダイド級の改型として、大戦中に同型五隻が完成したベロナ級五九五〇基準トンは五・二五インチ砲連装一基を減じて四基としており、機銃兵装を充実している。本級のスパルタンは、一九四四年にドイツ機の放ったHs293ミサイルが命中、沈没している。

　こうした米英の防空巡洋艦にたいして、日本では「秋月」型駆逐艦以上の防空艦は出現しなかった。

　構想としては、「秋月」誕生前に公試排水量八五〇〇トン、速力三四ノット、長一〇センチ高角砲連装一二基を装備した本格的防空艦の試案があったことが、福井静夫氏のメモなどにより知られている。

さらに一歩突っこんでいえば、「阿賀野」型軽巡を計画したさいに、どうしてアトランタ級のような防空巡構想が生まれなかったのかというのは、酷であろうか。いずれにしても、このあたりが日米の防空にたいする差であるのは、事実といわざるをえない。

第5章　航空機優勢で終わった第二次大戦

米海軍と日独海軍の格差

　正規の防空艦は、数をそろえるにはなかなか問題があり、また戦術的用途や環境により、特異な防空任務を要求されて、各国において、さまざまな防空艦艇が出現している。

　これとは別に、艦隊の手足としてはたらく駆逐艦や護衛艦艇においても、航空機の脅威に対抗することは、開戦後の最大の課題であった。

　第二次大戦中に喪失した駆逐艦（護衛駆逐艦をふくむ）は、イギリス一三九隻、アメリカ八二隻、日本一三六隻にのぼる。このうち、航空機の攻撃により喪失した駆逐艦はイギリス五〇隻三六パーセント、アメリカ二六隻三一・七パーセント、日本六〇隻四四パーセントという記録がのこっている。もちろん、各国とも喪失原因のトップである。

　この数字は、いみじくも各国駆逐艦の対空戦闘能力、ひいては海軍艦艇全般の対空戦闘能力のレベルをしめしているといってもまちがいではない。

とくにアメリカ駆逐艦の喪失数の半分は、対日戦末期の特攻機による被害であった。通常の航空機による攻撃より、数倍高い確率で被害をうけたことを勘案すると、アメリカ海軍艦艇の対空戦闘能力の高さを考慮する必要がある。

これはたびたび述べているように、アメリカ艦艇の対空火器、射撃指揮装置、VTヒューズなどに代表されるハードにおける優越性を、第一にあげなければならない。その半面、大戦後半の時期における枢軸側、日独航空機による敵艦船攻撃の機会が、制空権の喪失により、極端にすくなくなっていた事実も考慮する必要があろう。

大戦中、対潜戦闘能力において劣勢を強いられた日本海軍は、対空戦闘能力においても米英に遅れをとった。

瀬戸内海柳井沖で引き上げられた改丁型駆逐艦「梨」の後部40口径八九式12・7センチ高角砲

大戦後半に出現した海防艦や簡易型駆逐艦では、備砲として高角砲を常備したものの、艦船攻撃が専門外のアメリカ陸軍機の低空爆撃にたいして、まったく歯がたたなかった。これは戦前採用の二五ミリ機銃に固執して、開戦後の熾烈な対空戦闘に対応した、機動力の高い近接対空火器の開発をおこたった日本海軍の欠陥のひとつだった。

本格的改造の特設防空艦

大戦前半、単独で強力なドイツ空軍を相手にしたイギリス海軍には、正規の防空艦以外に、さまざまな特設防空艦が出現している。

五〇〇〇総トン前後の商船を改造した特設防空艦は、護衛空母が出現する以前の大西洋における船団護送に投入されたので、飛来するコンドルなどのドイツ長距離哨戒爆撃機に対抗したものであった。

これら特設艦は、かなり本格的に改造されて、中心線上に一〇センチ連装高角砲三〜五基を配していた。上部構造物も、正規艦艇なみに三脚檣や艦橋構造物をもうけ、外観上は正規艦艇かとみまちがうような艦姿を有していた。

なかでもカナダの鉄道連絡船プリンスロバートは、速力も二二ノットと特設艦船としては優速で、一〇センチ連装高角砲五基を装備した有力艦で、カナダ海軍に編入されて船団護衛に従事した。

（上）プリンスロバート
（下）英特設防空艦テムズ・クイーン

また、一九四二年にUボートに撃沈されたスプリングバンクは、高角砲のほかにカタパルトを装備し、ハリケーン戦闘機を搭載してカタパルトシップとしての任務をかねていた。

こうした航洋型の特設防空艦は八隻があったが、他に五〇〇総トン前後の商船を改造した沿岸航路の船団護衛や、地方の港湾での防空任務をもった沿岸用防空艦も三〇隻ほど就役した。

これらの艦は、対空火器も四〇ミリ、二〇ミリ機銃のみで高角砲はもたず、浅吃水の外輪船がおおい。なかには、第一次大戦で特設掃海艇として海軍に編入されたベテランが、二度目のご奉公に駆りだされた例もいくつかあった。

こうした特設防空艦も、大戦後半には正規の護衛艦艇がぞくぞくと就役するにつれて、姿を消していった。一方、大戦後半におおくが出現した揚陸艦艇のなかには、揚陸作戦の砲火支援

第22図　特設防空艦スプリングバンク（イギリス・1941年）

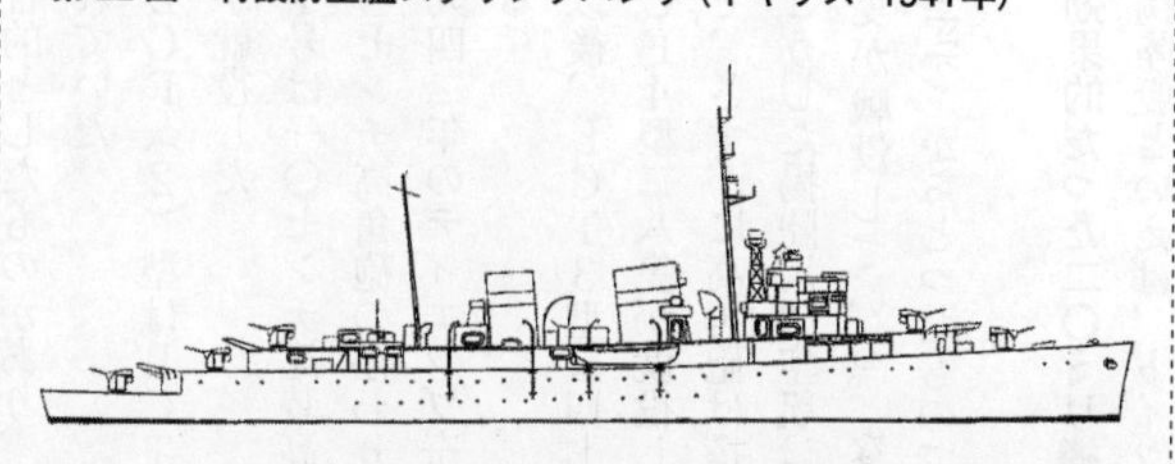

第23図　特設防空艦プリンスロバート（カナダ）

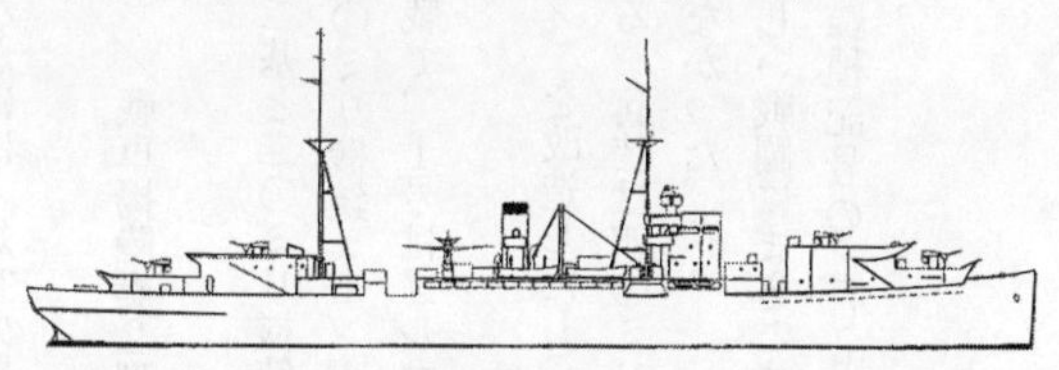

第24図　イギリス防空艇LCF（2）型1号

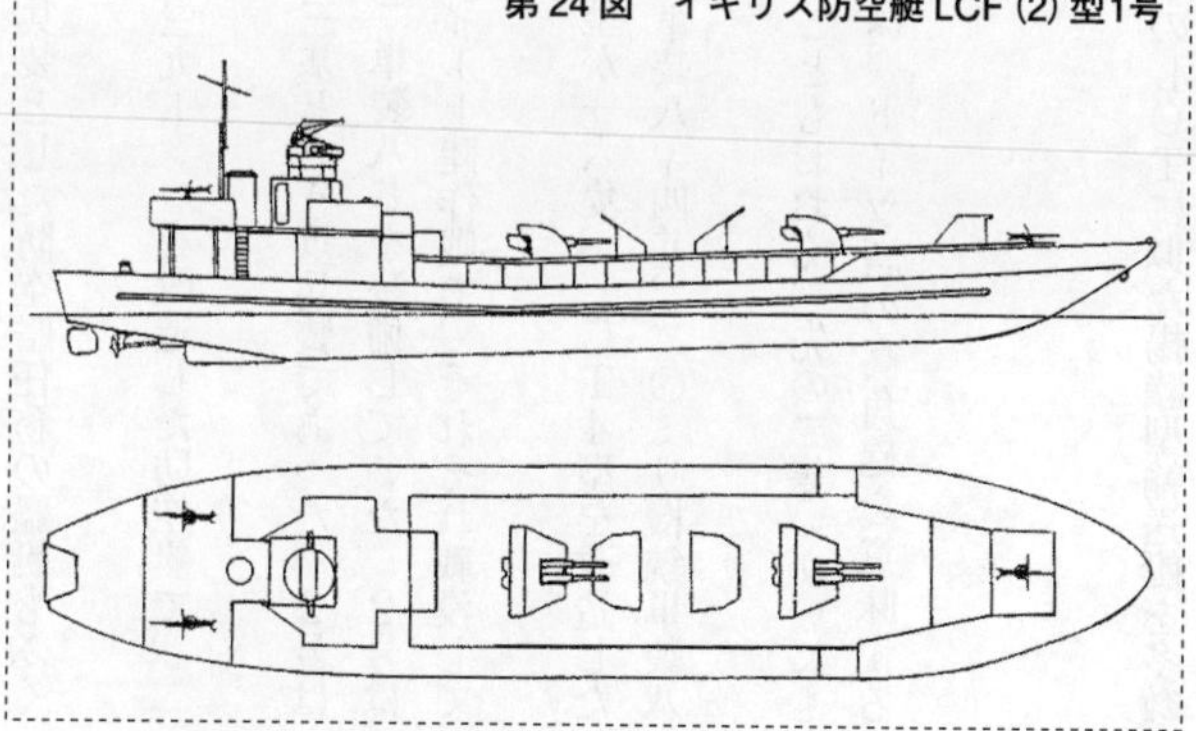

を目的としたものがあり、このなかには、対空火器を主兵装とした防空艦任務の艦艇もふくまれていた。

LCF(2)型はLCT(2)/戦車揚陸艇2型(五三九トン)を改造した防空艇で、二隻が就役した。

1号は一〇センチ連装高角砲二基と二〇ミリ機銃単装三基という重兵装であった。2号は一〇センチ高角砲のかわりに四〇ミリ機銃(ポンポン砲)単装八基を装備していた。2号は一九四二年のディエップ奇襲作戦で、1号はノルマンディー上陸作戦で、それぞれ戦没している。

以後、LCT3型(四七〇トン)を改造したLCF3型が一六隻、LCT4型を改造したLCF4型二八隻が就役している。兵装は四〇ミリ機銃単装八～四基、二〇ミリ機銃単装八基で、さすがに高角砲は搭載しなかった。

こうした揚陸用防空艇は、激しい戦闘にまきこまれることもおおく、先の二隻いがいにも五隻が戦没している。なお、艦種記号のLCFのFは、ドイツ語の高角砲を意味する〈Flak〉からとったものである。

効果的だった二〇ミリ機銃

揚陸艇といえば、ドイツ海軍も大戦中にイギリス海軍のLCTに似た揚陸型輸送艇を多数建造していた。こうした輸送艇をＭＦＰ型と称したが、二八〇トンのＤ型一三〇〇余隻のうち一二〇隻ほどが、武装を強化したＡＦＰ型輸送艇として就役していた。

これらの艇は、一〇・五センチまたは八・八センチ砲一～二門を搭載、他に三七ミリおよび二〇ミリ機銃で武装していた。

とくに二〇ミリ機銃は、一九三八年にマウザー社が開発した艦載型四連装機銃で、大戦中に陸軍、空軍でも近接防御用の対空機銃として、飛行場や都市の防空台などでひろく採用された。その威力は、連合国側の航空機にとって大きな脅威であった。

ドイツ軍の20ミリ４連装機銃

こうしたドイツ海軍の武装輸送艇は、地中海において連合国側の魚雷艇や高速艇と交戦した。低速ではあったが、その強武装ゆえに連合国側から「Ｆライター」とよばれて恐れられた存在だった。
他方、ドイツ海軍では大戦初期に戦利艦として取得したオランダ、ノルウェーの海防艦や旧式巡洋艦などを、港湾地帯での防

第25図　ドイツ輸送艇MPF（D）型

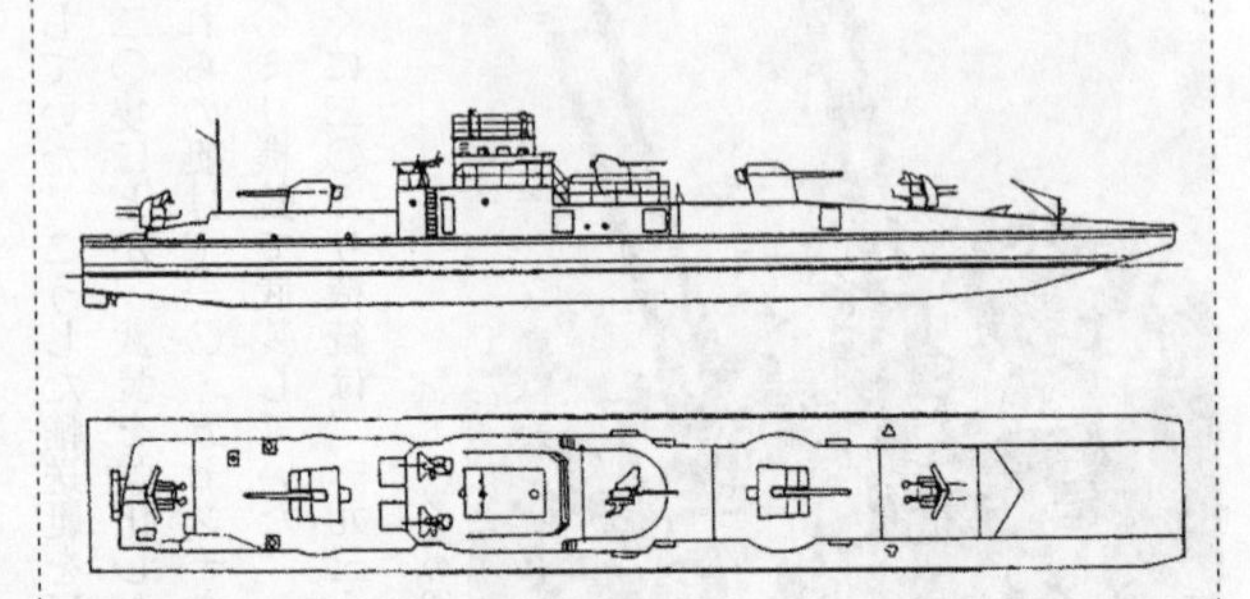

第26図　テティス（旧ノルウェー海防艦ハラルド・ハールファゲン）

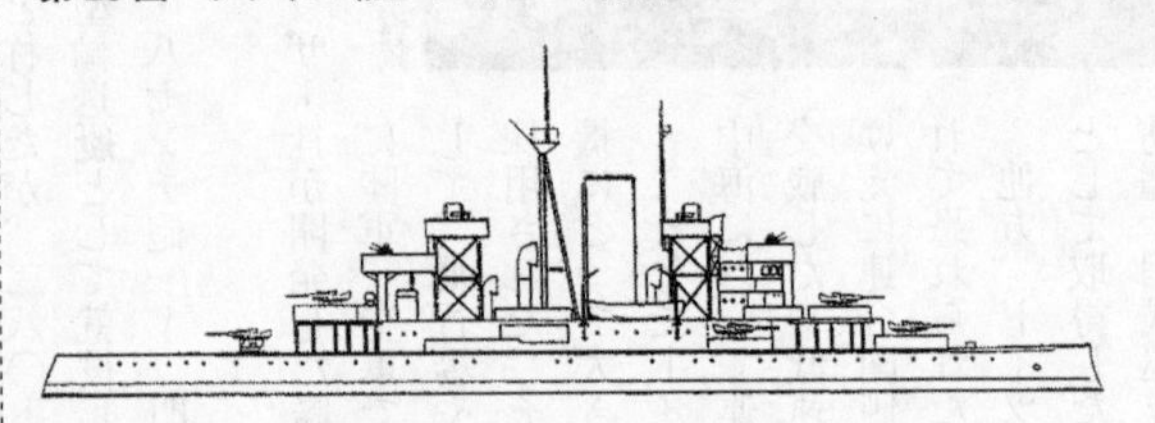

第27図　ニオブ（旧オランダ巡洋艦ゲルドランド）

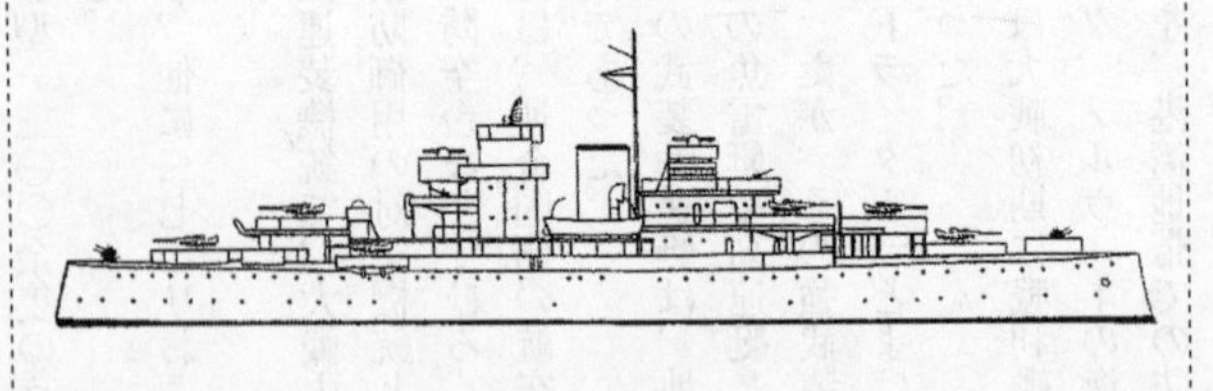

空艦にしたてて就役させていた。

ニンフェとテティス三八五八トンは元ノルウェーの海防艦トルデンスコルドとハラルド・ハールファゲンで、一八九七年進水のイギリス製の老朽艦だった。一〇五ミリ高射砲七門、四〇ミリ機銃単装二基、二〇ミリ四連装機銃二基を装備して、防空艦として早くも一九四〇年には就役した。両艦とも無事、戦後にノルウェーに返還されている。

ニオブ三五一二トンは、オランダの旧式巡洋艦ゲルドランドを改造したものであった。アライダネ四五六〇トンとウンダイネ四四四五トンの二隻はおなじく元オランダ海軍の海防艦で、兵装は先のニンフェなどと大同小異である。これらの一〇五ミリ高射砲は陸式の兵器らしく、艦載型ではないようである。

他に、デンマーク海軍の海防艦二隻も戦利艦として編入されていた。これらの艦は艦齢が比較的に若かったこともあり、防空艦には改造されず、ほんらいの兵装を一部のこしたまま、ガードシップとして使われたようであった。

ドイツ海軍艦艇の対空火器は、日本海軍と同様に両用砲では見るべきものはなかった。大戦後期に、やっと一三〇ミリ両用砲を完成、Z52級駆逐艦の備砲として計画されたものの、完成にはいたらなかった。

ただし、ドイツ海軍が大戦中の主要艦艇に搭載した標準型一〇五ミリ高角砲は、ジャイロ姿勢制御付きの高性能砲であった。戦後にソ連海軍がコピーして、自国艦艇に搭載したほど

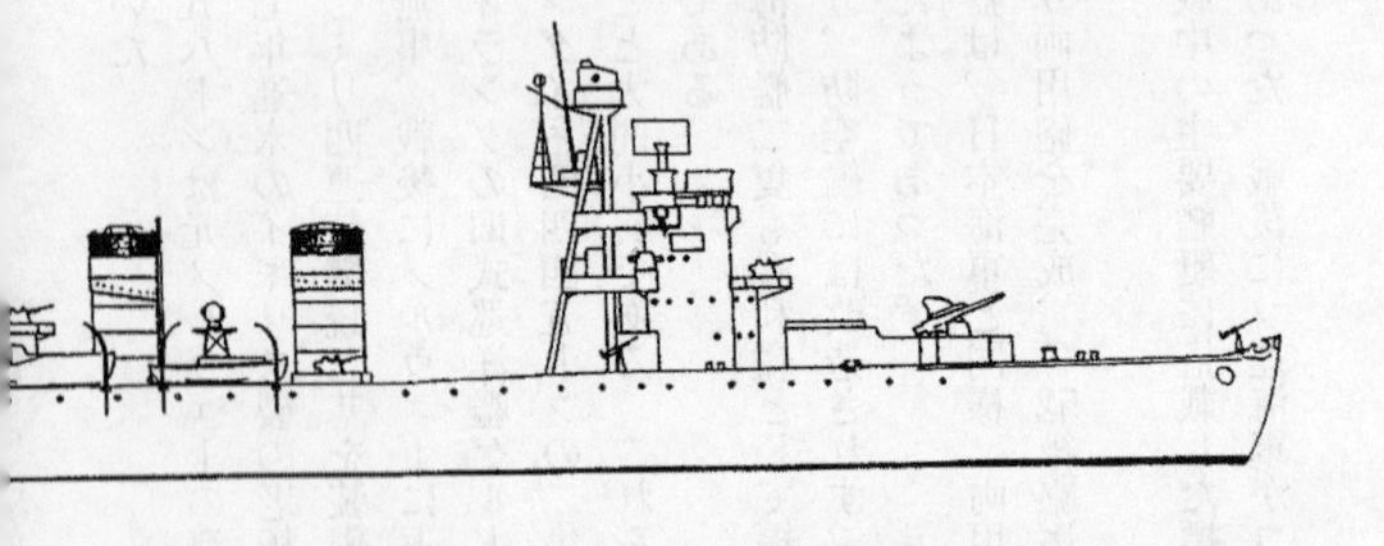

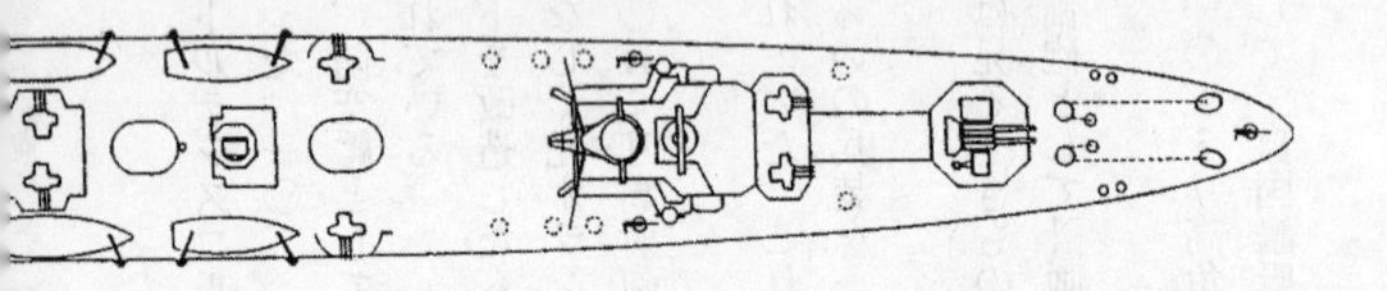

第28図　防空巡洋艦「五十鈴」(1944年8月)

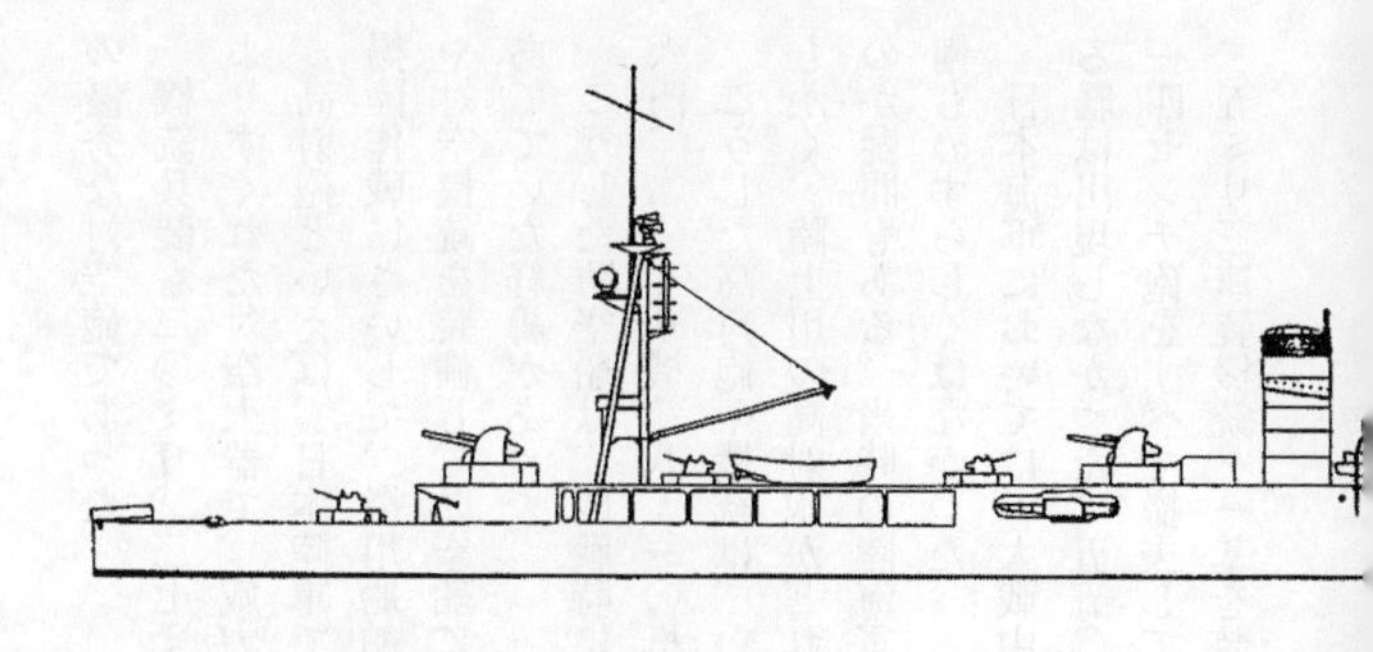

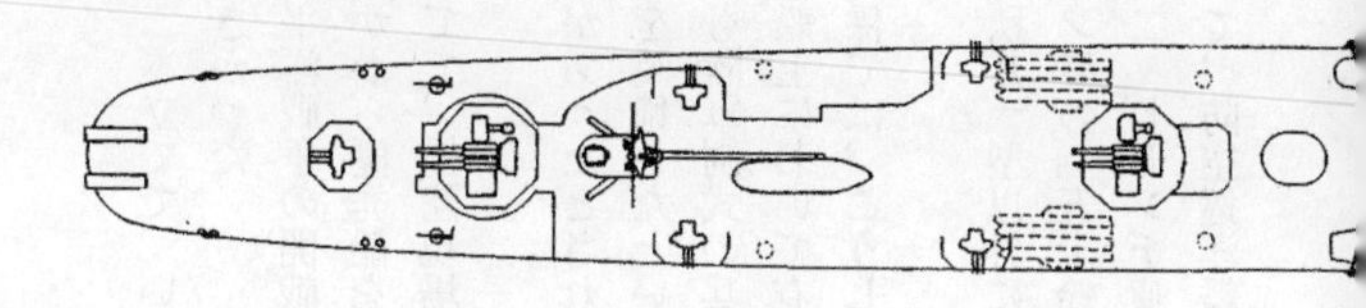

「五十鈴」

の優秀な対空砲であった。

　機銃兵装も二〇ミリ、三七ミリの二本立てで、いずれも日本海軍よりすぐれた対空火器で、威力も大きかった。

　高射砲といえば、日本陸軍でも太平洋戦争の開戦時に、南方での揚陸作戦にさいして、徴用船舶のなかから優秀船をえらんで高角砲や対空機銃を装備して防空船にしたてて、揚陸現場での防空任務にあてていた経緯があった。

　こうした防空船は、開戦時に八隻があったとされており、高角砲六門、二〇ミリ機銃八〜一〇梃程度を装備したといわれる。

　こうした高角砲や機銃は、いずれも陸軍制式の兵器で、機銃はともかく、陸上用の高射砲がどれだけ船上において有効に使用できたのか疑問もある。当時の陸海軍の関係では、こうしたばらばらの戦備もめずらしくはなかった。

　日本海軍においては、大戦中の「秋月」型以外に防空艦と呼ばれる艦は出現しなかった。五五〇〇トン型の「五十鈴」が大戦後半に一四センチ砲をすべて撤去して、一二・七センチ連装高角砲三基と二五ミリ三連装機銃一一基を装備して、防空巡洋艦に改装されたのが唯一の実現例である。

これとて、たぶんに臨時的な改装で、高角砲はあと二～三基を追加しなければ、防空巡洋艦というには非力すぎた。

ほんらい防空艦という存在は、艦隊または戦隊全体の防空任務をになうもので、自艦の防空能力しかないような装備では、防空艦と呼ぶのはおこがましいといえよう。

その点、アメリカ海軍は開戦当初は民間からの船舶を徴用して、特設艦船として兵力の不足をおぎなっていたが、ひとたびその工業力が回転しだして、各種正規艦艇が十分な兵装を装備して就役しだすと、日本海軍のように小細工をする必要もなかった。

正規艦艇が量質ともに十分に配備されると、あらためて防空艦を必要とすることもなかったことは、日本やイギリス海軍の場合とことなっていた。

第6章　戦後の特攻機対策

求められた強力な対空砲

一九四五年八月の日本降服で、六年間にわたった第二次世界大戦が終了したが、アメリカ海軍にとって大戦末期に経験した日本の特攻機攻撃は、きわめて痛烈な防空戦闘における戦訓をのこした。

大戦末期の日本陸海軍の特攻作戦は、主にアメリカ軍の沖縄上陸作戦にさいして最大の規模で実施され、アメリカ海軍の被害も、この時期に集中している。

特攻機により被害をうけたアメリカ艦艇は、正規艦艇だけで空母一五隻、軽空母三隻、護衛空母一七隻、戦艦一六隻、巡洋艦一三隻、駆逐艦九四隻、護衛駆逐艦二四隻の多数にのぼった。

さすがに喪失艦は、護衛空母三隻、駆逐艦一三隻とすくないものの、特攻機の突入により、上部構造物の破壊や火災による人員の被害は深刻で、兵員の士気にたいする影響も無視できなかった。

特攻機の突入阻止には、四〇ミリ、二〇ミリ機銃による近接対空火器では、接近した機体に命中しても破壊威力が不十分で、突入を許すことがすくなくなかった。このために、中間距離で破壊威力の大きい対空砲火による有効な迎撃をおこなって、特攻機を接近させないことが要求された。

この結果、急遽開発されたのが三インチ五〇口径速射砲で、毎分約四五発の発射速度とVTヒューズ付き弾丸により、特攻機対策に有効と期待された。しかし、終戦時までの実用化はさすがに無理で、実艦への搭載は一九四八年が最初であった。

この砲の開発条件としては、現用のボフォース四〇ミリ機銃との換装を前提としたため、単装砲は四〇ミリ連装、連装砲は同四〇ミリ四連装機銃とほぼ同重量とすることが要求されていた。砲身はMk10、砲架は単装がMk24／34、連装はMk22／26／27／33／34と改型があった。

連装砲の場合、操作人員は砲台長以下一二名、照準手二名、照準調整手一名、装塡手四名、運弾手四名よりなる。運弾手は、それぞれ各砲後部両側にある回転式弾架に、下部の弾庫から上がってくる弾薬包を装架する。各砲の左右の装塡手が、この弾薬包を手動で装塡台に装塡する仕組みである。

上から米海軍3インチ50口径砲、3インチ50口径速射砲、護衛艦「ゆうだち」搭載の3インチ50口径連装速射砲

すなわち、弾薬包の供給は手動であるが、砲自体は装塡台に弾薬があるかぎり、自動的に尾栓を作動させて発砲をつづけることのできる、半自動砲である。このため、一門あたり四名が給弾に従事して、毎分四五発の発射速度を可能にしていた。

通常はMk34レーダー付きMk63射撃装置が砲の遠隔操作を指揮しており、砲側照準の場合のみ左右の照準手が砲の旋回、俯仰を操作する。

欲張りすぎた三インチ砲

この砲は、戦後の一九四八年に完成した戦時計画の防空巡ウースター級（CL144〜145）にはじめて搭載された。

アメリカ海軍ではこのとき、より高性能なおなじ三インチ口径の長砲身（七〇口径）Mk23砲をMk37砲架に連装装備し、給弾をほぼ完全に自動化した戦後型の新型対空砲が実用化の最終段階にあったが、機構がひじょうに複雑化して、実用化に苦労していた。

この砲は完全に密閉されたシールドにおさめられた関係もあって、全重量は五〇口径砲の三倍の五六トンもあった。

しかし、最大射高は八三〇〇メートルから一万三九〇〇メートルとおおはばに延伸した。発射速度も倍の約九〇発にたっし、いいことづくめであったが、たぶんにスペックを欲張りすぎたきらいがあった。

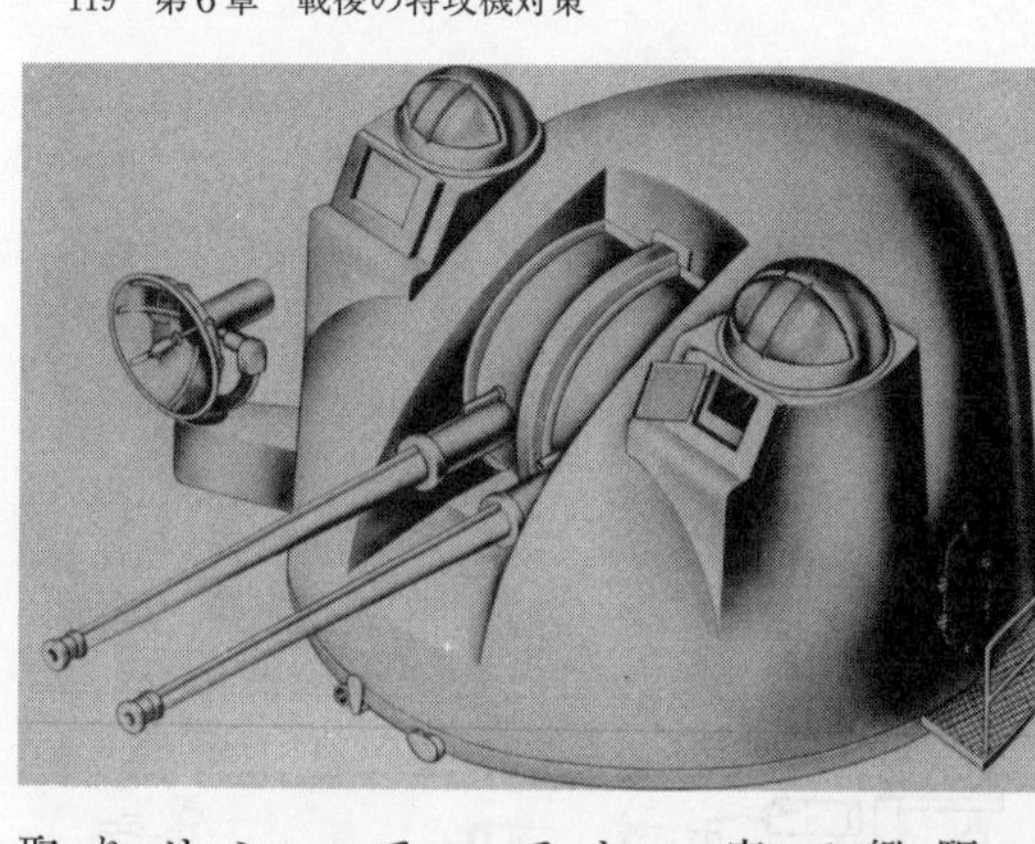

3インチ70口径連装砲

本砲は一九五三年完成の対潜巡洋艦ノーフォーク（CLK1）に、はじめて四基が搭載された。

さらにすこし間をおいて、一九五七～五八年に嚮導駆逐艦ミッチャー級（DL2～5）や、改造対潜駆逐艦カーペンター級の一部に、従来の五〇口径砲にかえて搭載されたが、以後搭載されることなく、結果的に実用化に失敗したものと認められた。

失敗の最大原因は、機構の複雑さと、そのメインテナンスの困難さを解決できなかったことにあったようである。

給弾づまりを解決できなかったことが、直接の要因であったらしい。

結果的に、対特攻機対策として開発した最初の三インチ五〇口径速射砲が、五〇～七〇年代を通じてアメリカ海軍の主力近接両用砲として多用されることになり、三インチ完全自動砲は、一九七〇年代にはいって取得した、イタリアのOTOメララ社の三インチ六二

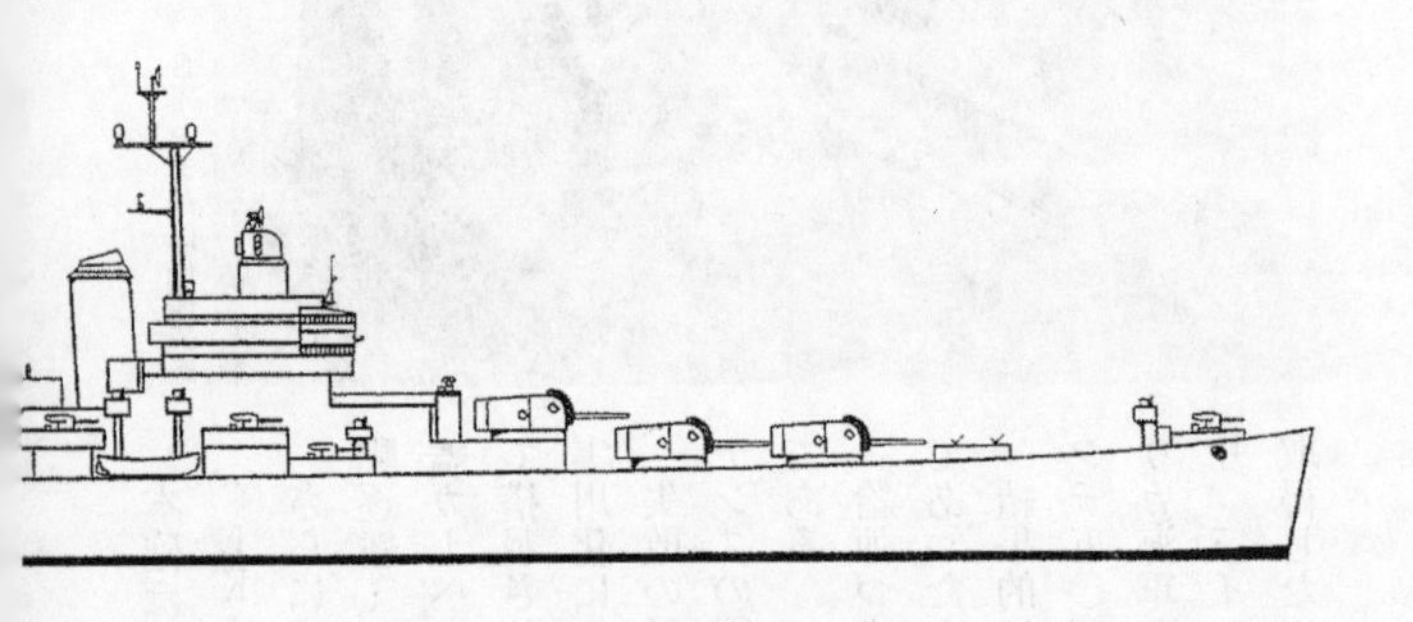

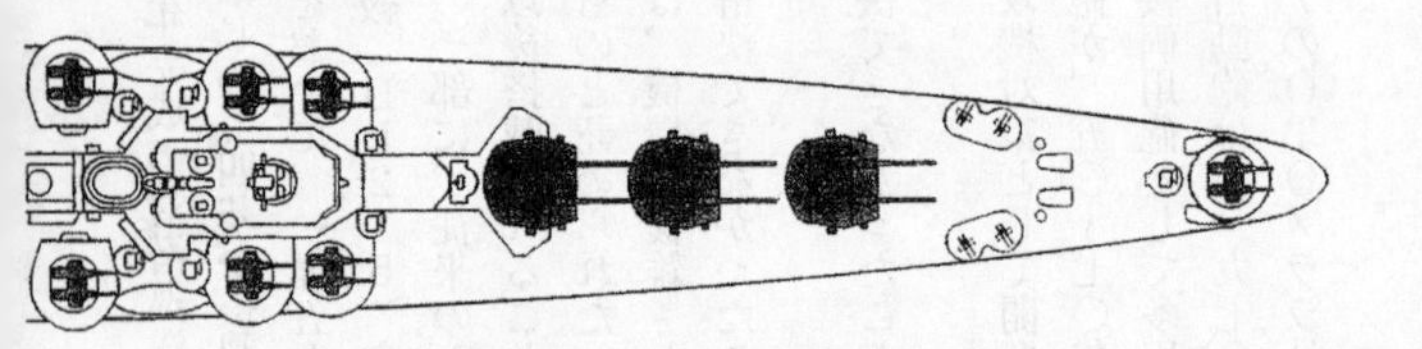

第29図　ウースター級防空巡洋艦（1948年）

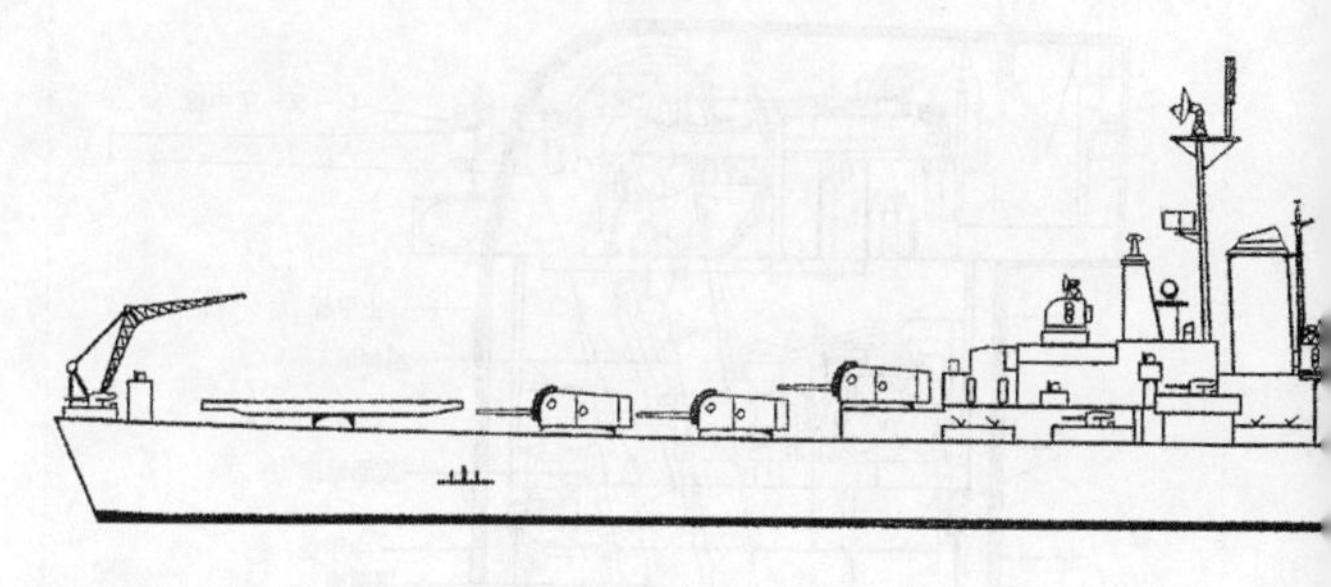

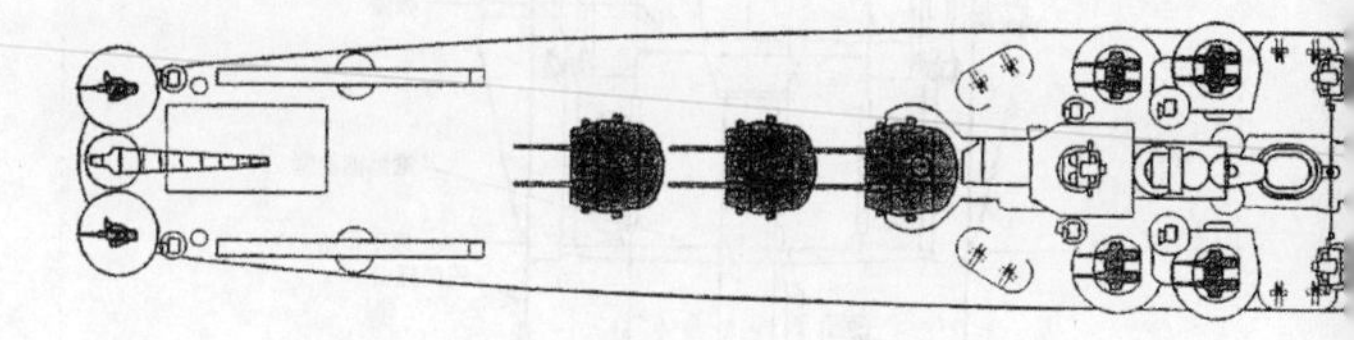

第30図　ウースター級防空巡搭載
6インチ47口径砲塔内部構造（側面）

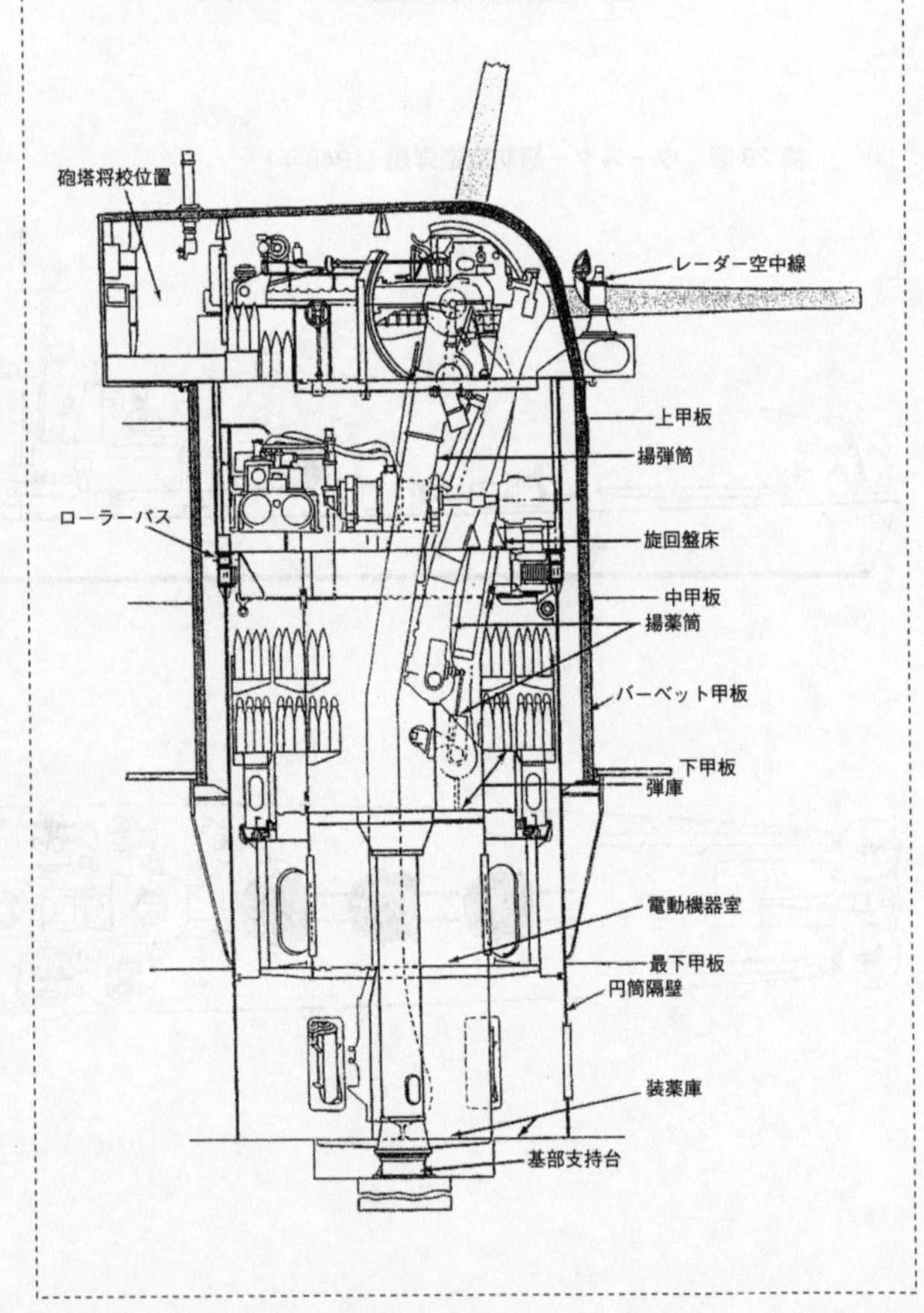

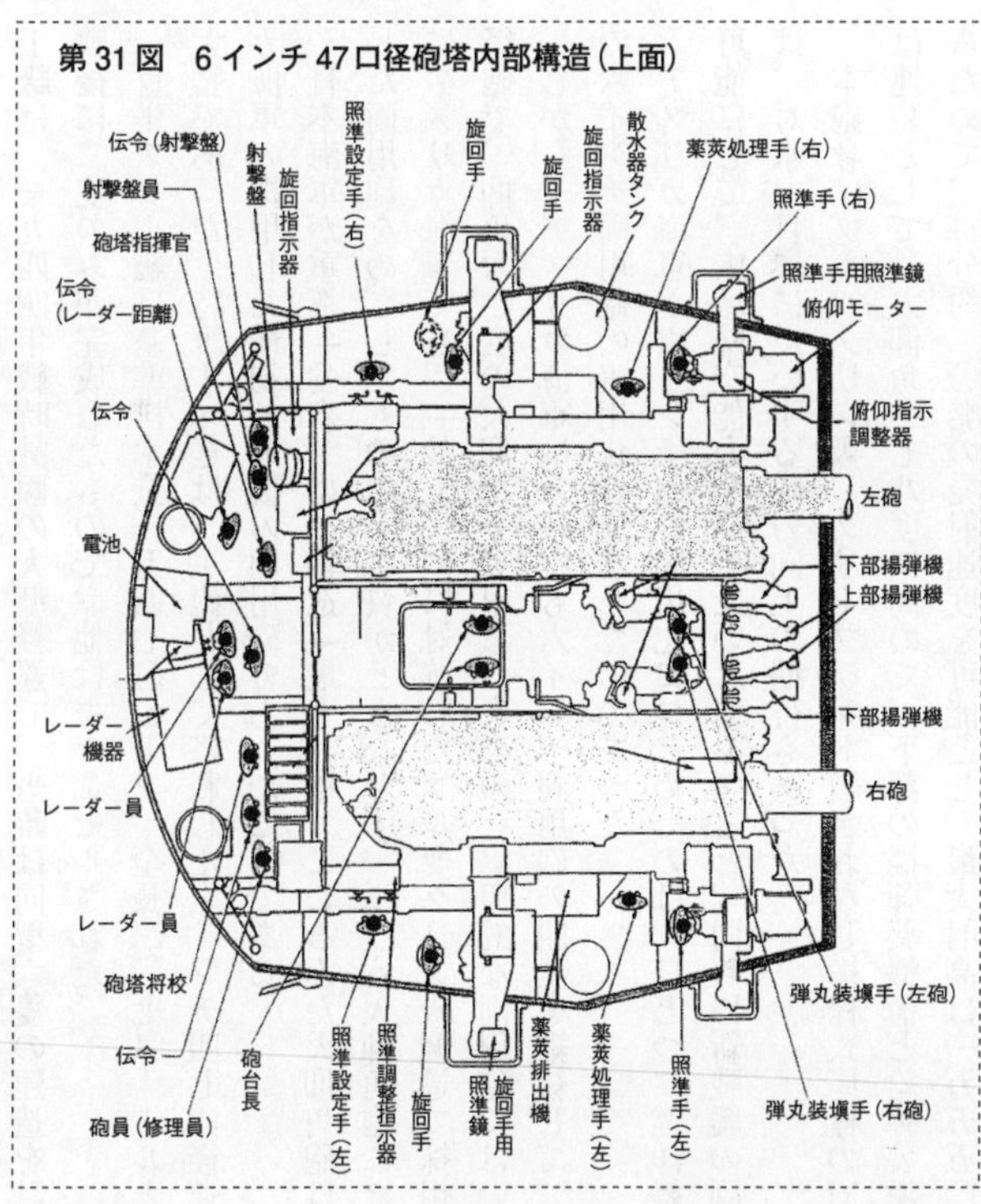

第31図　6インチ47口径砲塔内部構造（上面）

口径自動砲の導入まで待たなければならなかった。

三インチ五〇口径速射砲は、日本でも海上自衛隊の初期護衛艦「なみ」型から「くも」型まで、約二〇年間にわたって主要砲熕兵器としてもちいられた。当初はアメリカから供与されたが、のちに日本製鋼所でライセンス製造された。

本砲を最初に搭載した防空巡ウースタ

ー級は、一九四四年戦時計画の大型軽巡で、当時は同型六隻の建造を計画していた。しかし、戦後に二隻のみが完成したもので、他はキャンセルされた。

ウースター級は基準排水量一万四七〇〇トン、全長二〇七メートルという重巡を上まわる大艦であった。特筆すべきは、主砲として搭載した六インチ四七口径連装砲六基は、アメリカ海軍の採用した最初で最後の両用砲であったことである。

日本海軍が重巡「愛宕」型や軽巡「最上」型でこころみた大仰角砲は、対空射撃を可能にした両用砲をめざしたものの、実質がともなわず、単なる大仰角砲にとどまっていた。同様にアメリカ海軍でも、「最上」型に対抗したブルックリン級軽巡で採用した六インチ四七口径砲で、仰角六〇度の大仰角を実現したものの、実用的な両用砲にはいたらなかった。

しかし、アメリカ海軍は大戦中も六インチ両用砲の開発を継続して、終戦直後にはじめての六インチ両用砲の実用化に成功したのであった。

アメリカ海軍が六インチ砲の両用化につとめたのは、ひとつに巡洋艦自身が高々度射撃を可能にして、広域防空能力を高めたいとすることと、同時に新戦艦の副砲として採用できれば、対水上目標にたいする威力向上の期待もあった。

本砲身はブルックリン級、クリーブランド級とおなじ横栓式尾栓のMｋ16であるが、砲架は連装として最大仰角を七八度に高めて、下部の揚弾薬機構と給弾装塡機構をおおはばにあらためて、毎分約二〇発の発射速度を可能とし、最大射高は一万五五〇〇メートルにたっする。

弾薬はクリーブランド級とおなじく、弾丸と分離した金属薬莢をもちいており、砲室内の操作人員は二三名とおおく、省力化は進んでいない。

結果的に、こうした大口径砲の実用化の課題は、迅速な発射速度の維持と有効な射撃指揮装置の存在にあった。本砲はその意味では、完成度の高い両用砲であったものの、結果的には第二次大戦の終結により、こうした砲熕兵器を主兵装とする巡洋艦の必要性はうしなわれていた。外観上は堂々としたウースター級も、その真価を発揮する機会のないまま、一九七〇年にはやくも除籍されてしまった。

自動砲実用化の試行錯誤

これとは別に、アメリカ海軍では開戦前の一九三九年ごろから、現用の五インチ三八口径両用砲にかわる新しい両用砲として、五インチ五四口径砲、五・四インチ四八口径砲、さらに前述の六インチ四七口径砲などが候補にあがっていた。

これらは、五インチ三八口径砲の威力向上をねらったのは当然ながら、戦艦の副砲および巡洋艦の主砲としておさまる重量と、機動性を兼備することを要求されていた。

一九四〇年はじめにおいて、五インチ五四口径砲がえらばれて、一九四一年度計画の新戦艦モンタナ級（ＢＢ67〜71）と重空母ミッドウェー級（ＣＢ1〜6）への搭載を予定したほ

第32図　1944年計画5インチ54口径連装砲8基搭載防空巡洋艦（CLAA-154・未成）

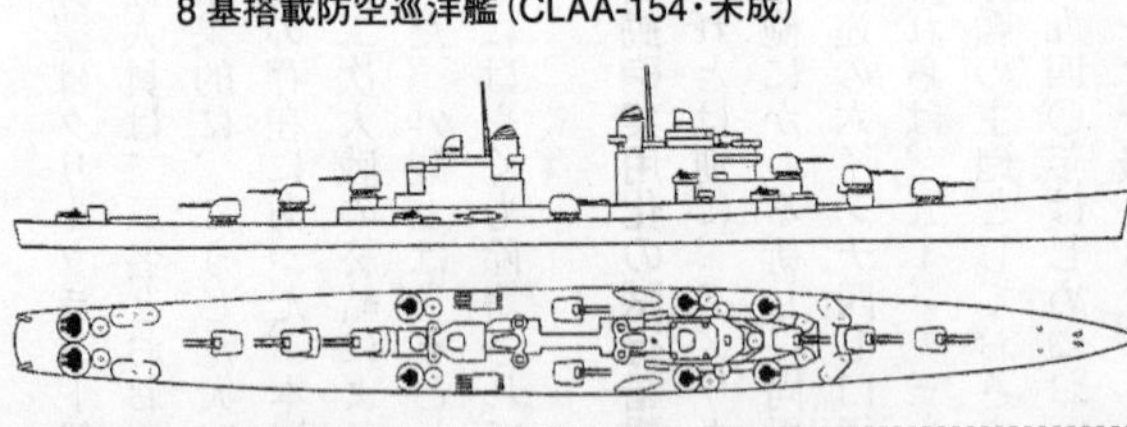

か、同砲連装八基を搭載した八〇〇〇トン型防空巡の計画もあったが、実現しなかった。

五インチ五四口径砲は長砲身砲のため、砲身寿命は三八口径砲の一五〇〇発にくらべて八〇〇発とみじかかったが、最大射高は一万五〇〇〇メートルちかくにたっし、三八口径砲より四〇〇〇メートル弱伸延している。

連装砲はモンタナ級戦艦が建造中止となったため実現しなかったが、単装砲はMk39砲架に装備して空母ミッドウェー級に装備された。重量的には三八口径砲にくらべて五〇パーセントほど増加して、三〇トンにたっし、発射速度もわずかにすくなく、毎分一五～一八発といわれている。

のちにミッドウェー級空母の改装にさいして、撤去された一五基が日本に供与され、海上自衛隊の初期護衛艦「あめ」型と「つき」型の五隻に三基ずつ装備されて、特異な形態を示していた。

搭載にあたっては、重量軽減のため、ほんらい一九ミリ厚のシールドを撤去して、薄いシールドに換装している。操作人員は砲室内一〇名、下部の給弾室に六名の配置が標準となっていた。

（上）米海軍Ｍｋ45５インチ54口径砲
（中）海上自衛隊護衛艦「くらま」搭載の同砲
（下）海上自衛隊護衛艦「ゆうだち」搭載の旧（ミッドウェー搭載）５インチ54口径砲

ただし、アメリカ海軍では本砲はミッドウェー級空母に搭載したきりで、本砲をより改良した、当時開発中の三インチ七〇口径砲とおなじ自動砲に変身させることになった。

本砲は単装砲であったことも幸いして、自動化は比較的順調にすすみ、一九五三年完成の指揮艦ノーザンプトンとミッチャー級嚮導駆逐艦に最初に搭載された。

Ｍｋ42砲架に装備された本砲は、失敗した三インチ七〇口径砲とことなり、以後の新造艦艇搭載の標準両用砲としてひろく採用されることになった。

この砲は、下部の二コのドラム型マガジンに挿入された弾薬を、下部揚弾筒と上部揚弾筒をへて砲に装填され、発射、薬莢の排出まで、電動および油圧駆動による全自動で作動する構造で、発射速度は毎分四〇発といわれている。

密閉されたシールド構造で、砲室内に四名、下部のドラムマガジンに弾薬を供給するため一〇名の合計一四名の操作人員が、ワンクルーとなっている。砲の基本性能はＭｋ39砲とかわりはないが、全重量は六七トンとＭｋ39の倍の重量にたっしており、軽量化、省力化という点では不十分である。

日本でも三十八年度艦の護衛艦「たかつき」型から搭載され、のちに日本製鋼所でライセンス製造されている。

アメリカ海軍では、のちにこのＭｋ42砲を軽量、省力化したＭｋ45自動砲を採用した。発射速度は半分の毎分二〇発、最大仰角も六五度におさえられたが、砲室内は完全無人化を実現している。

戦後の欧州海軍の対空砲

第二次大戦後の世界は、枢軸側の日独は完全に武装解除されて海軍は消滅、イタリアは途中の休戦により海軍はおおはばに削減されたが、戦前の二、三割ていどの勢力は残存を許された。

一方、戦前は最大の海軍力を保有していたイギリスも、戦後はアメリカにその座をゆずり、国力の衰退を意識して、その海軍も暫時減少の一歩をたどることになる。

大戦中、ドイツに国土の大半を占領されたフランスは、その海軍力の大半をうしなって、戦後は一部の残存艦艇を中心として再スタートをよぎなくされた。

他方、東西冷戦のはじまりとともに、ソ連はその海軍力の強化増強策に着手、西側諸国にとって大きな脅威になりつつあった。こうした状況下において、アメリカは西側ヨーロッパ各海軍の整備を積極的に支援して、西側陣営の強化につとめることになった。

そうしたなかでもイギリス、フランスなどは独自の海軍勢力の維持につとめ、戦後の新しい時代に対応した各種の艦艇が出現した。

戦後のイギリス海軍がもっとも積極的に変貌したのは、対空ではなくて対潜であった。これは大戦中のドイツ潜水艦による通商破壊戦にどうにか勝利した戦訓とともに、戦後にドイ

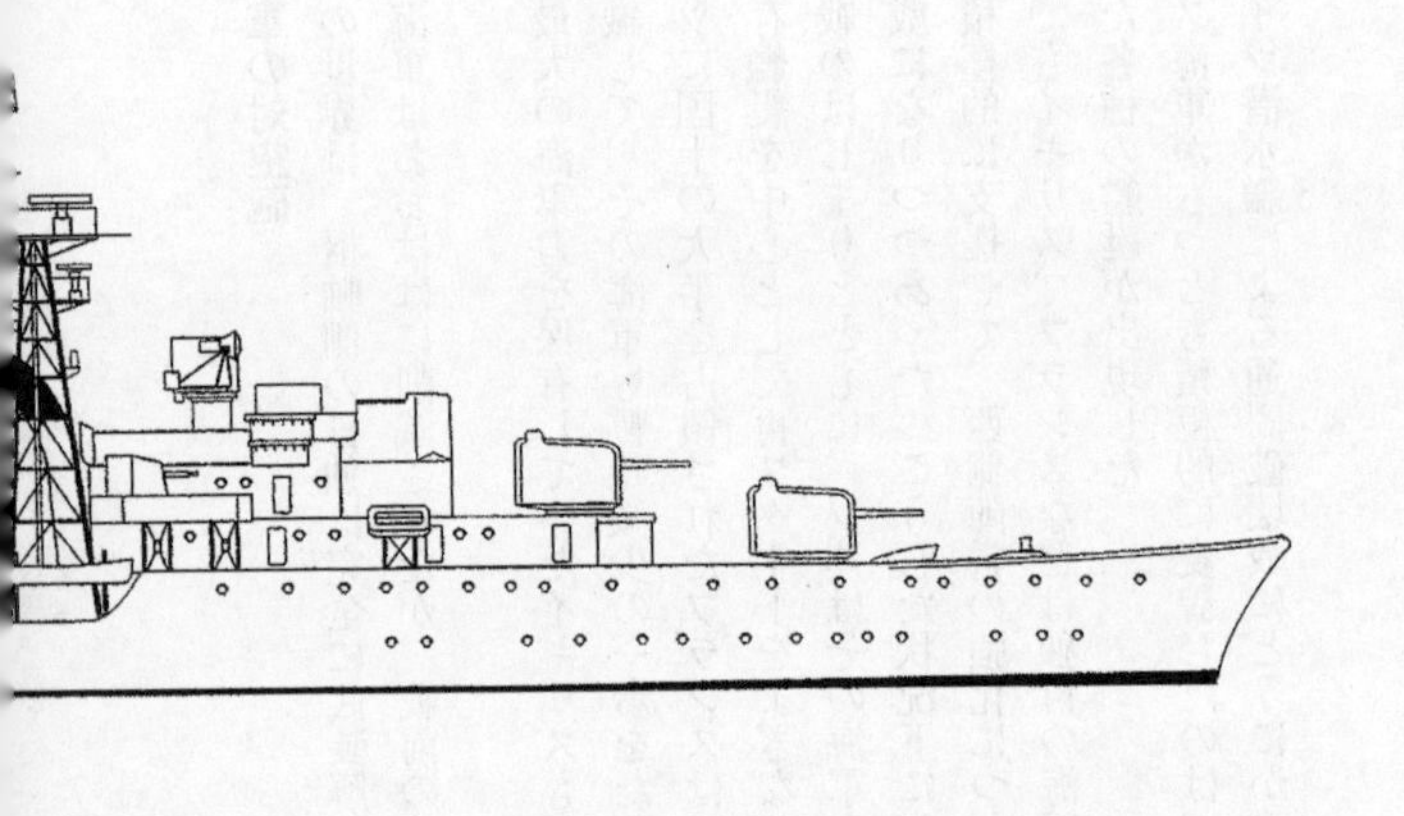

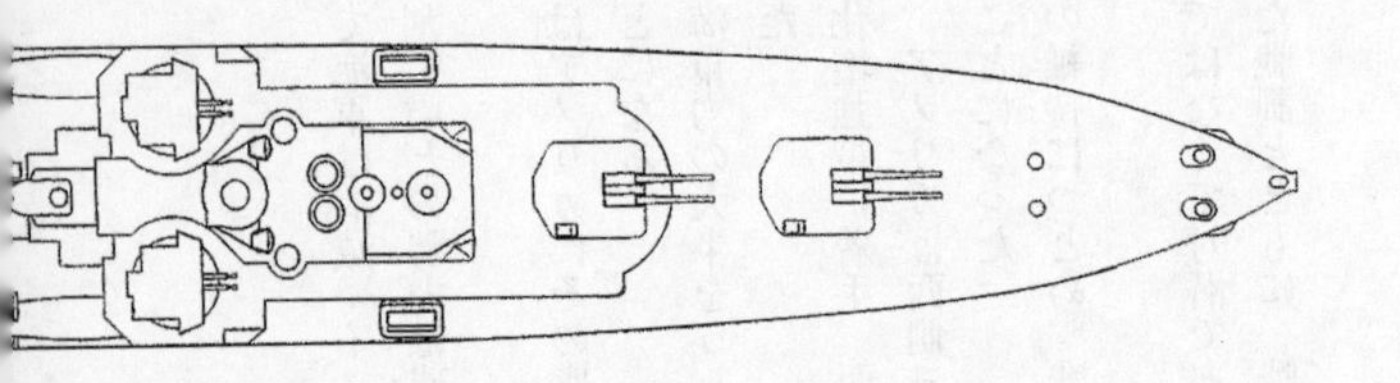

第33図　駆逐艦ダーリング級(1952年)

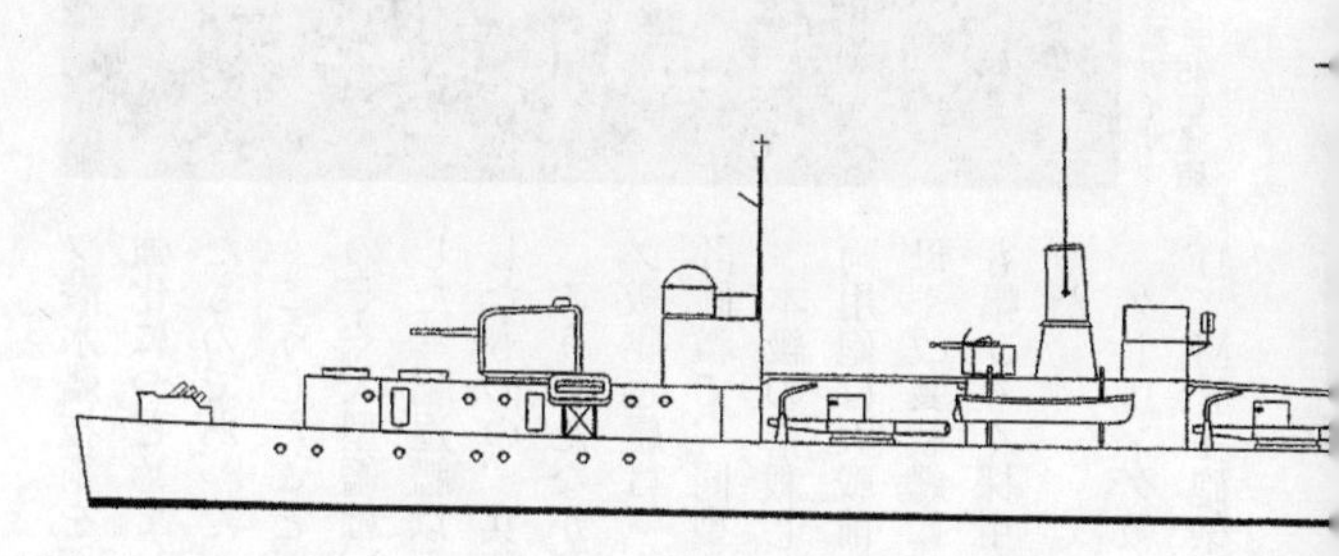

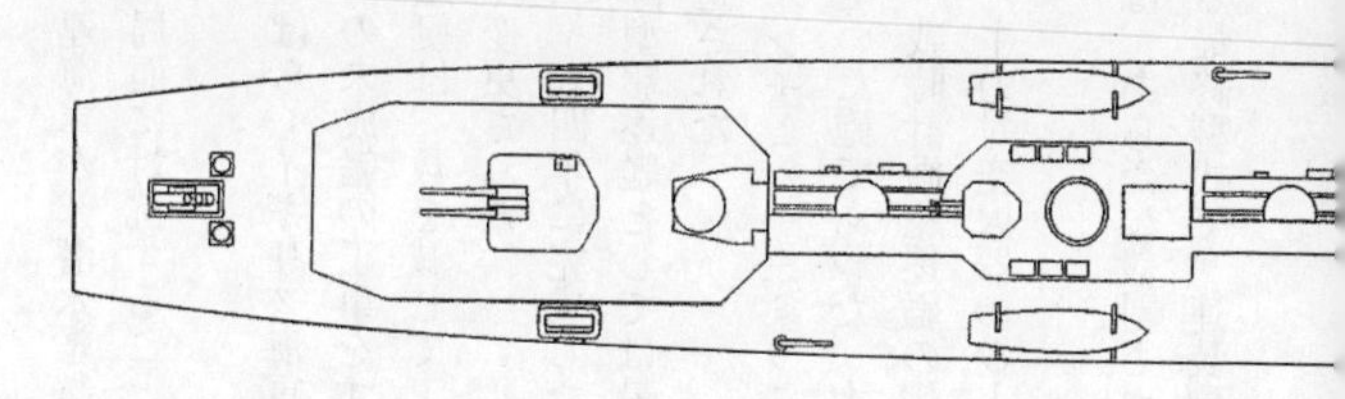

オーストラリア駆逐艦アイザック搭載の4・5インチ45口径砲

ツ潜水艦技術を取得したソ連海軍が、潜水艦勢力の拡大強化につとめていた新しい局面に対抗することを重視したものであった。

こうしたことで、戦後しばらくイギリス海軍は空母をのぞく大型艦は、戦時計画の未成艦の工事をすべて中止した。駆逐艦以下の中小艦艇は、数を減じて工事を継続したものの、兵装は大きく変更された。

こうしたなかで一九五二～五四年に完成したダーリング級駆逐艦は、正統派艦隊型駆逐艦としては最後の戦時計画艦で、同型八隻が建造された。

本級の搭載した四・五インチ（一一三ミリ）四五口径両用砲は大戦前に完成していた砲であった。大戦中に空母や改装戦艦に搭載され、戦時計画駆逐艦の備砲としても幅ひろく採用されていた主力対空火器のひとつでもあった。

ダーリング級の搭載砲は、あらたに設計された。ＰＲ41／Ｍｋ4砲架といわれる最終型式で、連装砲を密閉したシールドにおさめ、給弾装塡機構などを改良し、機械化をすすめて、発射速度をそれまでの毎分一二発ていどから一八～二〇発に向上させていた。そのため、重量も六四トンとひじょうに大型化され、最大仰角は八〇度を可能としていた。

一九四六年に、バトル級駆逐艦のセインテスに実際に搭載して実用テストを実施しており、これらはイギリス海軍での新型砲の採用ではよくみられることであった。性能的にはアメリカ海軍の五インチ三八口径砲と大同小異といったところで、機構を複雑化して重量を増した割には、性能も中途半端なものでしかなかった。

しかし、イギリス海軍では他にかわるものもないため、一九六〇年代をつうじて新計画駆逐艦、フリゲイトの備砲として多数が搭載され、製造数は一九九基にたっしたという。

ジャンバールと軽巡洋艦

一方、フランス海軍では戦後まず、ヴィシー政権下にあった艦艇や海外植民地にのがれていた残存艦艇で、海軍の再編をはかることになった。また、戦前の起工艦で未成のまま、工事を中止していた主要艦艇の工事を再開することになった。

最大の未成艦は、北アフリカのカサブランカに逃れて、アメリカ軍の攻撃で損傷した状態にあった戦艦ジャンバールを完成させることで、同艦は一九四九年はじめに最初の公試を開始した。実際の艦隊就役は一九五五年といわれており、これは世界の戦艦史上、文字どおり

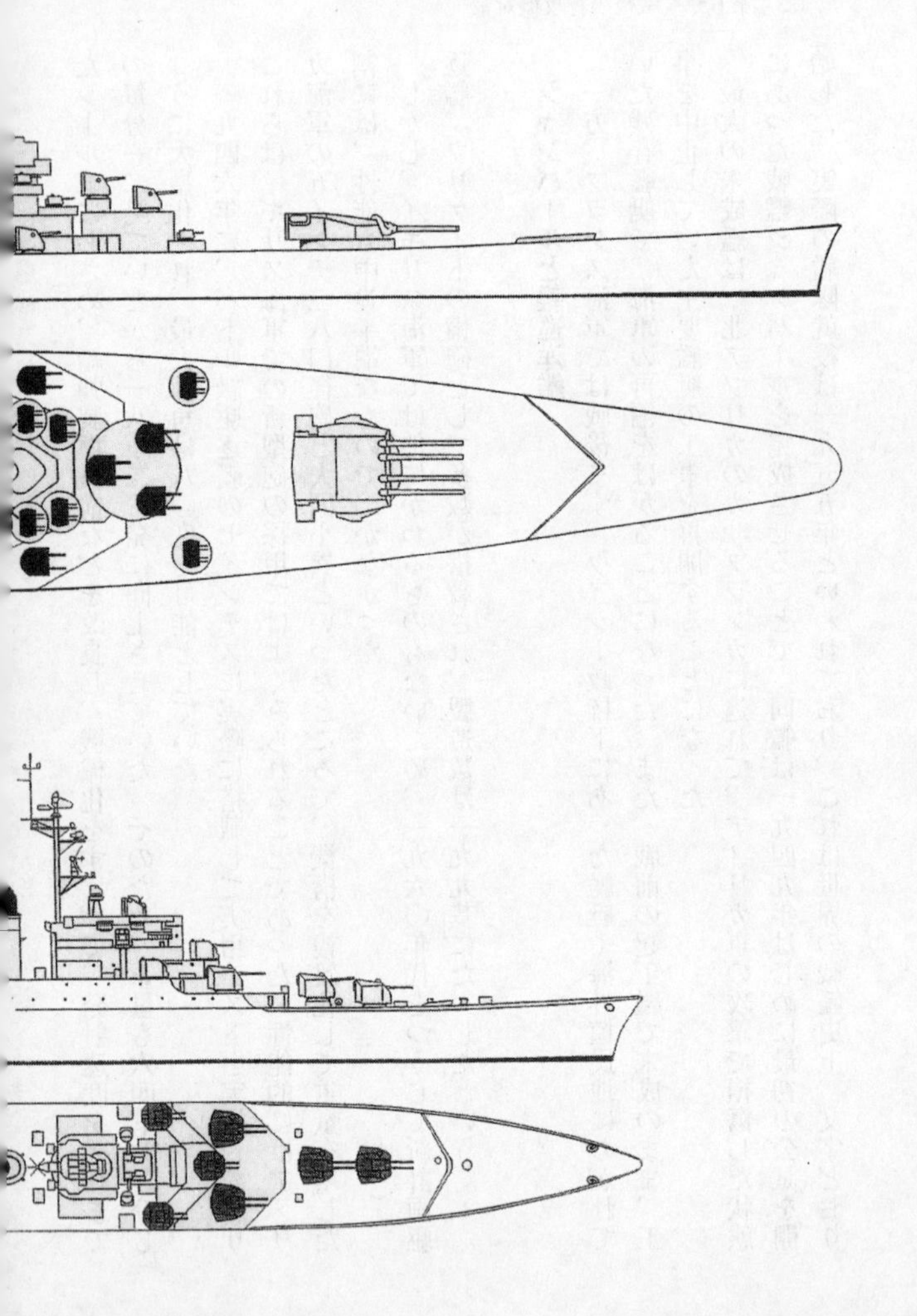

第34図　戦艦ジャンバール防空戦艦改造案（1943年）

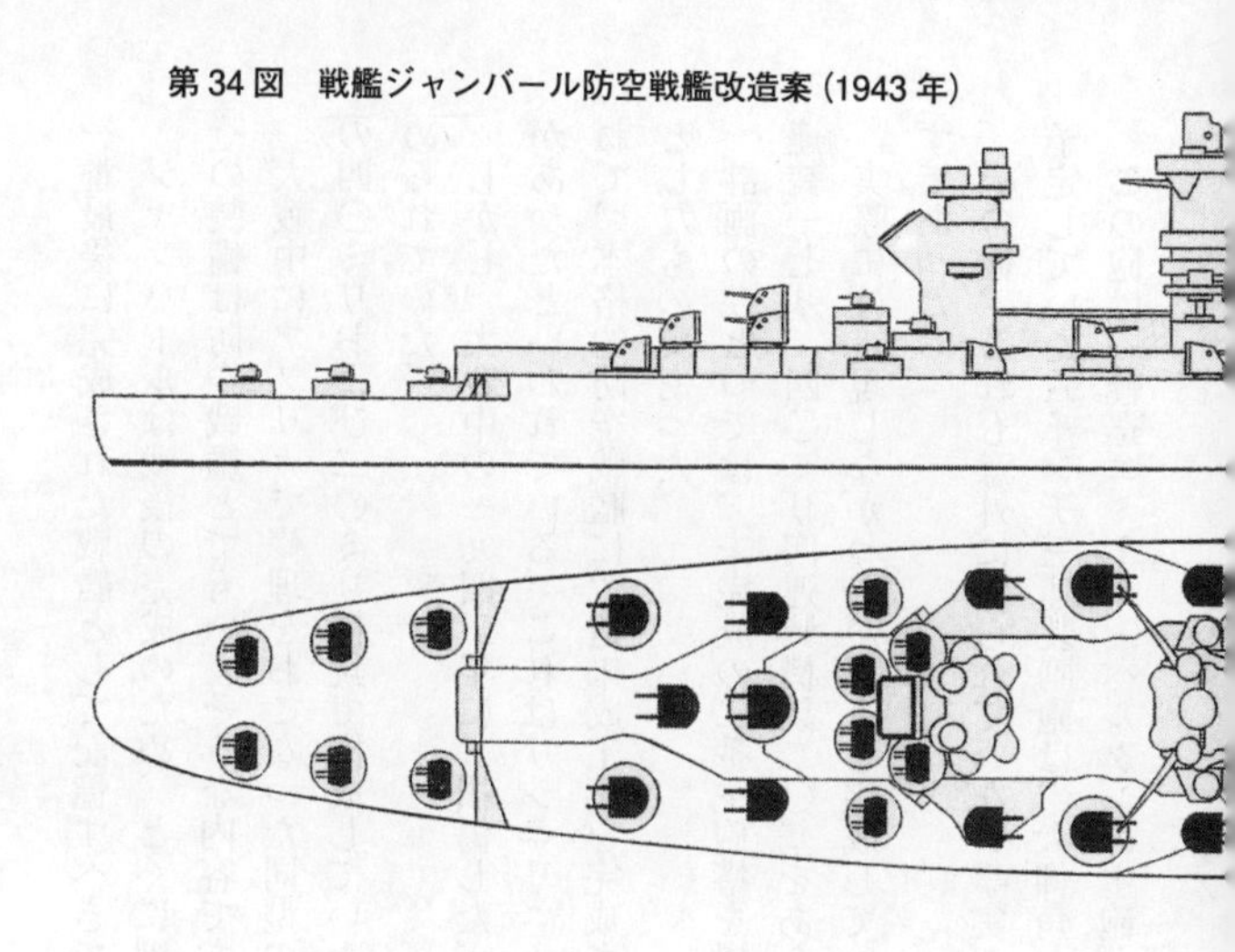

第35図　防空巡洋艦ド・グラース（1955年）

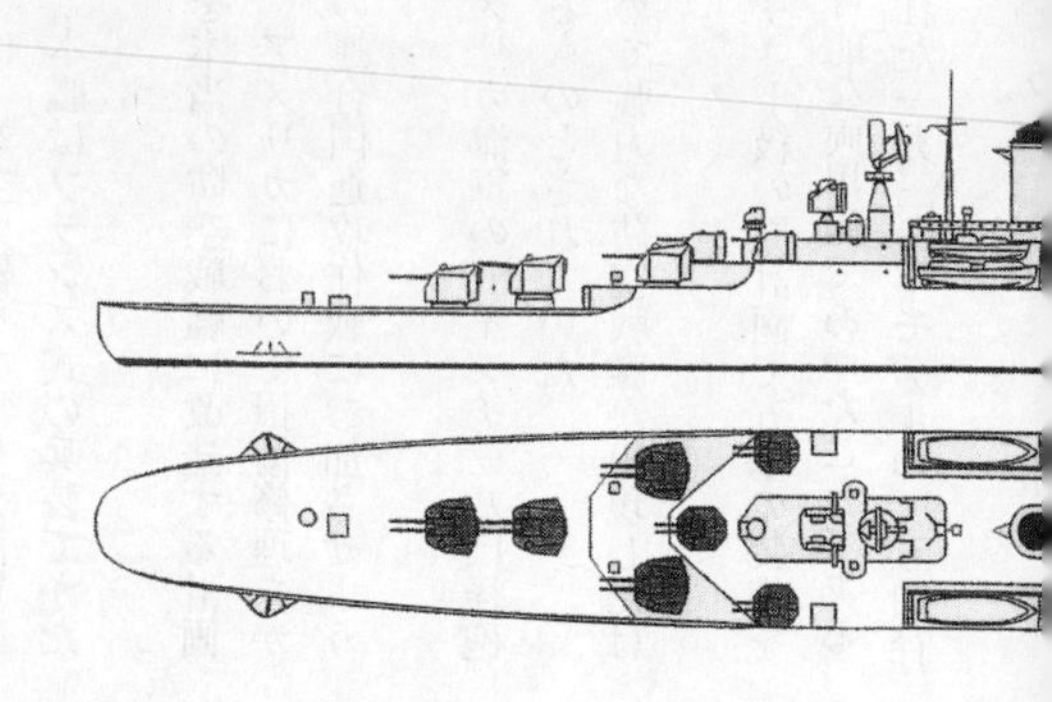

一番最後に完成された戦艦として記憶すべきである。

ジャンバールは戦後の完成のため、とくに副砲以下の兵装はおおはばに変更して完成し、その装備は防空戦艦とでもいえそうな内容であった。

大戦中にアメリカで修理をおこなった同型のリシュリューは、対空火器をアメリカ海軍式の四〇ミリおよび二〇ミリ機銃で構成していたのにたいし、本艦はフランス式の兵装でかためられていた。

しかし、大戦中の一九四三年に、損傷したジャンバールを本当の防空戦艦に改造する計画があったといわれている。これはリシュリューとおなじく、アメリカにおいて損傷修理をかねて、本格的防空戦艦に改造未成工事を完成させて、以後の連合国進攻作戦に参加させようとしたものであった。

計画のひとつでは、未完成の二番主砲塔を撤去して、アメリカ海軍の五インチ三八口径砲連装一七基、四〇ミリ四連装機銃二〇基をあらたに装備するものとされていた。

実際には実現しなかったが、もし完成していたら、きわめて強力な防空戦艦が出現したはずであった。

その他、これも意外に知られていない事実だが、リシュリュー級の原計画で五基の装備を予定していた六インチ三連装副砲は、大仰角（九〇度）が可能な両用砲であったことである。

この砲は、軽巡エミール・ベルタンの主砲として開発された一九三〇年モデルの五五口径

(上) イタリア駆逐艦アルディト搭載の5インチ54口径砲
(下) フランス駆逐艦T47型フォルバン

砲を改良した一九三六年モデルで、新戦艦の副砲に採用するにあたり両用砲化したもので、最終的に三基に減じられて装備された。

本型の対空火器は、本来は一九三〇年モデル一〇センチ四五口径連装砲六基と三七ミリ連装機銃八基であったが、ジャンバールでは一〇センチ連装砲一二基、五七ミリ連装機銃一四基、二〇ミリエリコン機銃単装二〇基を装備して完成し、原計画にくらべておおはばな増強となった。

五七ミリ機銃は一九五一

戦後のフランス海軍主力艦載対空砲100ミリ55口径砲（コマンダンテ・リヴィエラ搭載砲）

年モデルで、フランス海軍で戦後制式化したものである。六〇口径銃身で、発射速度は毎分六〇発と称されている。

ジャンバールと同時に、ロリアン船渠で戦前に起工され、進水直前にドイツ軍に占領されて工事を中断していた軽巡ド・グラースも工事を再開した。一九四六年の進水後、ブレストで艤装工事をおこない、一九五六年に完成した。

本艦は、原計画では六インチ三連装砲三基搭載のラ・ガリソニエール級改型八〇〇〇トン軽巡であったが、戦後の計画変更で防空巡に変身することになった。

対空火器としては、一九四八年モデルの五インチ五四口径連装砲八基と、先の五七ミリ連装機銃一〇基で、ジャンバールとおなじく、たぶんに数にたよる傾向がみられた。

一九四八年モデル五インチ五四口径砲は、アメリカ海軍のＭｋ16同口径砲のコピーらしく、キャンセルされたモンタナ級戦艦に搭載を予定していた連装のＭｋ41が、その原型と推定される。したがって、発射速度の毎分一八発をはじめ、諸性能はアメリカの砲とよく類似しているうえ、弾薬がアメリカ海軍のものを使用するという事実が、これを裏付けているといえる。

この砲は、同時期に計画されたフランス海軍のＴ47型（スルクフ級）駆逐艦にも搭載されて、戦後一時期、フランス海軍の主流対空火器となった。しかし、寿命はみじかく、一九五三年モデル一〇〇ミリ五五口径単装自動砲（発射速度毎分六〇発）が開発されて、そうそうに置きかえられた。

戦後のこの時期、フランスもアメリカの援助なしにはオリジナル兵器の開発が困難であったことがうかがえて興味深い。

本艦は進水から竣工まで約一〇年の長期を要しているが、これは本艦の最終設計決定まで、いろいろ紆余曲折のあったことを物語るものである。結果的に、この時期に計画された艦隊型空母二隻の新造計画にあわせて、空母直衛の防空艦として最終仕様を決定したものらしい。もう一隻のほぼ同型の防空艦としてコルベールが新造されたのも、新空母二隻にあわせたものと推定できる。

中小海軍の従来型巡洋艦

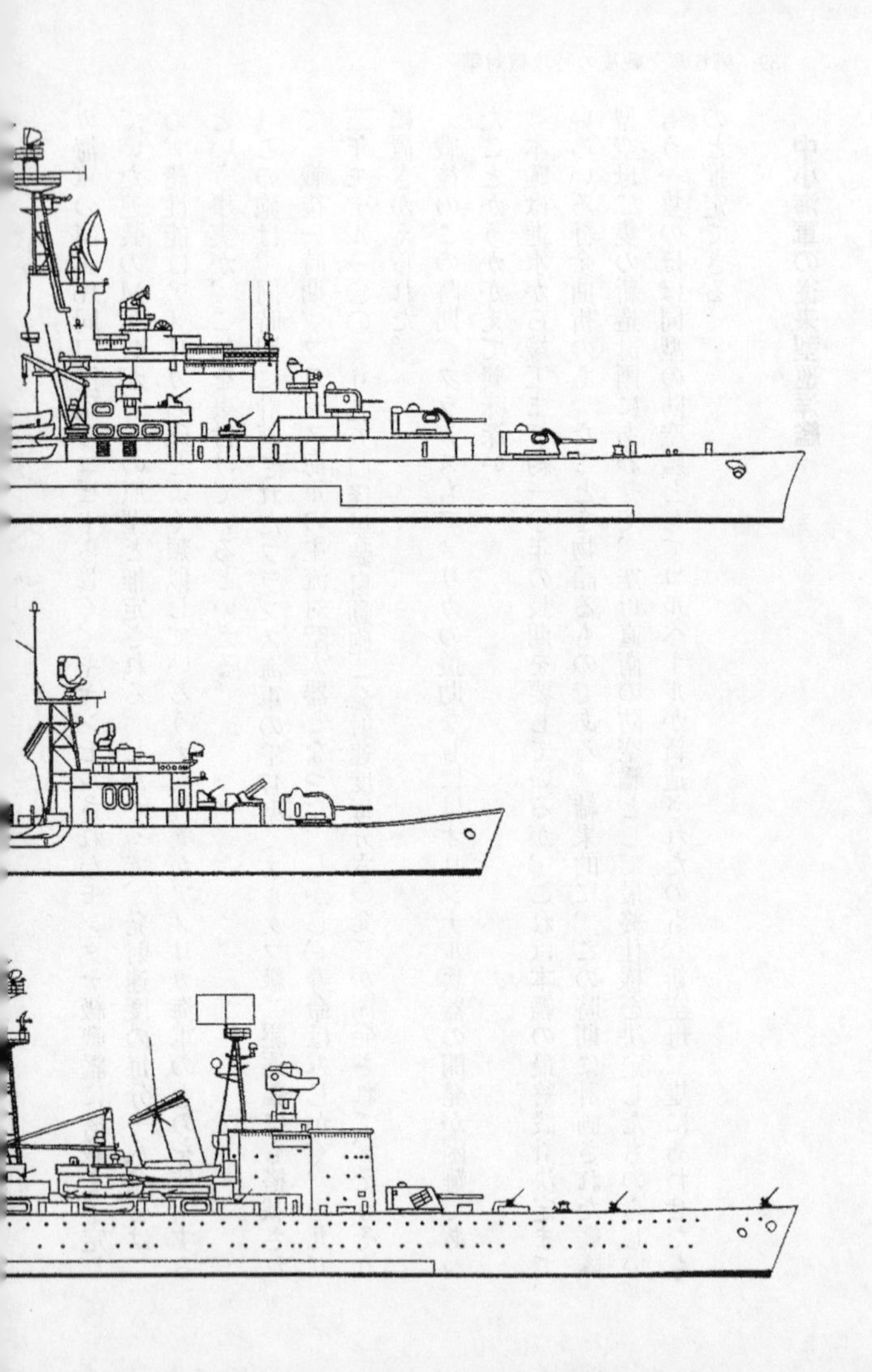

第36図　巡洋艦デ・ロイテル（オランダ・1953年）

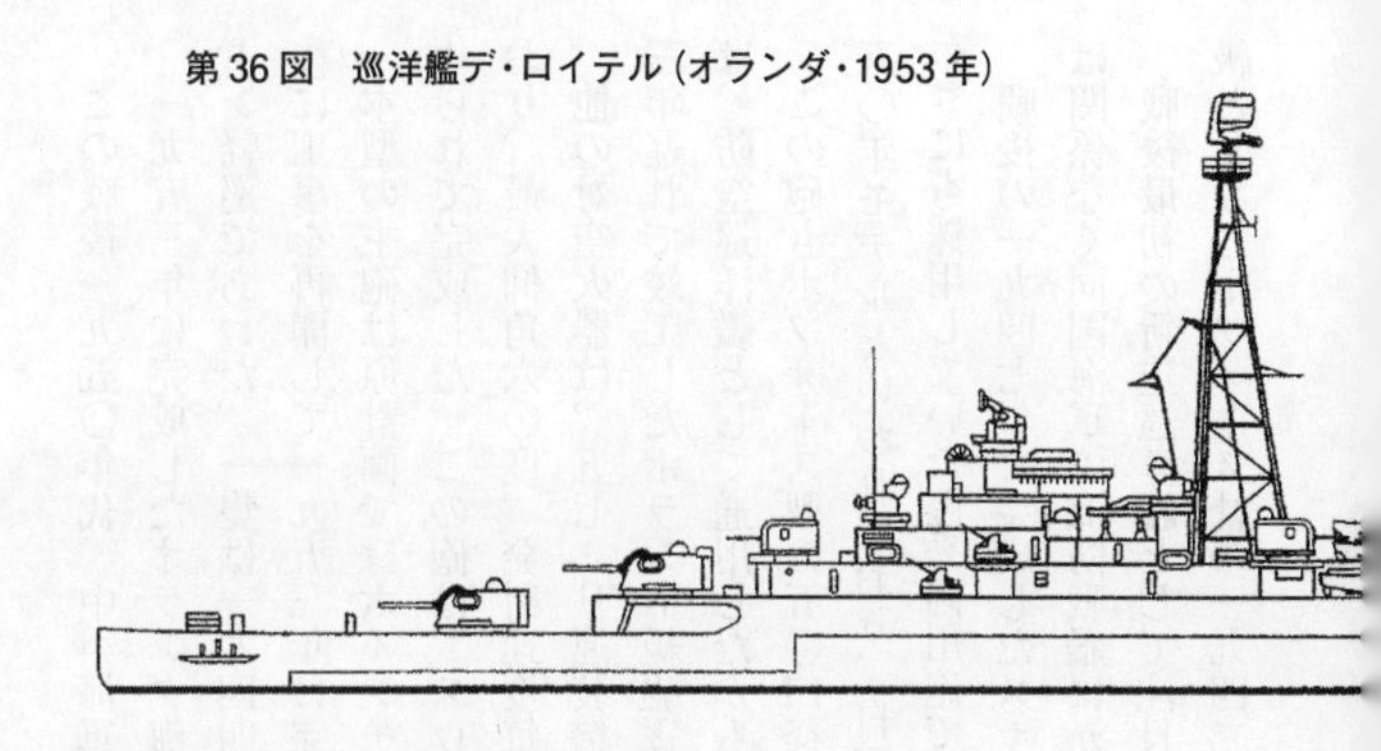

第37図　駆逐艦ホランド級（オランダ・1955年）

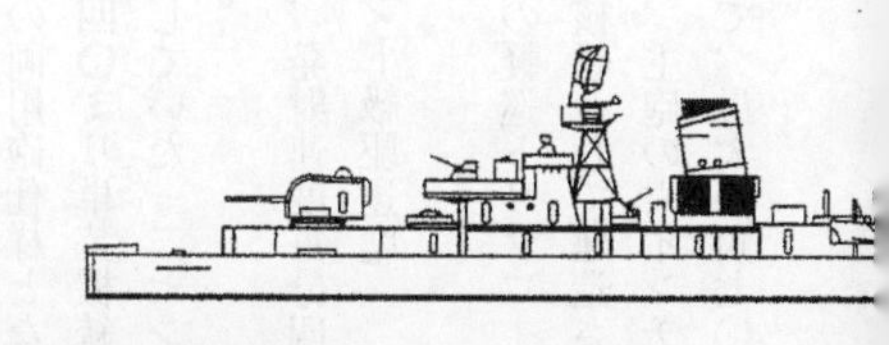

第38図　巡洋艦トリクローネ（スウェーデン・1947年）

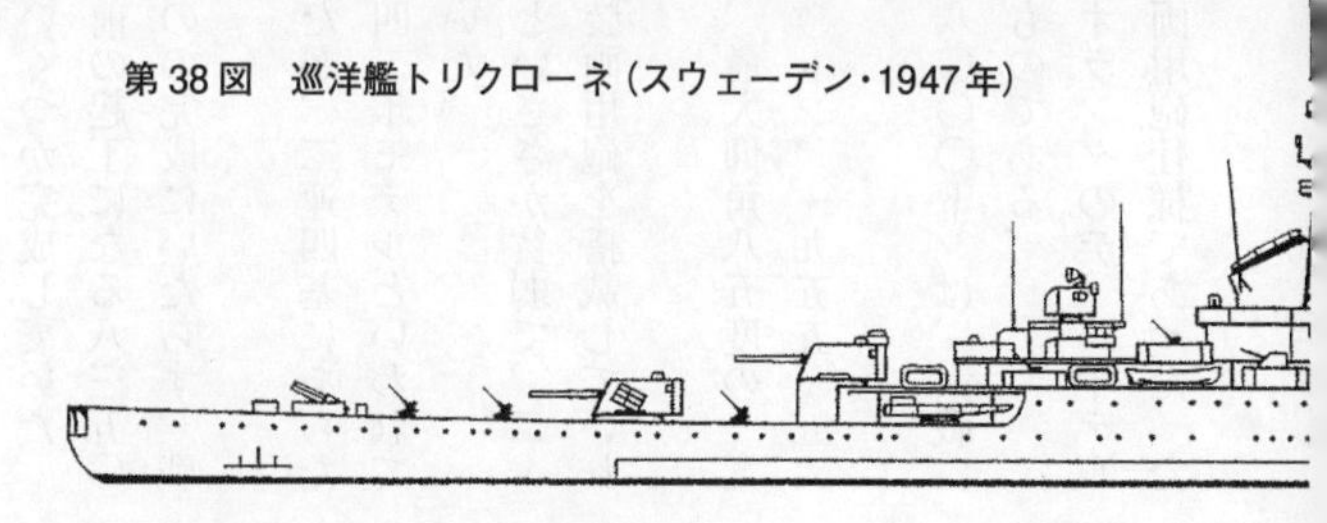

この戦後一九五〇年代、中小海軍でも従来型の砲装備の巡洋艦がいくつか完成していた。一九五三年に完成したオランダ海軍のデ・ロイテル級二隻は、戦前の起工になる八三五〇トン軽巡であった。一隻は一九四四年にドイツ側の手で進水したものの完成にいたらず、戦後に工事を再開して一九五三年に完成した。

本型の主砲は原計画では六インチ砲三連二基、同二連二基であったが、二連四基にあらためられて完成した。この砲は、スウェーデンのボフォース社の一九四二年モデルといわれており、最大仰角六〇度、発射速度毎分一五発の両用砲仕様となっていた。

他の対空火器は、五七ミリ連装機銃四基、四〇ミリ単装機銃八基といささか貧弱で、二～三年遅れて竣工したホランド級駆逐艦の搭載していた一二センチ連装両用砲を搭載していれば、防空巡洋艦として通用したかも知れない。

この砲もボフォース製の五〇口径自動砲で、発射速度毎分四〇発、最大仰角八五度の一九五〇年モデルといわれており、自国のハランド級駆逐艦（二七三〇トン、一九五五～五六年）にも採用していた優秀両用砲であった。

戦後の一九四七年に完成したスウェーデンの軽巡トリクローネ級八〇〇〇トンは、大戦には関係なく同国海軍の海防戦艦にかわる新中核艦として建造されたものである。

戦後最初の新造巡洋艦として注目されたが、主砲の六インチ砲はオランダのデ・ロイテル級とおなじボフォース社の一九四二年モデルで、最大仰角七〇度の両用砲仕様であった。た

スベルドロフ級アレクサンドル・ネフスキー

だ、この二隻は防空巡洋艦というには、いささか類を異にしていた。

一方、スウェーデン海軍では一九三四年完成の特色ある水上機搭載巡洋艦ゴットランド四七五〇トンを、一九四四年に改造して防空巡洋艦と称していたが、四〇ミリ機銃連装四基、同単装五基に二五ミリ機銃若干を増備しただけで、防空巡洋艦というにはいささかおこがましい装備ではあったが、いちおう列記しておこう。

他方、戦後の冷戦激化にともなってソ連海軍は、外洋海軍をめざして大型水上艦艇の建造に着手した。その第一陣として西側に姿をあらわしたのがスベルドロフ級巡洋艦一万四二九〇トンであった。

本型は一九五一〜五五年に同型一五隻が完成したが、戦後の巡洋艦としてはかなりオーソドックスな仕様で、主砲の六インチ五〇口径三連装砲は、在来型の水上戦闘専用であった。高角砲としては、大戦中のドイツ海軍の一〇・五センチ六〇口径砲（LC／38）をコピーしたものを、口径を一〇センチにあらためて、密閉シールド付き連装砲として六基を装備していた。

他の対空火砲は、三七ミリ連装機銃一六基で、これもたぶんに数にたのむ傾向がみえ、西側の同種艦にくらべると技術レベルの劣勢はいなめなかった。結果的に西側の防空巡洋艦に匹敵する艦艇は、ソ連海軍には出現しなかったといえる。

第7章　艦載対空ミサイルの実用化

艦載対空ミサイルの出現

今日の対空兵器の主力であるミサイル、いわゆる誘導ミサイルの出現は、第二次大戦中に実現していた。

大戦後半、ドイツはそのすぐれたロケット技術を生かして、各種のミサイル兵器を実用化して戦線に投入した。とくに、陸上での防空用に開発されたエンツィアン、ラインホター、シュメッテルリング、ヴッサーファルなどのミサイルは、完成度は高かったが、優劣がいちじるしく、また投入時期が遅れて、本格的な実用化にはいたらなかった。

ただし、空対艦ミサイルでは実用化に成功、大型徹甲爆弾を改造したルールスタルＳＤ１４００やヘンシェルＨｓ298は、爆撃機に搭載して連合国艦艇を攻撃、おおくの戦果をあげたほか、休戦時に連合国側に降伏したイタリア戦艦ローマを洋上で捕捉、ＳＤ１４００数発を命中させて撃沈している。

米英でも、誘導ミサイルを兵器としてもちいることに着目したのは戦前であったが、海軍兵器としての発端は、今日いうところのドローン、いわゆる無線操縦飛行機の類が最初のスタートであった。

しかし、こうした無人飛行機の類では速力が低く、推進力としてジェットエンジンやロケットエンジンをこころみることになり、大戦中の戦訓からも、航空機の脅威に対抗する対空ミサイル兵器の開発が最初の課題となった。

米海軍では大戦中の一九四三年ごろより数種のプロジェクトを発足させて、本格的な開発に乗りだしたといわれている。この時期から、さらに戦後にかけてスタートしたものに、ゴルゴン、リトルジョー、ラークといった対空ミサイル開発計画があった。

大戦末期に、バンブルビー計画としてスタートしたラムジェット・エンジンを推進力とした「タロス」SAM-N-6/RIM-8が一九五二年ごろにいたって、ようやく完成の域にたっして実用化のめどがついた。

このタロスは開発にかなり長期を要し、紆余曲折があったとされていたが、そのため、その開発過程で派生的に出現したミサイルに「テリア」SAM-N-7/RIM-2と「ターター」RIM-24があり、その頭文字から「3T」ミサイルと称されて、米海軍の第一世代の艦載対空ミサイルとして、一九五〇年代なかばに出現することになった。

こうした戦後のミサイル開発計画には、ドイツのロケット、ミサイル技術の導入もあった。その点では、ドイツのこの分野での先進性が裏付けられ、米ソの戦後のミサイル兵器のスタートは、ドイツの技術遺産をベースにしたものであることは言を待たない。

タロスSAM－N－6／RIM－8ミサイル

こうしたドイツの技術を卒業して、次世代のミサイル兵器を完成させるためには、米国でも戦後約一〇年を要したことになる。この間、米海軍においても艦載ミサイルについて、さまざまな試案や構想があり、紆余曲折ののちに実用化にたっしたもので、最初から明確な目標があったわけではない。

そのため、戦後の一九四〇年代には、今日から見るとかなり空想小説の軍艦に近いようなミサイル搭載艦の構想があったことがわかる。

その一例が、大型巡洋艦アラスカ級の未成艦ハワイにたいする一九四七年のミサイル搭載艦への改造案で、その概要図を次に示しておく。

この案では、艦前半を航空機搭載施設にあて、

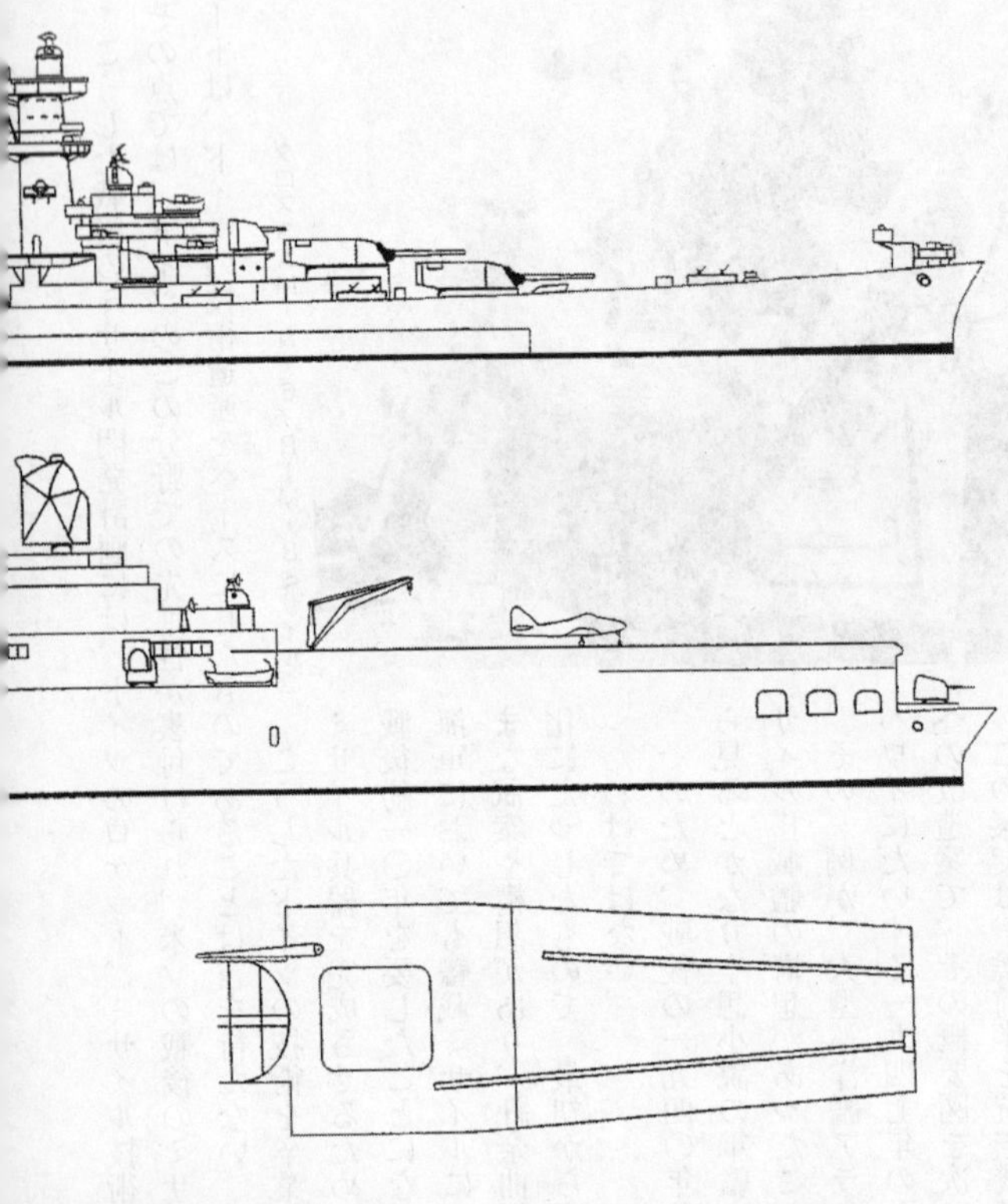

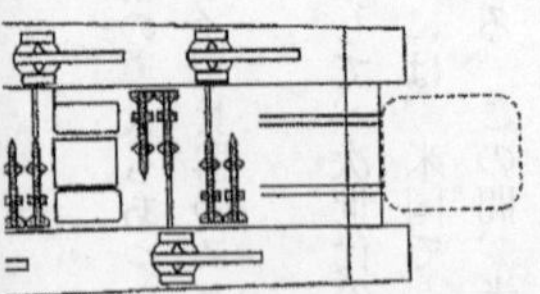

ハワイ改造案では、艦前半を航空機搭載施設として、中央から後半部にバンブルビー対空ミサイル発射機とV２型弾道ミサイルを垂直に格納したハイブリッド軍艦となっている

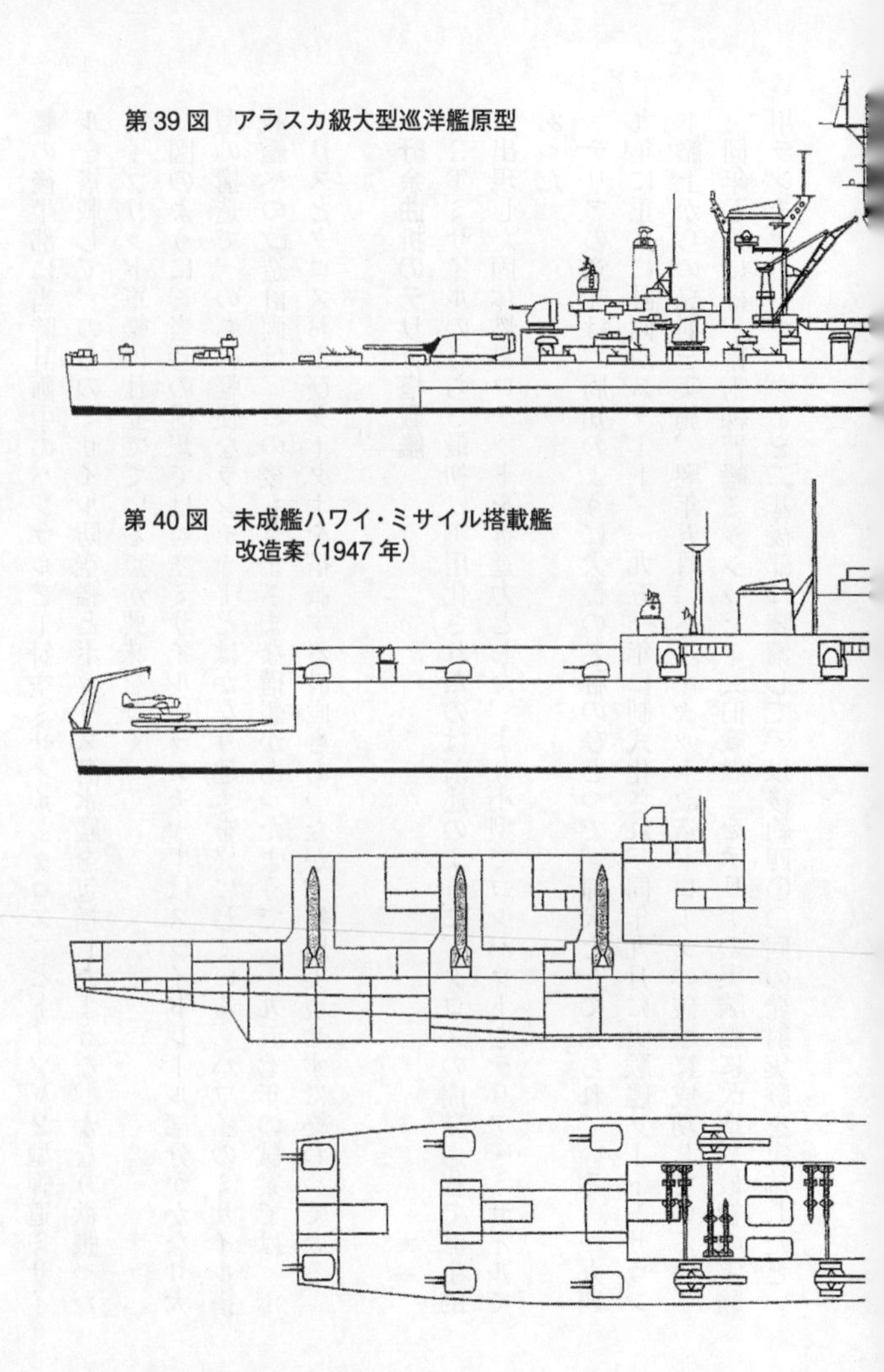
第39図　アラスカ級大型巡洋艦原型

第40図　未成艦ハワイ・ミサイル搭載艦改造案（1947年）

艦の後半部に当時計画中のバンブルビー対空ミサイル（タロス）とドイツV2型弾道ミサイルを搭載して、のちのミサイル防空艦とポラリス潜水艦を包括したような、かなり欲張ったハイブリッド軍艦に仕立てている点が興味をひく。

図のように、当時の構想では対空ミサイルのランチャーはスライドレール部分がかなり大型の構造で、のちの軽便なランチャーとはかなり趣きを異にしている。ハワイのミサイル搭載艦への改造計画は、この後もさまざまな構想があったようで、一九五七年の試案では、ポラリスとタロスおよびターターを搭載する計画もあったが、結局実現せずに終わっている。

紆余曲折のテリア搭載艦

3Tミサイルのうち、最初に実用化されたのは前述のように、タロスの開発過程で派生的に出現した固体燃料ロケットを推進力とした、より小型でコンパクトなテリア・ミサイルであった。

テリアの意味は、周知のように犬種の名称のひとつで、猟犬として知られている。一九四九年に正式に計画がスタート、一九五一年に制式化され、同年九月に実験艦ノートンサウンド艦上からの発射を実施、翌年五月にヘルキャット改造ドローンの破壊に成功している。

同年七月には、砲術練習艦ミシシッピー（旧戦艦）をテリアの実験艦に改造、最初の実験用ランチャー、マーク1を二基後部に装備して、以後約四〇〇回の発射実験を実施したとい

テリアSAM-N-7／RIM-2ミサイル

う。

これに先立って、既成艦へのテリア・ミサイル搭載の改造計画がスタートしていたが、最初の候補艦は重巡ウイチタであったという。ウイチタは艦齢の点で落とされ、次に候補にあがったのが、先のアラスカ級未成艦ハワイとボルチモア級重巡メコンであったが、最終的に一九五二年度予算でボルチモア級重巡のボストンとキャンベラの改造が決定された。改造費は一隻約二七五〇万ドルとされている。

ミサイル搭載艦への改造は、単にミサイル・ランチャー、ミサイル弾庫、誘導電子装置といったハード面の装備だけではなく、新しい兵器体系となるミサイル兵器に対応した戦闘指揮装置とシステムを、新たに開発創造する必要があった。

こうした新世代の戦闘指揮システムを完成するために、モジュラーCICとよばれる新戦闘指揮

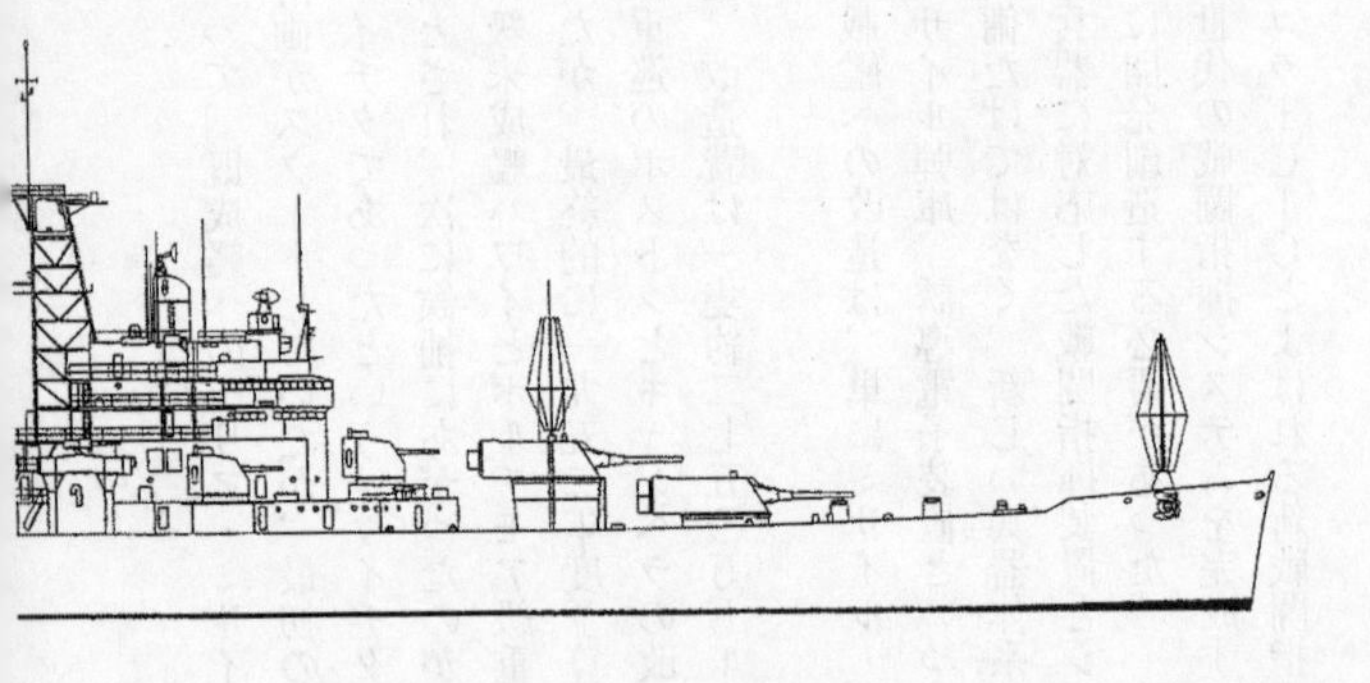

第41図　ミサイル実験艦ミシシッピー (1954年)

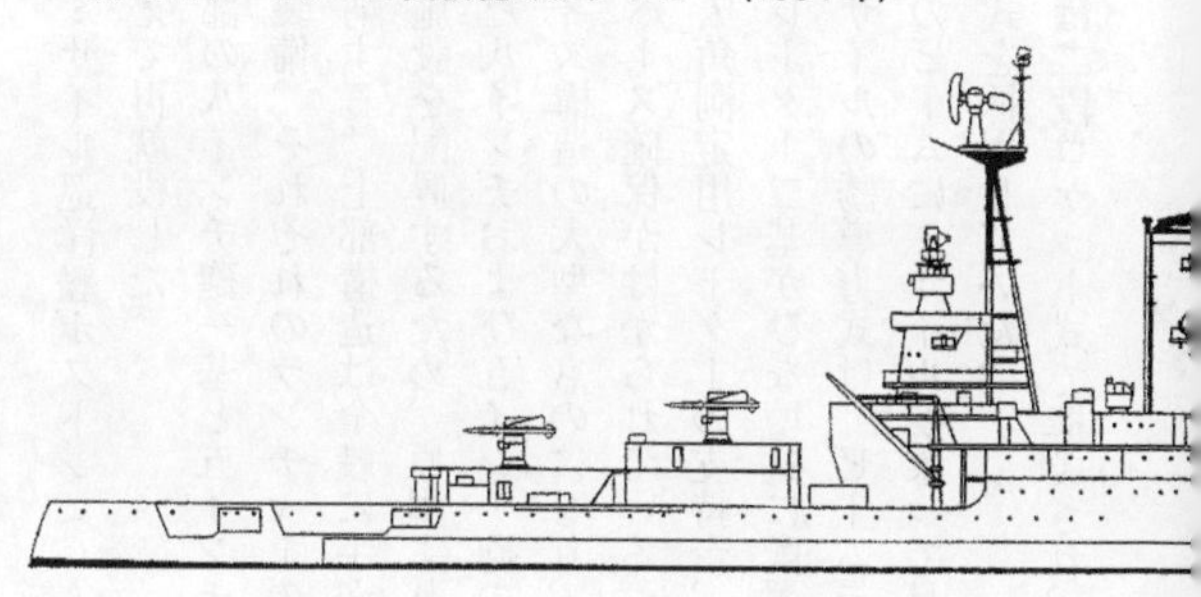

第42図　ミサイル巡洋艦ボストン (1955年)

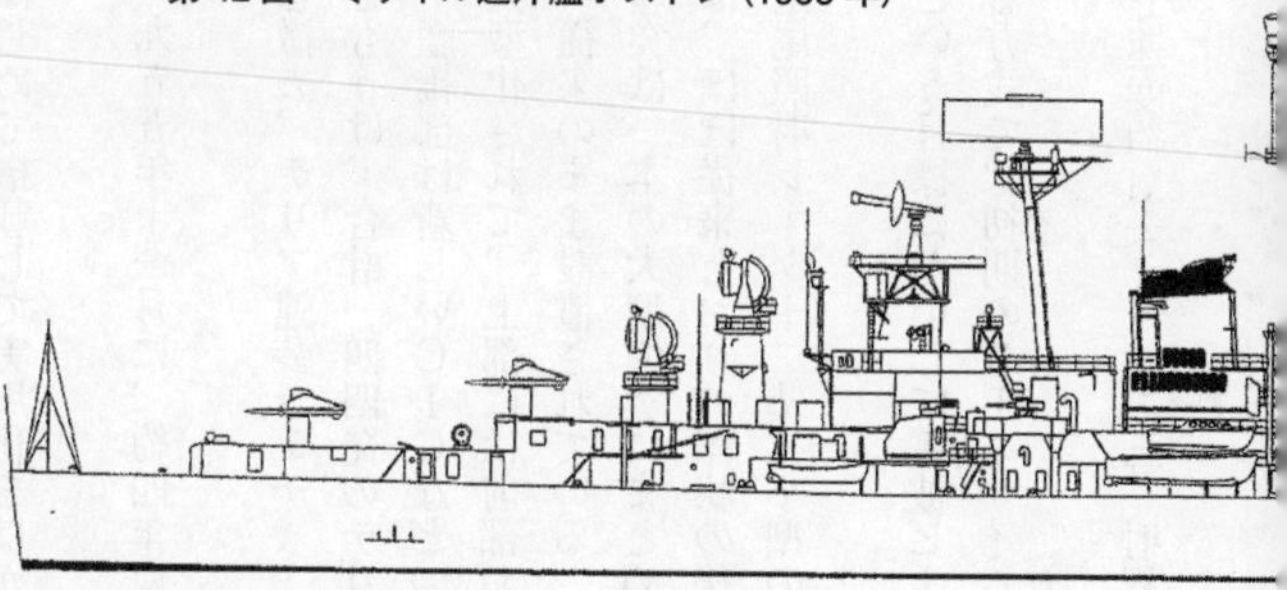

システムが、一九五三年に指揮巡洋艦ノーザンプトンにはじめて搭載して実用化をはかることになった。

世界最初のミサイル巡洋艦ボストン(CAG-1)は一九五五年十一月に、約四年にわたった改造を終えて再就役した。

改装は、後部の八インチ砲一基と五インチ連装砲一基を撤去、テリア連装ランチャーのマーク4二基を装備、それぞれのランチャーの下部に弾庫をもうけ、合計一四四発のテリア・ミサイルを格納する。上部構造は全般に手がくわえられ、艦橋部は新しいCICなどの戦闘指揮関連の諸施設を配置するため、原型より二倍以上も大型化されて、上部には前部および側部に残された八インチおよび五インチ砲の射撃装置が、従来のまま設置されている。

前檣はラティス構造の大型なものになり、原型の二本煙突は一本の大型煙突にまとめられて、上構のスペース確保がはかられている。煙突背後には、ほぼ従来どおりの棒状の後檣があり、さらに広角測定用レーダーの支持台、大型の目標追尾照射レーダー二基、小型のミサイル誘導管制レーダー二基がひな壇式に配置されている。

テリア・ミサイルの誘導方式は、ビームライダー方式という目標にたいして電波ビームを照射して、そのビームにミサイルが乗って目標に命中する方式で、初期の3Tミサイルは、すべてこの方式を採用していた。

テリア単体は二段ロケット式で構成され、最初の1型で速度約M(マッハ)三、射程約三

第43図　テリア搭載ミサイル駆逐艦ガイヤット（1956年）

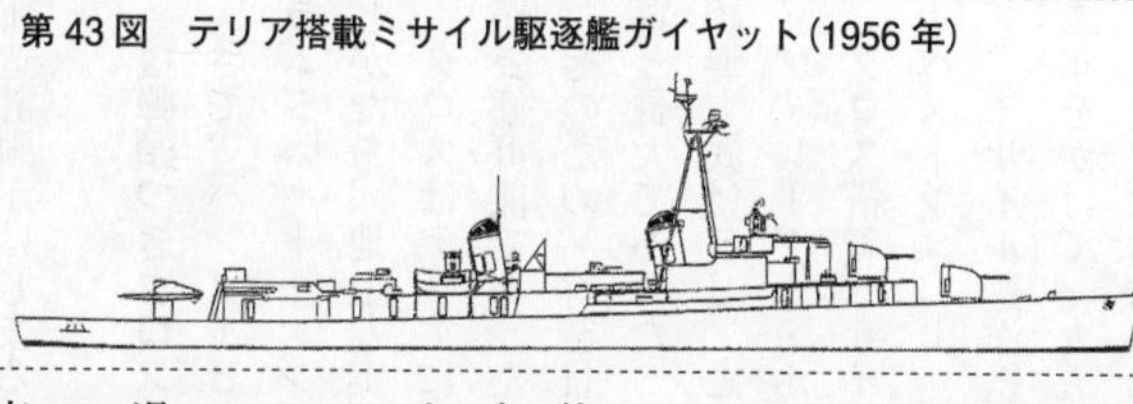

七キロ、直径三四センチ、ブースターをふくめた全長八・二メートル、全重量一三五〇キロ、弾頭は通常炸薬のみであった。一九五六年六月には二番艦のキャンベラも就役して、ここに米海軍は世界最初の艦隊防空ミサイル巡洋艦の戦力化に成功したことになる。

この年、米海軍はさらにテリア・ミサイルを駆逐艦に搭載する実験をこころみており、ギアリング級駆逐艦ガイヤット（DD－712）を最初のミサイル駆逐艦（DDG－1）に改造して、年末の十二月に就役させた。ガイヤットは艦尾の五インチ連装砲および従来の機銃、魚雷、爆雷兵装をすべて撤去、艦尾の五インチ砲跡にマーク8テリア連装ランチャーを装備して、その前方にテリア一四発を格納した弾庫をもうけている。ただし、ボストン級のような巨大なビーム照射レーダーの装備はさすがにできず、ミサイルの誘導管制は五インチ砲の射撃指揮装置のレーダーで兼用する簡易方式を採用していた。

この結果、やはり二五〇〇トン級駆逐艦にテリア・ミサイルの搭載は過大すぎるとの結論にたっし、改造はこの一隻にとどめられ、より小型のターター・ミサイルの開発が促進されて、一九五七年度予算で最初の実用型ミサイル駆逐艦チャールス・F・アダムス級（三三七〇トン）の新造計画がはじまるのであった。

核弾頭つきタロスの登場

さて、バンブルビー計画の主流であったタロス・ミサイルについては、主推進エンジンのラムジェット・エンジンの開発に手間どり、一九五四年ごろにいたって、やっと実用化のめどがたち、地上と実験艦ノートンサウンドにおける実射テストが開始された。

タロスはテリアにくらべて、その弾体はひじょうに大型で、決定的な相違は弾頭に核弾頭が装備可能であったことである。

そのため、対空目標いがいに対地または対艦目標にたいして使用可能で、射程も一〇五キロと長大であった。弾体部は直径七六センチ、全長九・五三メートル、全重量三一七五キロ、誘導方式はテリアとおなじビームライダー方式で、通常弾頭の場合は終末段階はセミアクティブ・レーダー・ホーミング方式によった。

タロス搭載ミサイル巡洋艦の第一号は、一九五六年度予算によるクリーブランド級軽巡ガルベストン(CL-93)である。戦後九九パーセント完成状態でとどめておかれていたものを、ミサイル巡洋艦(CLG-3)に改造することになったもので、一九五六年八月より約二年をかけて一九五八年五月に完成就役した。

改造費は約六〇〇〇万ドルとされている。改装は先のボストンの場合に準じて、後部の六インチ砲二基と五インチ連装砲三基などを撤去して、Mk7／タロス連装ランチャー一基を搭載、その関連装備をもうけたもので、ランチャー一基にたいして二対の誘導装置を配置している。

タロスは大型のため、テリアのように下部からの垂直装塡はできず、背後の弾庫から水平に装塡する仕組みで、格納する弾体は四六発といわれている。前後檣は大型のレーダー類を装備するため、大型の格子構造にあらためられたが、煙突は原型のまま二本煙突が残されている。

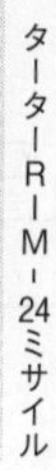
ターターRIM-24ミサイル

翌一九五七年度予算で、おなじクリーブランド級軽巡五隻が同様の改造をほどこされ、一九六〇年に就役している。ただし、このうちの四隻は旗艦施設をもうけた関係で、前部の六インチ二番砲を撤去、艦橋構造を前方に移動拡大している。

一九六〇年代にはいると、ターター搭載の新造ミサイル駆逐艦やテリア搭載の新造ミサイル・フリゲイトがぞくぞくと就役し

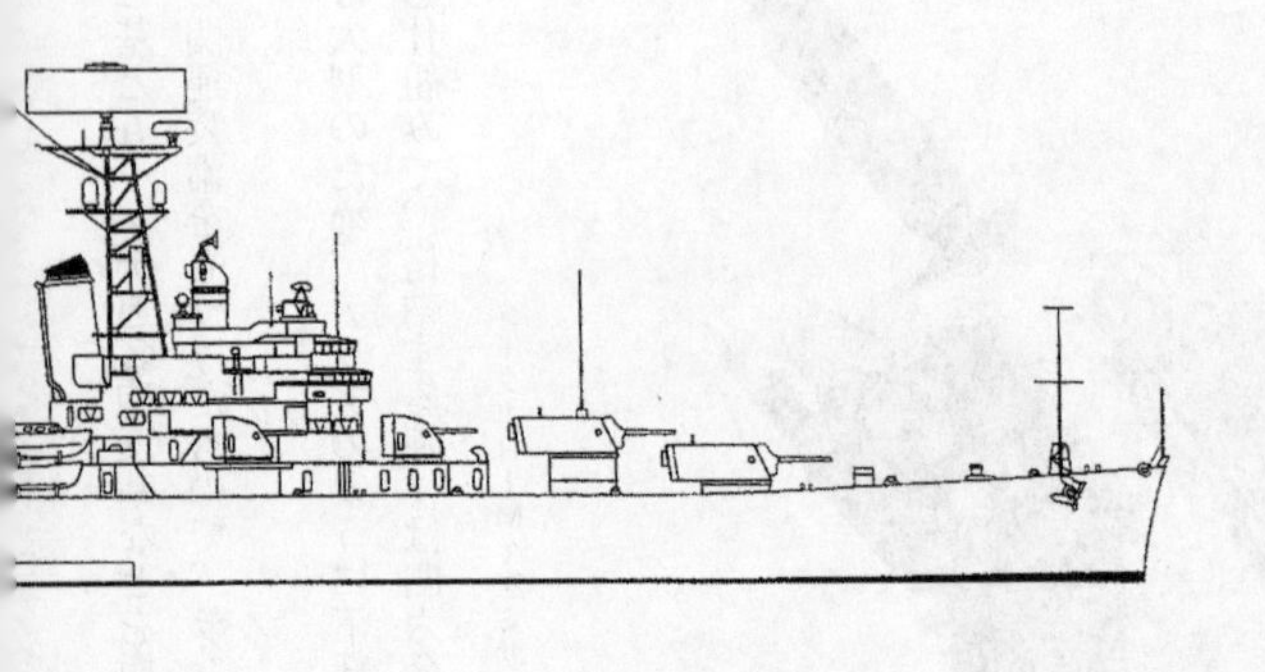

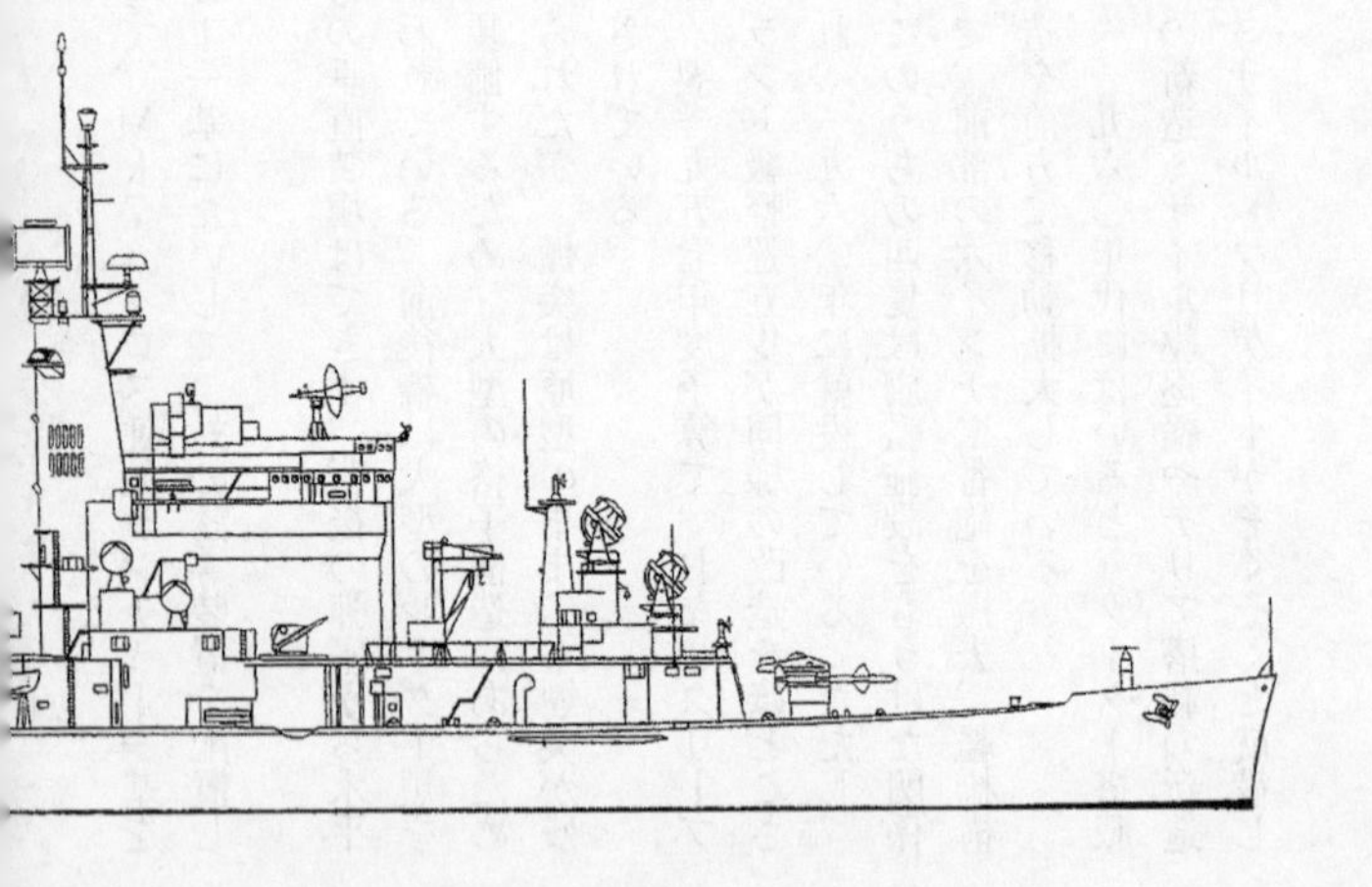

第44図　ミサイル巡洋艦ガルベストン
(1958年)

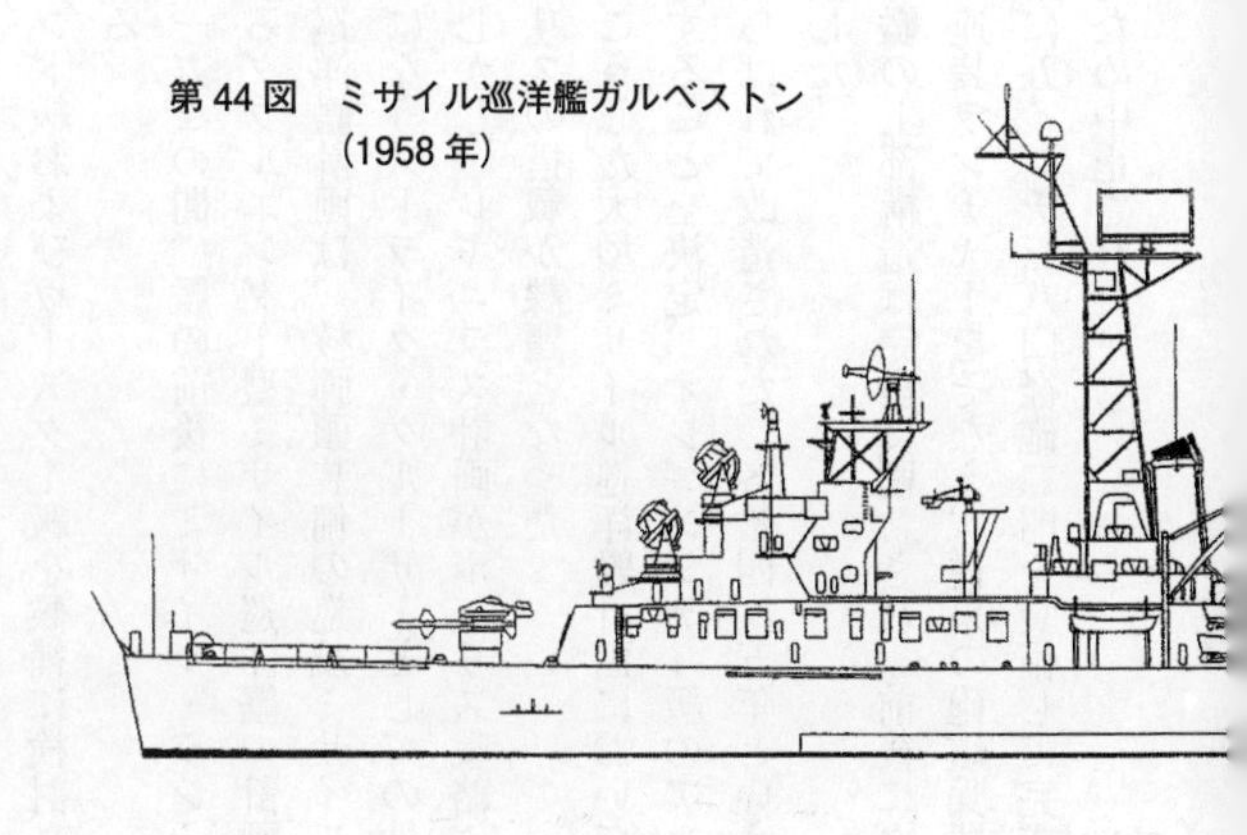

第45図　ミサイル巡洋艦シカゴ (1964年)

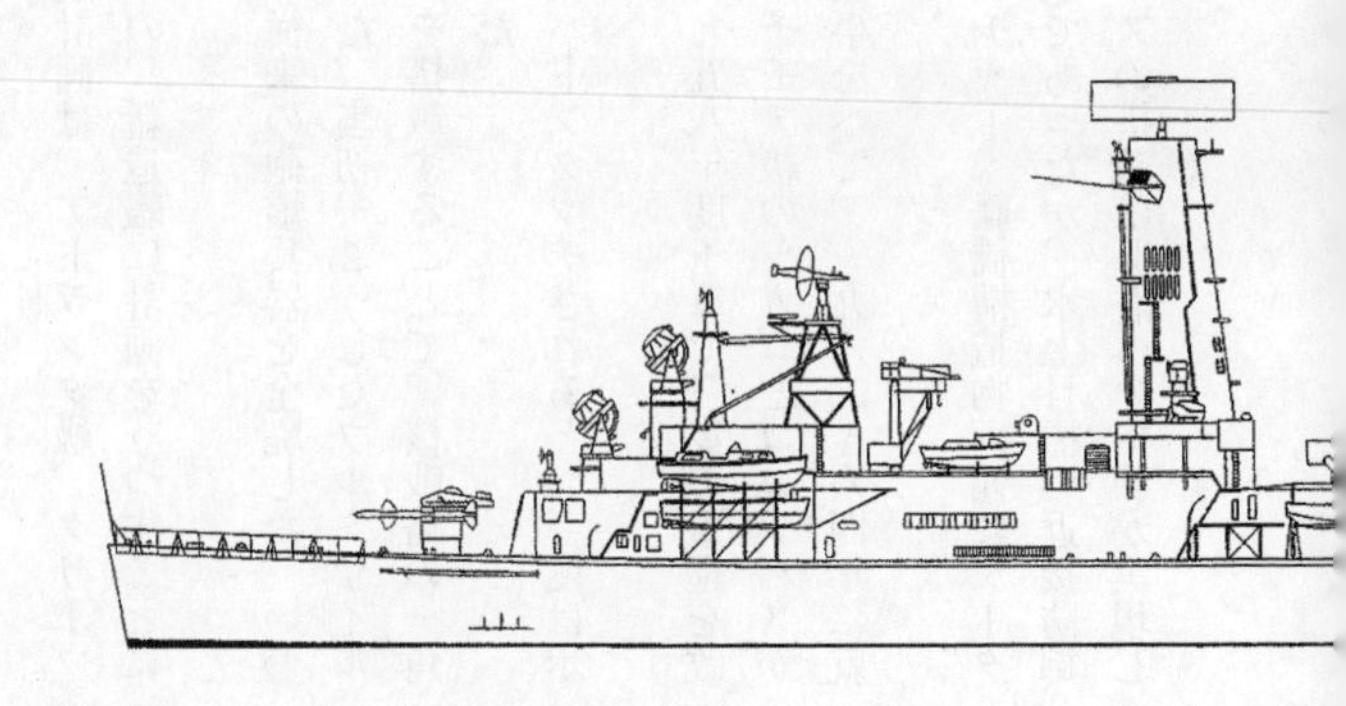

はじめた。こうしたことで、テリア搭載改造ミサイル軽巡計画は、アトランタ級、クリーブランド級およびウースター級を候補に検討されてきたものの、新造艦に計画をうつすことになる。

一方この間、艦の前後にミサイル・ランチャーを配し、従来の砲熕兵器を全廃した、いわゆるダブルエンダー型ミサイル巡洋艦の計画は継続していた。当初、こうしたフルミサイル化巡洋艦計画は、核弾頭装備の巡航ミサイル・レギュラスを搭載することで、核戦略の一角をになうストライク・クルーザーとしての性格を狙っていた。

しかし、レギュラス計画がポラリス戦略ミサイル計画にバトンタッチされると、今度はポラリスの搭載が課題となった。

こうした大型ミサイル巡洋艦計画において、米海軍は一九五八年度予算で三隻の重巡を改造することを決定、オレゴンシティ級のアルバニーとボルチモア級のシカゴとコロンバスがえらばれて改造された。各艦四～五年という長期の改装工事をへて、一九六二～六四年に就役した。

艦の上部構造は完全に刷新され、前後にタロス連装ランチャー、艦橋構造物両側にターター連装ランチャーをそなえ、従来の砲熕兵器は全廃の予定であったが、水上目標の近接防御用に五インチ三八口径砲二門を装備して完成した。ポラリスの搭載は原潜への搭載が実現したため中止された。

本型の艦型は、数あるミサイル搭載艦のなかでも魁偉ともいえる特異な形態を有しており、上甲板上九層にもたっする巨大な艦橋構造物と、背の高い二本のマックをもち、船体形状をのぞいては、原型巡洋艦の面影をとどめるものはなにもない。対潜兵器としてアスロックとソナーもそなえ、大型艦隊護衛艦の性格をもっていた。

しかし、この時期こうしたミサイル巡洋艦の頂点にたっしたのは、あい前後して完成した原子力ミサイル巡洋艦ロングビーチ（ＣＧＮ－９）で、米海軍第一世代ミサイル搭載艦の典型といってもよかった。

西側海軍におけるＳＡＭ

戦後の東西冷戦の時代、アメリカ海軍は世界最大規模の海軍兵力を保有していた。その勢力は、アメリカ以外の世界の全海軍勢力を結集したものをも上まわる、圧倒的なものであった。

したがって、戦後の海軍をめぐる技術革新のおおくは、アメリカ海軍によってなしとげられたもので、艦載ミサイル兵器の実用化も、アメリカ海軍が大きくリードしていたことはいうまでもない。

アメリカをのぞく西側の主要海軍にあって最大の海軍は、衰えたとはいえイギリス海軍であったが、艦載ミサイルの実用化はかなり遅れたのも、やむ得なかった。

長い伝統を有するイギリス海軍としては、安易にアメリカ製ミサイルの導入にも踏みきれず、独自の艦載ミサイル開発の道をえらんだのであった。

開発の初期は、アメリカと同様に敗戦国ドイツの技術導入からはじまったらしく、のちにはアメリカの技術も参考にしたとも想像された。

アメリカ海軍が一九五一年に実験艦ノートンサウンドで最初のテリア・ミサイルの実験発射に成功してから二年後の一九五三年に、イギリス海軍は実験艦ガールド・ネス八五八〇トン（旧揚陸艇工作艦）の改造に着手し、一九五六年に完成させた。ガールド・ネスは、イギリス海軍最初の艦載ミサイルとなるシースラグの実験艦として、艦首部に大型の三連装枠型発射機を装備して、地中海で発射実験を開始した。

シースラグは、アメリカ海軍のテリアよりいくぶん大型の直径四一センチ、全長六メートル、重量約九〇〇キロの弾体に四本のブースター・ロケットをたばねたかたちで、速度マッハ一・八、射程二四キロと称されている。

アメリカのミサイルのように、タンデム式のブースター・ロケットを装備するのとはことなり、全長は短いが、発射機はアメリカ海軍が初期に考えていたような発射ガイドレールの長い大型の枠型構造物となった。のちにカウンティ級駆逐艦に搭載にあたっても、同様の発射機が装備され、いささか古めかしい印象を受けた。

シースラグを最初に装備したイギリス艦艇はカウンティ級駆逐艦で、戦後最初の新計画駆

上からカウンティ級ハンプシャー、ハンプシャー搭載のシースラグ、同じくシーキャット

逐艦として一九五五〜五六年度計画の大型駆逐艦（フリゲイト）として計画された。しかし、シースラグ実用化のめどがたったところから計画を変更、艦型をいくぶん大型化してミサイル駆逐艦となった。一九六二年に第一艦デボンシャー五二〇〇トンが完成、イギリス海軍最初のミサイル搭載艦となった。

同型八隻のうち、前期四隻はシースラグ・マーク1を、後期四隻は射程を延ばしたマーク2を搭載した。シースラグの生産は、弾体、発射装置はイギリスのアームストロング社、誘導装置関係はビームライダー方式で実績のあるアメリカのジェネラル・エレクトリック社およびスペリー社が担当したという。

カウンティ級駆逐艦は、一九六四年には前年に完成したばかりの第二艦ハンプシャーが日本に来航して、無骨な米艦とことなる優美な艦姿を披露している。

カウンティ級駆逐艦はこのシースラグ以外にも、シーキャットという近接防御用の小型対空ミサイルを装備しており、四基を収容した小型発射台を両舷に装備した。射程は五〇〇〇メートル弱で、四〇ミリ機銃の指揮装置で管制する仕組みであった。

こうした二段がまえのミサイル艦は、当時としては非常に先進的な存在であった。

イギリス海軍の艦載対空ミサイルは、次のシーダートで完成されたものとなった。最初のシーダート搭載艦は一九七二年完成の駆逐艦ブリストル五六五〇トンで、その改型が今日まで継続使用されつづけている。

コルベール

アメリカ製との折衷装備

一方、戦後の混乱のうちに再出発をよぎなくされたフランス海軍が、艦載ミサイルの開発に着手したのは一九五〇年代なかば前後であったらしい。一九五七年に戦後、ドイツより賠償として得て運送艦として使用していたイル・ドレロン三二八〇トンを、ミサイル実験艦への改造に着手し、一九五九年にミサイル実験艦として再就役した。

フランス海軍最初の艦載対空ミサイルは、マルカという液体燃料を主推進力として、固体燃料のブースター・ロケット四本をもつ、全長四・六メートルほどの飛行機体型対空ミサイルであった。しかし、液体燃料の取りあつかい上の危険性から開発を中止している。

マスルカという、アメリカのテリア・ミサイルに類似の固体燃料ロケット型式でビームライダー方式の対空ミサイルの開発に切りかえ、海上発射実験を開始したのは、実験艦のイル・ドレロンの改造がおわった一九五九年ごろといわれている。

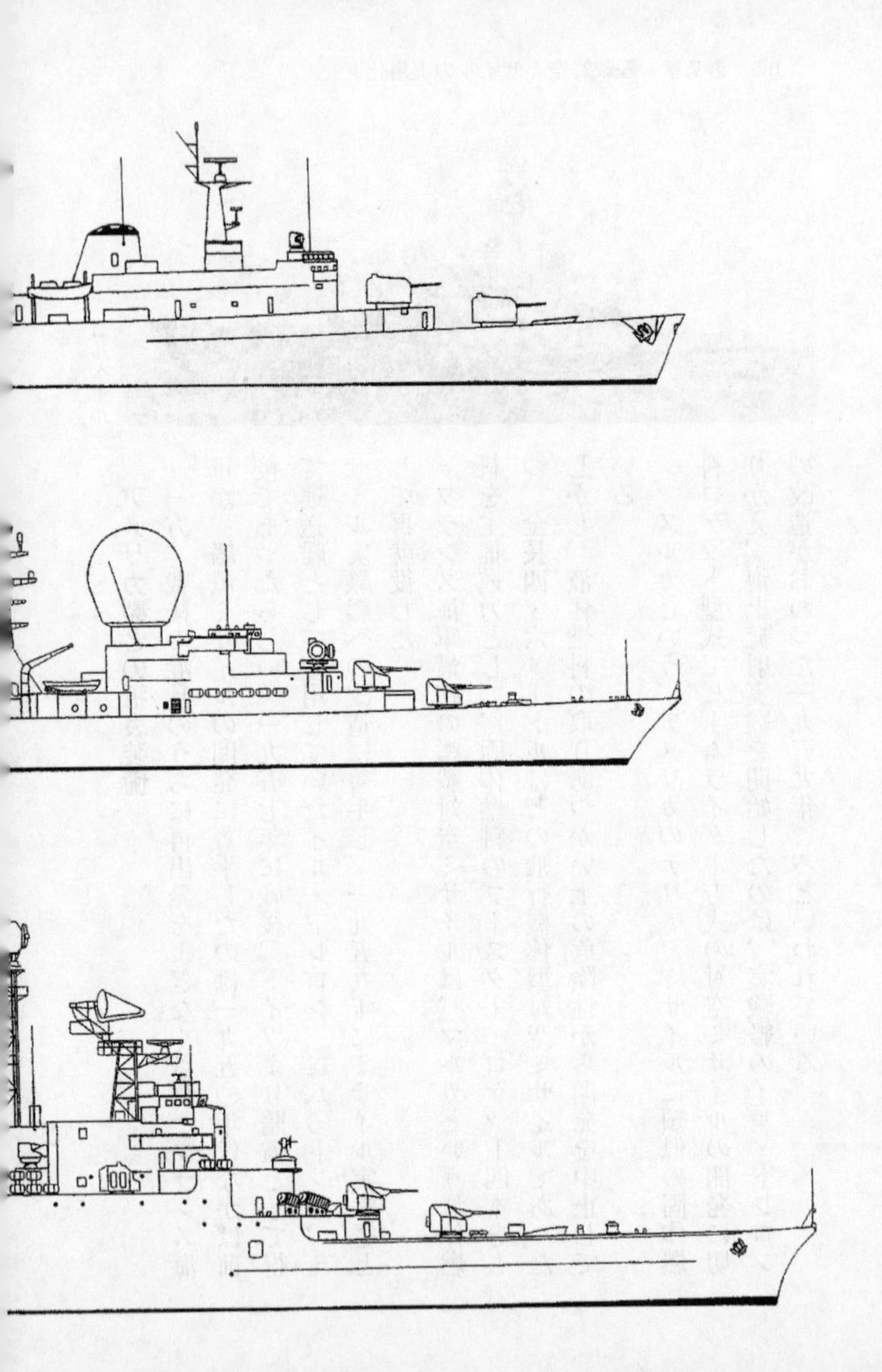

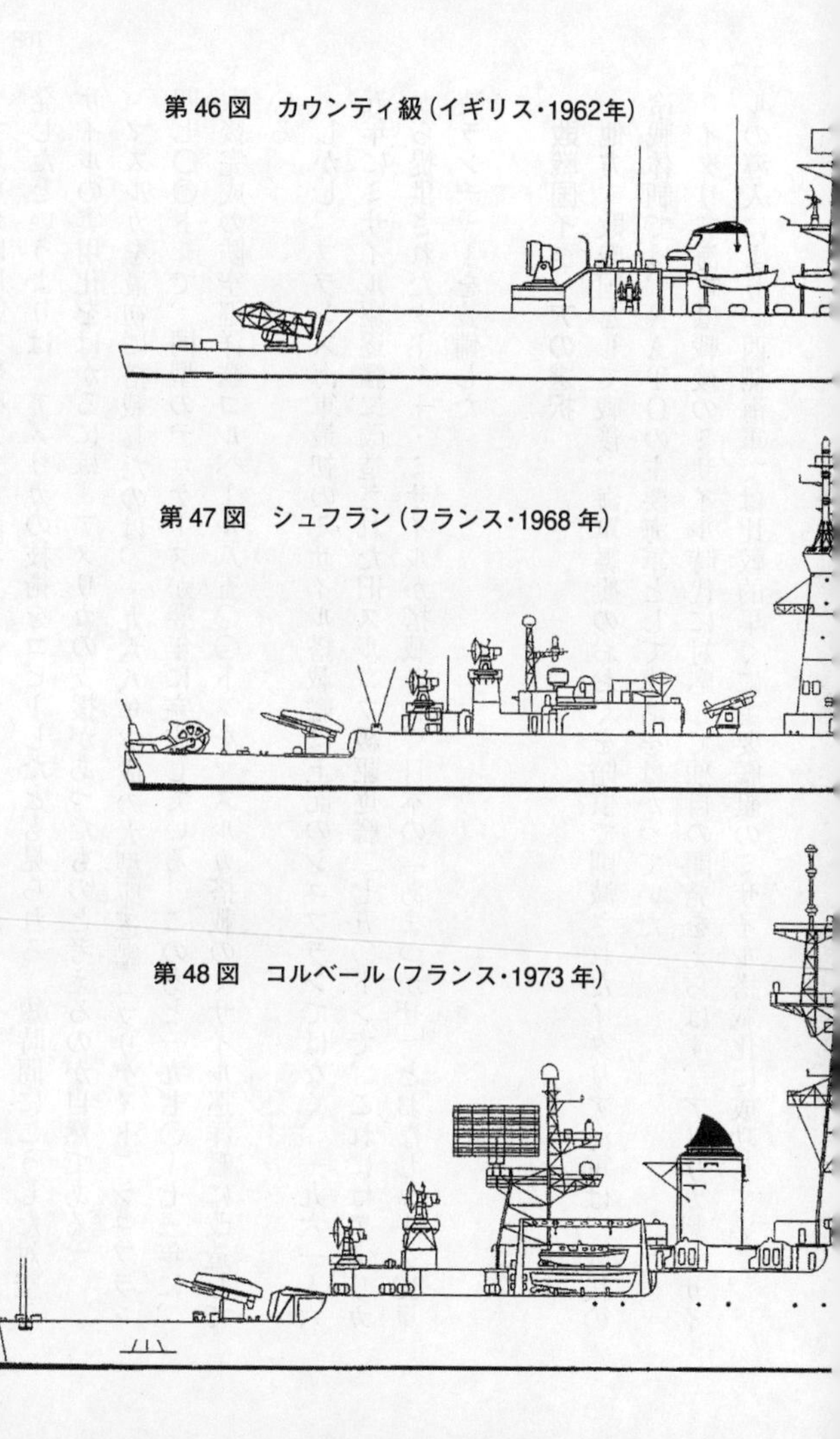

第46図　カウンティ級（イギリス・1962年）

第47図　シュフラン（フランス・1968年）

第48図　コルベール（フランス・1973年）

マスルカは形態、発射方式、誘導方式などがテリアに酷似しており、フランスが独自に開発したというよりは、アメリカの技術をコピーしたとも見られる。短時間にこうした対空ミサイルの実用化をはかるには、アメリカの支援があったものと考えるのが自然である。

マスルカを最初に搭載したのは、一九六八年完成の大型駆逐艦（フリゲイト）シュフラン四七〇〇トンで、同型のデュケーヌが翌年に完成している。このあと一九七〇〜七三年に、戦後完成の防空巡洋艦コルベール八五〇〇トンをマスルカ搭載のミサイル巡洋艦に改造している。

しかし、フランス海軍最初のミサイル搭載艦は上記のシュフランではなく、一九六一〜六五年にミサイル駆逐艦に改造された旧スルコフ級駆逐艦二七五〇トンで、これにはアメリカから提供されたターター・ミサイルが搭載され、日本の「あまつかぜ」とおなじマーク13単装ランチャーを装備した。

敗戦国イタリアの選択

他方、敗戦国として戦後、海軍艦艇のおおくを賠償で削減されたイタリア海軍は、戦後の冷戦体制では、NATOの主要海軍として復活をはかっていた。

イタリア海軍は戦後のミサイル時代に対応して独自の開発をえらばず、アメリカ製ミサイルの導入により、西側海軍では比較的早くに主要艦艇のミサイル搭載化に成功している。

ジュゼッペ・ガリバルディ

イタリア海軍最初のミサイル搭載艦は巡洋艦ジュゼッペ・ガリバルディ九八〇〇トンで、同艦は戦前の一九三七年に完成した六インチ砲一〇門搭載の軽巡であったが、他の同型一隻とともに、戦後も保有を認められていたものであった。

本艦の改造着手は一九五七年と早く、五年を要して一九六二年に完成した。改装の要領は、後部にテリア連装発射機と誘導関係電子装備を配置するところまでは、アメリカにおける改造巡洋艦とおなじであった。ただし、テリア・ミサイルの艦尾よりに、四基の戦略ミサイル発射筒を装備したのはきわめて特異な装備であった。

一万トン前後の巡洋艦級大型水上艦を対空ミサイル防空艦に改造するにあたり、当時実用化された核弾頭装備のポラリス型中距離戦略ミサイルを数基搭載して、戦略目的をもたせたストライク・クルーザー打撃巡洋艦構想は、ほんらいはアメリカ海軍で一九五〇年代後半に有していた方針で、最初の原子力推進ミサイル巡洋艦ロングビーチの最初の計画にももりこまれていた装備であった。

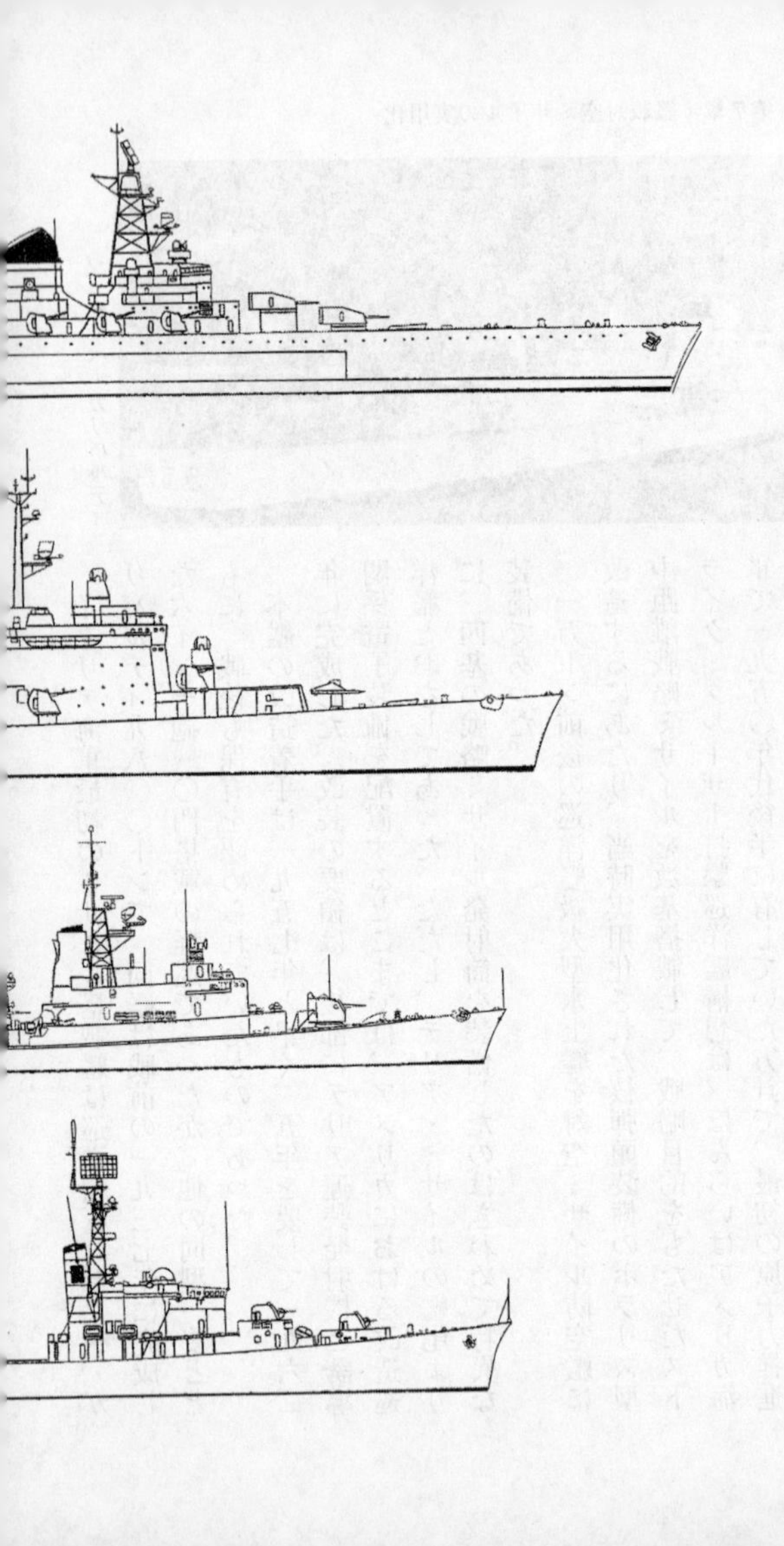

第49図　ジュゼッペ・ガリバルディ
（イタリア・1962年）

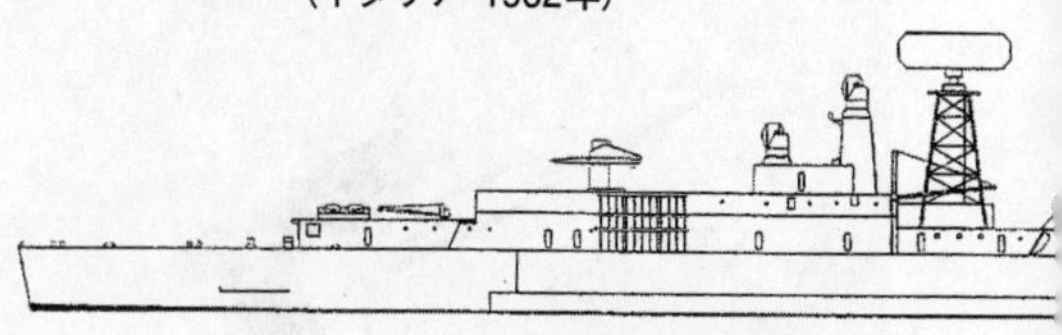

第50図　アンドレア・ドリア
（イタリア・1964年）

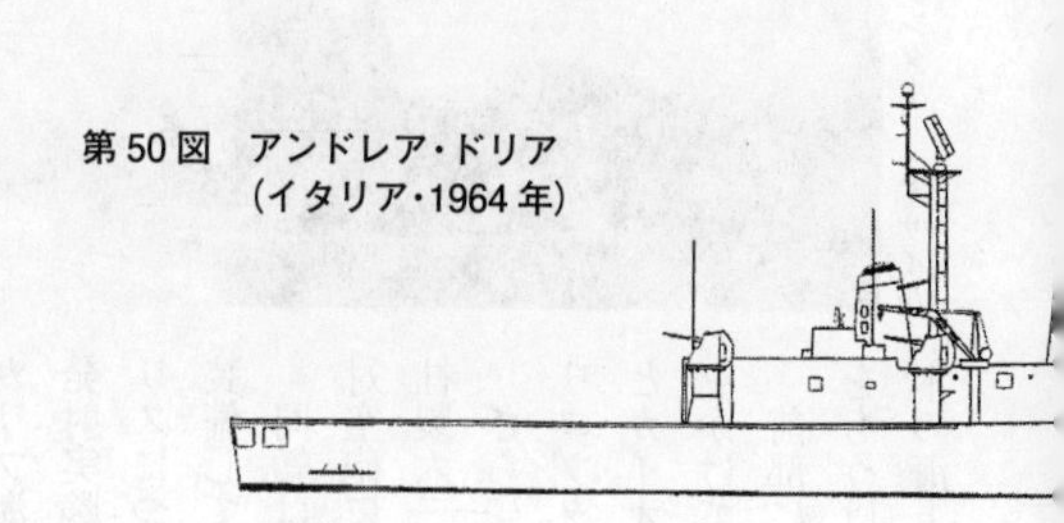

第51図　インパビド級
（イタリア・1963年）

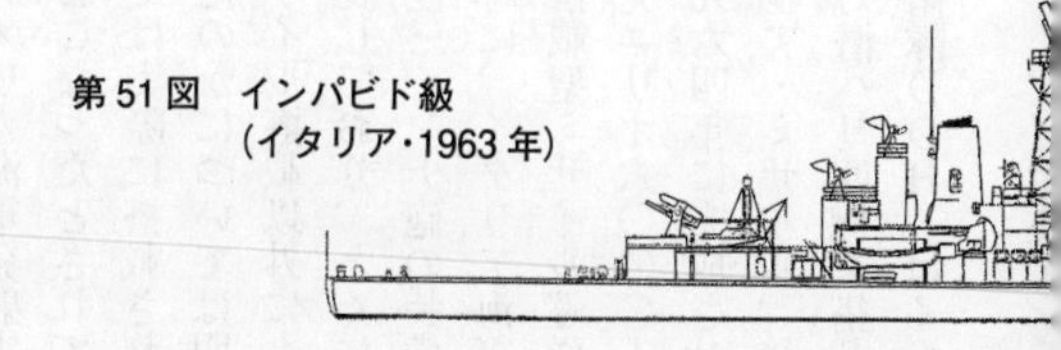

第52図　「あまつかぜ」
（日本・1965年）

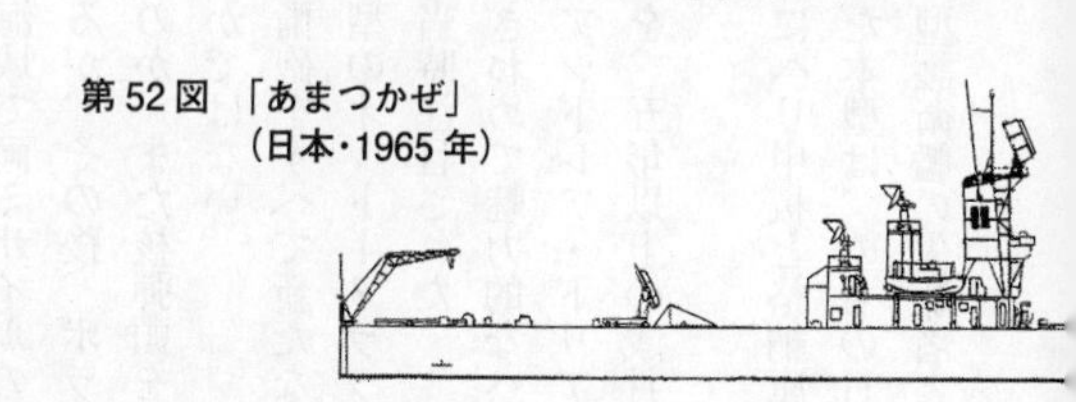

スタンダード・ミサイル

アメリカではポラリス潜水艦計画の実現で、水上艦への搭載は中止された経緯があった。

ジュゼッペ・ガリバルディは完成後、一九六二年にカリブ海のアメリカ海軍発射実験海域で両ミサイルの発射実験をおこなったとされているが、その後、ポラリスについては実際に搭載されたのか、また核弾頭を装備していたのかについては明らかではない。

同艦はミサイル搭載以外にも、備砲をすべて新たな対空砲に換装しており、とくに新型のオットーメララ社製六二口径三インチ砲の装備は当時注目された。

さらに同時に、イタリア海軍はきわめて魅力的なヘリコプター搭載型ミサイル巡洋艦アンドレア・ドリアとカイオ・デュリオ六〇〇〇トンを、五年以上の歳月をかけて一九六四年に完成させた。

前部にテリア・ミサイル、後部にヘリ甲板と格納庫をもうけて対潜ヘリ四機を搭載した本型は、のちの日本の海上自衛隊ＤＤＨ「はるな」型護衛艦の先駆者ともいえる、対空・対潜を主任務とした艦隊型護衛艦であった。

イタリア海軍ではほかに、ターター装備の新造ミサイル駆逐艦インパビド級三二〇〇トン二隻を一九六三〜六四年に完成させている。欧州の西側主要海軍のなかでは、比較的早期の一九六〇年代に主要艦艇のミサイル搭載化を実現していたのも、独自の開発にこだわらず、アメリカ式ミサイルの導入をはかった結果といえよう。

こうしたアメリカ式ミサイルの導入でミサイル搭載化をはかったもう一つの典型海軍が、日本の海上自衛隊である。最初のミサイル搭載型護衛艦「あまつかぜ」三〇五〇トンが完成したのは、イタリア海軍にわずかに遅れた一九六五年のことであった。ターターではじまった海上自衛隊の対空ミサイルは以後、スタンダードに引き継がれ、さらに近接防御用として、やはりアメリカのシースパローを採用して、今日にいたっていることは承知のとおりである。

今日の海上自衛隊は、艦隊防空という面にかんしては、弾道ミサイル防御もふくめて、アメリカ海軍についでイージス・システムの採用で、第一級の防空能力をそなえていると評価されており、アジア随一の実力を有しているのは周知のことである。

ライバルのソ連海軍台頭

これまで第二次大戦後の艦載対空ミサイルの出現を、アメリカ海軍とその他、西側海軍について述べてきた。最後として、東側のソ連海軍の艦載対空ミサイルの出現について考察してみよう。

戦後、東西冷戦は一九五〇年の朝鮮戦争において火を吹くが、米ソの直接対決は回避されたものの、軍備競争は激しさを増していた。一九五五年、アメリカ海軍が世界最初の実用型対空ミサイル搭載巡洋艦ボストンを再就役させて、新時代の防空艦が出現するにいたったとき、ソ連海軍は戦後の新計画による外洋海軍をめざす軍拡の真っ最中であった。

こうした新生ソ連海軍の象徴は、当時西側に確認されはじめたスベルドロフ級巡洋艦、スコリー級駆逐艦、W級潜水艦などであった。これらの中には、一九五三年ごろにジェーン軍艦年鑑の報じたソ連海軍の新型ロケット砲戦艦もあった。

これは後に誤報として取り消されたものの、ソ連海軍が戦艦に大型対地ロケット？（ミサイル）を搭載したと、当時は大きな話題となったものである。事実、ソ連海軍では戦後のスターリン時代に、戦前未成に終わった新戦艦計画を継続して模索していた時期があり、まったくの誤報でもなかった。

しかし、スターリンの死後、ソ連では海軍拡張計画の軌道修正をおこない、従来の在来型艦艇から、ミサイル搭載艦艇、対潜艦艇、原子力推進潜水艦を中心とした新しい外洋海軍に変身することになる。

ソ連における戦後の対空ミサイル計画は、西側とおなじくドイツの技術導入からスタート

（上）クルップニイ級駆逐艦。（下）コトリン級駆逐艦

したものらしく、陸上用の防空ミサイルは、一九五〇年代のなかばには完成の域に達していたものらしい。これらは毎年の赤の広場のパレードなどに出現して、西側に注目されていた。

そして、ソ連の防空力の実力を実証したものに、一九六〇年五月のアメリカ秘密偵察機Ｕ２の撃墜事件があった。

艦載ミサイルについては、ソ連では対空型とともに対地型の艦載化をはかったのが大きな特色で、一九六〇年に対地ミサイルＳＭ59を前後に搭載したクルップニイ級（一九

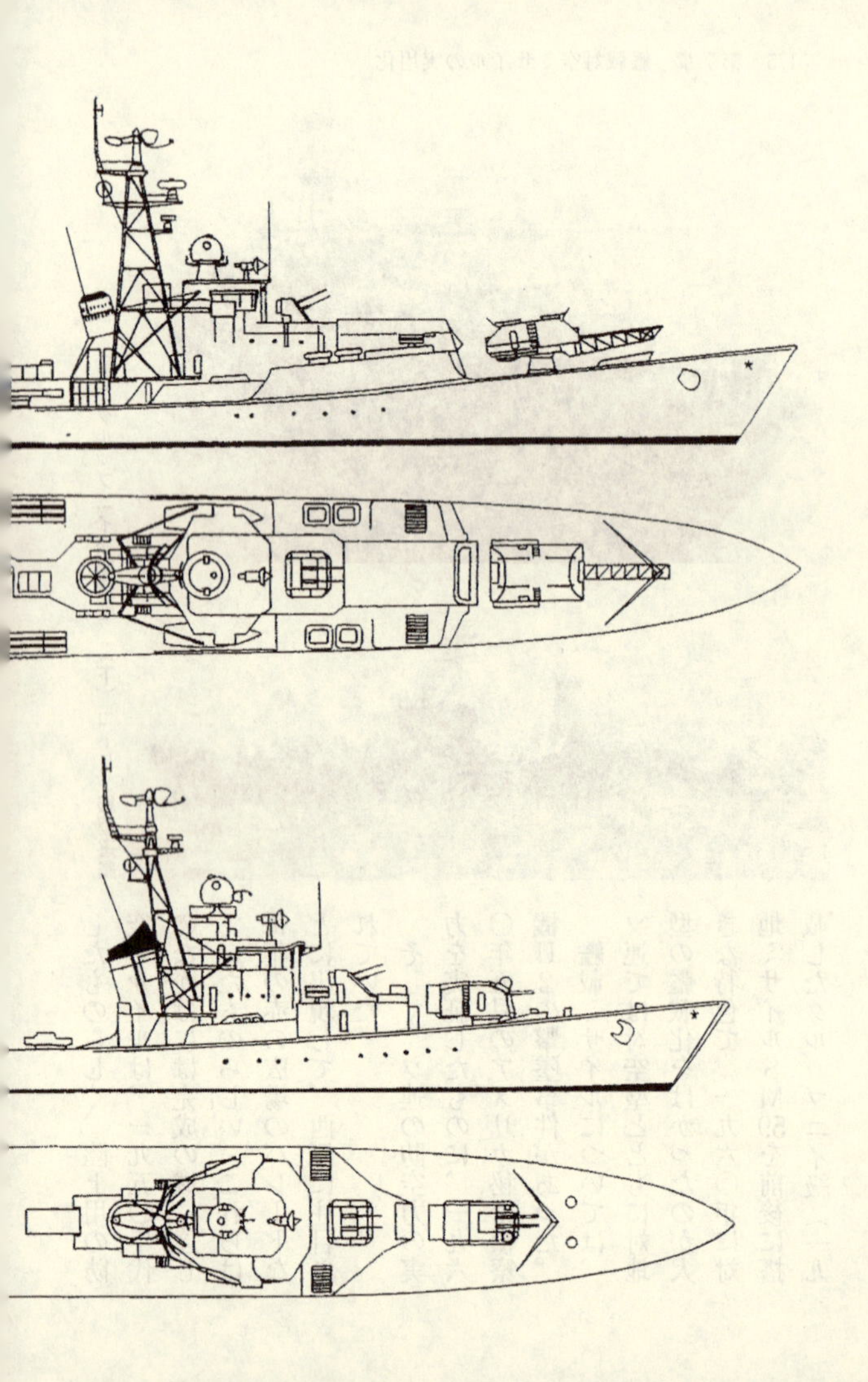

第53図　クルップニイ級駆逐艦(1960年)

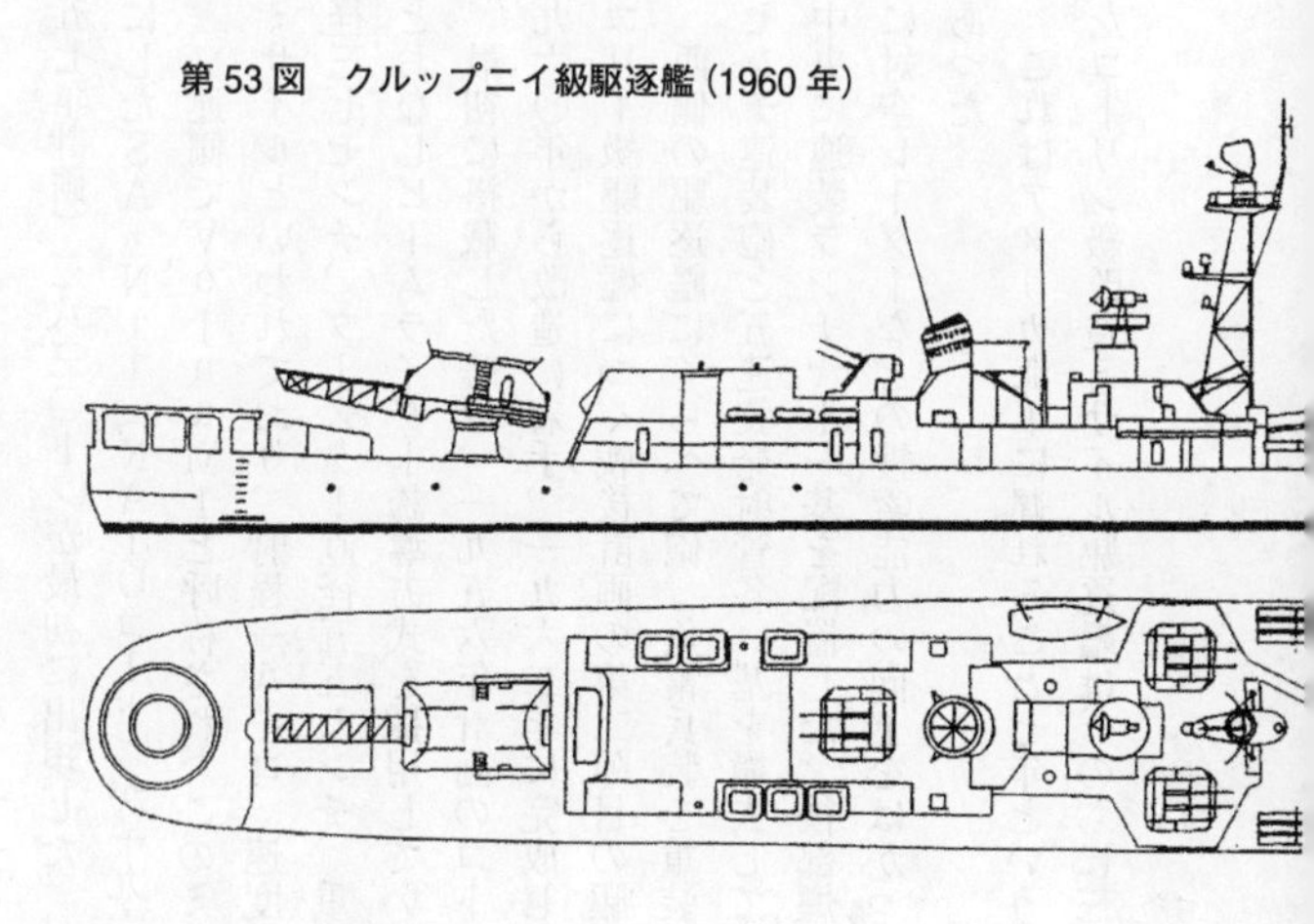

第54図　コトリンSAM級駆逐艦ブラブイ(1962年)

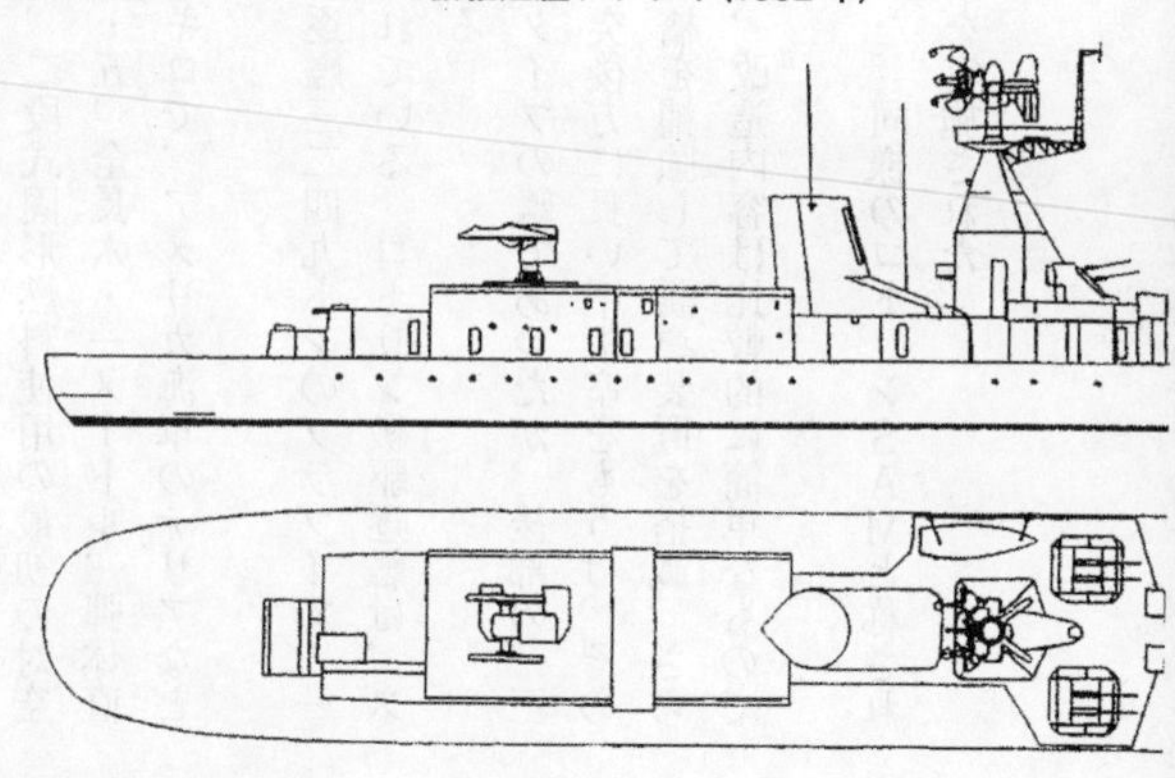

五七年計画）三八三〇トンが最初に出現した。対空ミサイルは、陸上型のＳＡ－３をベースにしたＳＡ－Ｎ－１（ＮＡＴＯコード）が一九六一年に実用化された。ソ連側でＶｏｌｎａＭ１と呼称されたこのミサイルは、二段式固形燃料使用の最初の対空ミサイルといわれており、射程一八キロ、速度マッハ三・五、全長六・一メートル、弾体直径三七センチ、ブースター直径五五センチ、重量九五〇キロで、アメリカ海軍のテリアなどとおなじビームライダー誘導方式を採用していた。

最初に搭載した艦は、一九五六年計画のコトリン級駆逐艦三二四九トンのブラブイで、一九六〇年から改造に着手、一九六二年に完成したといわれている。コトリン級駆逐艦は、スコリー級駆逐艦につぐ戦後計画の第二陣目の駆逐艦である。

西側の駆逐艦にくらべて砲、魚雷兵装を重装備した旧タイプの艦であったが、後部の一三センチ連装砲と五連装発射管各一基を撤去して、後部煙突後方に長い甲板室をもうけ、その中央に連装ランチャー一基を配置した。後部煙突前の後檣を補強して誘導装置を搭載、さらに対空レーダーなどの捜索能力の向上をはかったもので、改造内容は比較的に簡単なものであった。

これはアメリカ海軍に遅れること七年という差があった。同様のコトリンＳＡＭと称されたコトリン級改造ミサイル駆逐艦は、のちに三隻が工事を実施された。

カシン級駆逐艦

ストライククルーザー？

一方、新造艦として最初の対空ミサイルを搭載したのは、一九五八年計画のキンダ級（ＮＡＴＯコード）五五五〇トンで、アメリカ海軍のミサイル・フリゲイト（巡洋艦）に相当する艦であった。一九六二年十二月に第一艦のグロズニイが完成、他に同型三隻が一九六五年までに完成した。

対空ミサイルは先のＳＡ－Ｎ－１で、おなじ連装ランチャー一基を艦首部に装備、ミサイルは一六基を搭載した。本艦の場合は、他に対地ミサイルＳＭ70四基を前後の発射筒に納めており、アメリカ海軍のストライククルーザーの先駆けともいえた。

ただし、本艦で見られる各種電子装備は西側とことなり、全体に大型で複雑怪奇な形態をしている。このあたりは電子技術の遅れを物語るものとみられた。

このキンダ級についでカシン（ＮＡＴＯコード）級ミサイル駆逐艦四二九〇トンが一九六一年計画で建造に着手され、同型二〇隻が一九六二年から一九七三年までに完成した。

一九六〇～六四年に同型二三隻が完成したアメリカ海軍のチャ

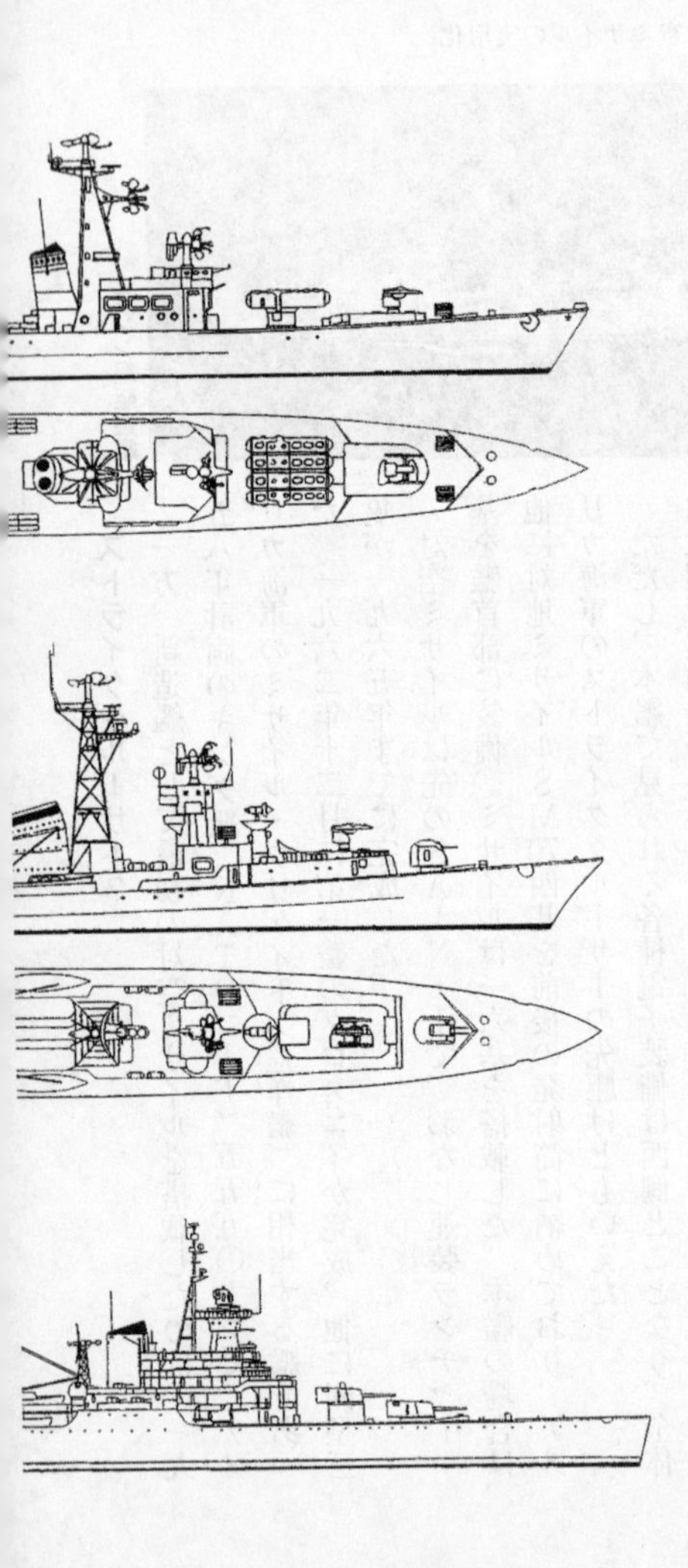

第 55 図　キンダ級巡洋艦 (1962 年)

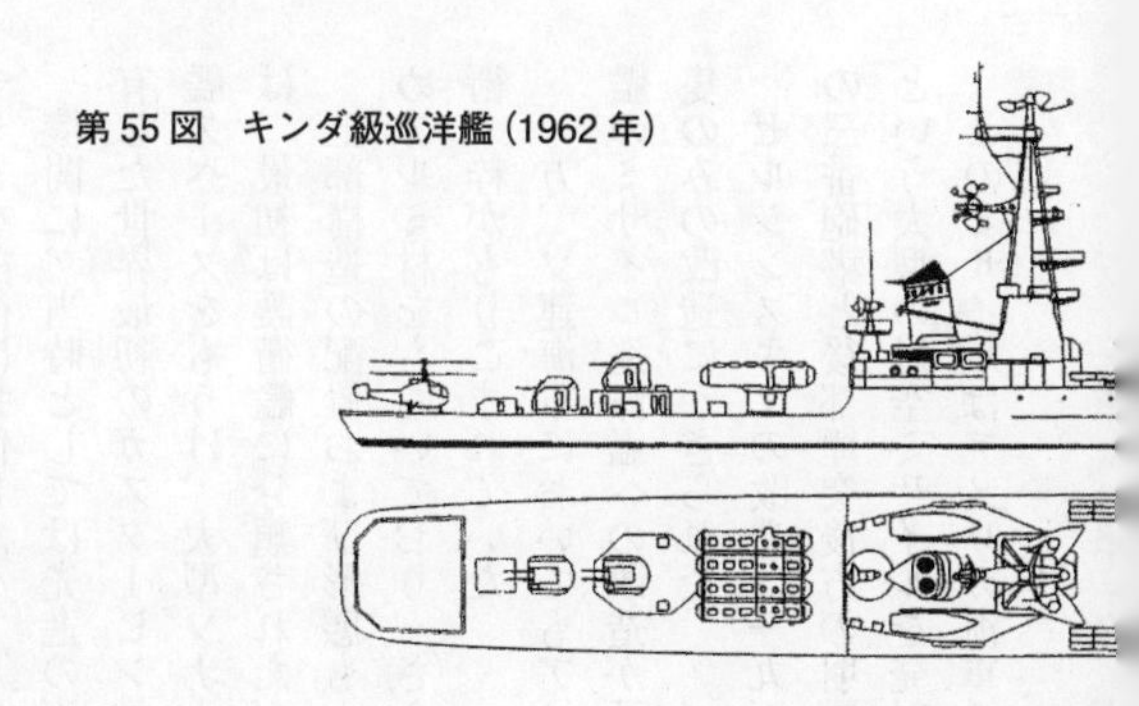

第 56 図　カシン級駆逐艦 (1962 年)

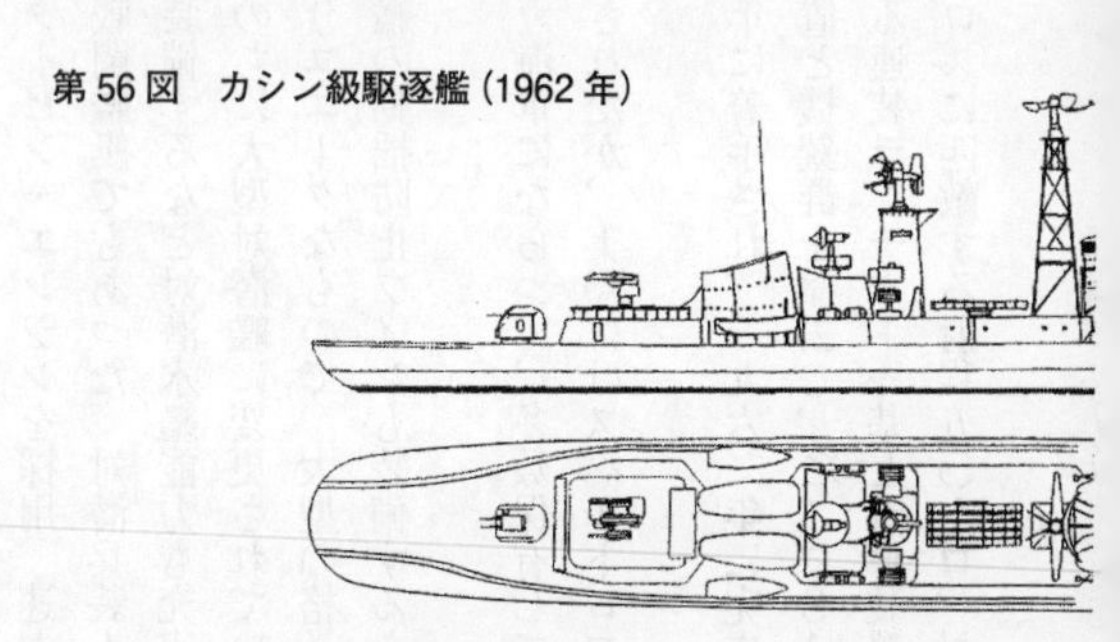

第 57 図　スベルドロフ級ミサイル巡洋艦
ゼルジンスキー (1962 年)

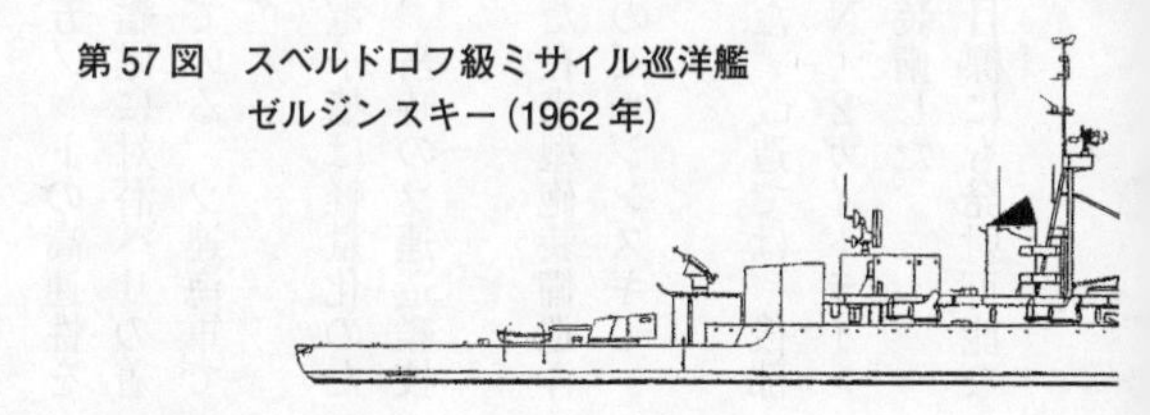

ールス・F・アダムス級ミサイル駆逐艦四五〇〇トンと対比されるソ連海軍第一世代のミサイル駆逐艦である本型は、当時としてはかなり大ぶりの艦型で、先のSA-N-1連装ランチャーを前後に装備したダブルエンダー型の重装備防空駆逐艦であった。

機関に、当時としては先進のガスタービン・エンジンを採用、速力三五ノットの高速性を有した世界最初のガスタービン推進戦闘艦艇でもあった。対潜兵装も、艦尾に対潜ヘリの着艦スペースをもうけ、大型ソナーを装備するなど対潜水艦能力も充実している。ソ連海軍では、最初は護衛艦に分類されたが、のちに大型対潜艦に変更されている。

上部構造の配置および形態もかなりユニークなもので、大型の格子型電子檣は軽量化のためアルミ材をもちいており、さらに艦の動揺防止フィンも装備するなど、当時のソ連造艦技術の粋がもりこまれていた。

一方、ソ連海軍においてもアメリカ海軍にならって、多数保有していた在来型砲装備巡洋艦のミサイル巡洋艦への改造が予想されたが、実際にはスベルドロフ級のゼルジンスキー一隻のみの改造にかぎられた。

ゼルジンスキーの改造は一九五九年に着手され、一九六二年に完成した。改造では、後部の三番砲塔と後部煙突後方の射撃装置と機銃群を撤去し、ここにSA-N-2ガイドラインという大型の対空ミサイルを発射する連装ランチャー一基と誘導装置を装備した。

このミサイルはアメリカ海軍のタロスに匹敵する射程五〇キロ、対地目標にも発射可能な能力を有した。弾頭重量も一五〇キロと大きく、核弾頭の装備も可能であったものと推定できた。

後檣上に大型の対空レーダーや、前煙突の後方に高角測定レーダーなどの電子装備が追加されたが、アメリカの改造ミサイル巡洋艦にくらべて、全体に改造の規模はかぎられており、試験的な意味合いが強かった。

このようにソ連海軍の艦載防空ミサイルは、アメリカ海軍にくらべて五年前後の遅れはあったものの、七〇年代にはいって、ほぼ全体のミサイル化が完成したといえる。もっともソ連海軍では、従来の砲熕兵器による防空も西側より重視する傾向にあり、五七ミリや四五ミリという大口径長銃身の機関砲を対空火器として多用する例がおおかった。

スローな海自DDG建造

こうした第一世代の対空ミサイル防空にたいして、現在は第二、第三世代といわれる艦隊防空の時代にはいっており、広域の艦隊防空にはアメリカ海軍のイージス・システムに代表される、多目標同時対処型の兵器システムが導入されて、日本をはじめとするいくつかの国に採用されている。

また、個艦の近接防空兵器として、小型の対空ミサイルや高性能機関銃の装備が一般化している。しかも、目標としては航空機よりも、航空機や相手艦艇から発射される対艦ミサイ

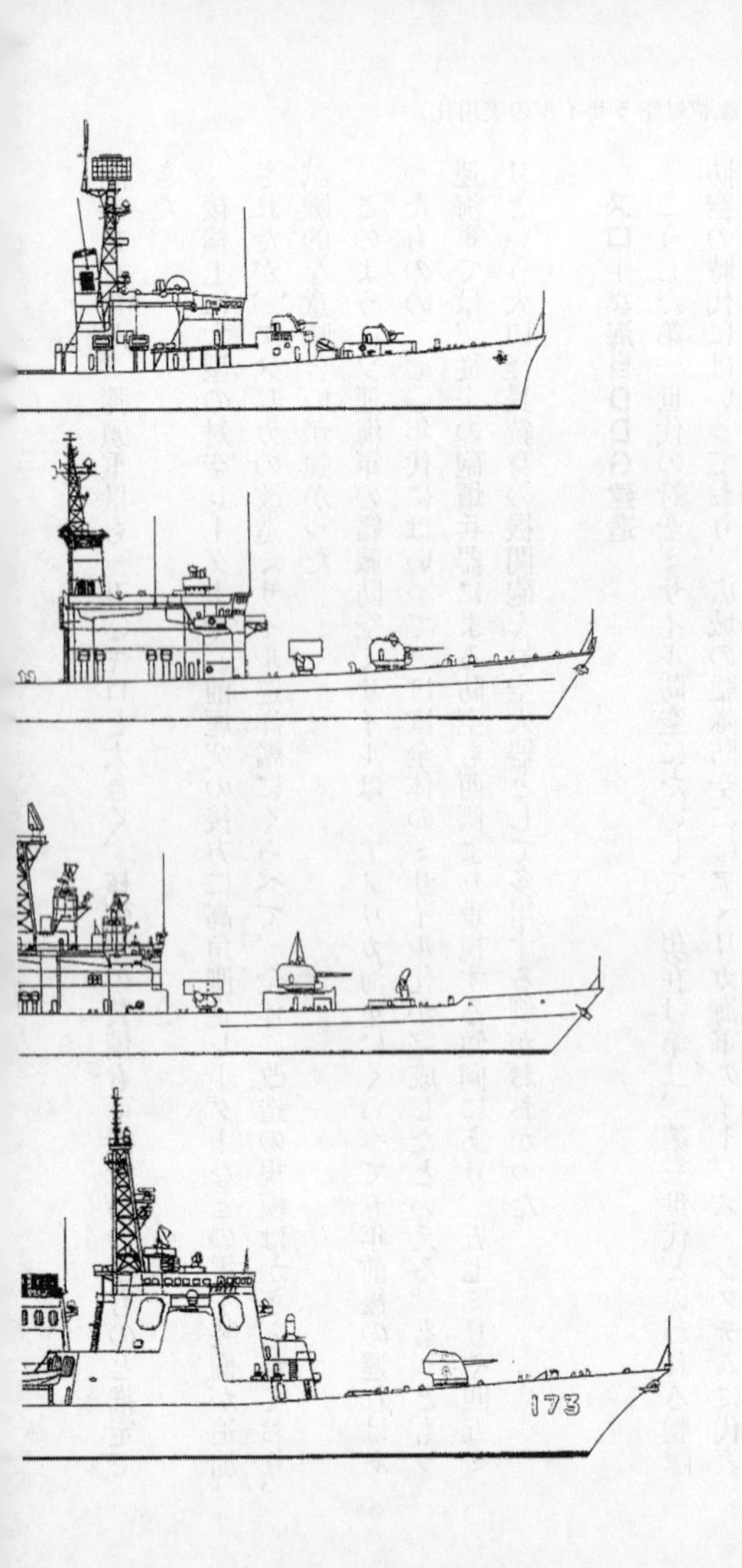
173

第58図　「あまつかぜ」(1965年)

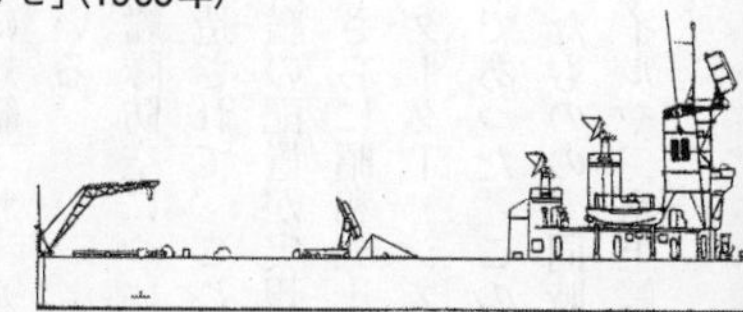

第59図　「たちかぜ」(1982年)

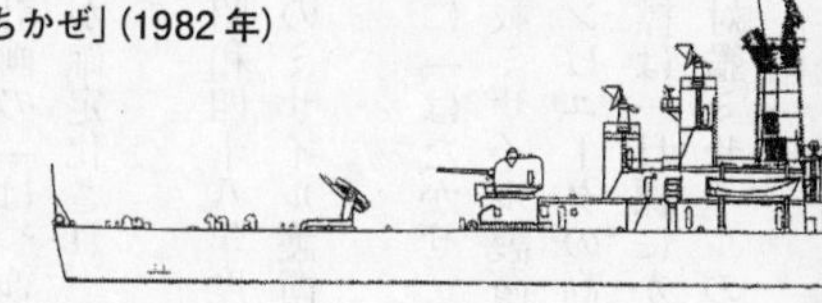

第60図　「はたかぜ」(1986年)

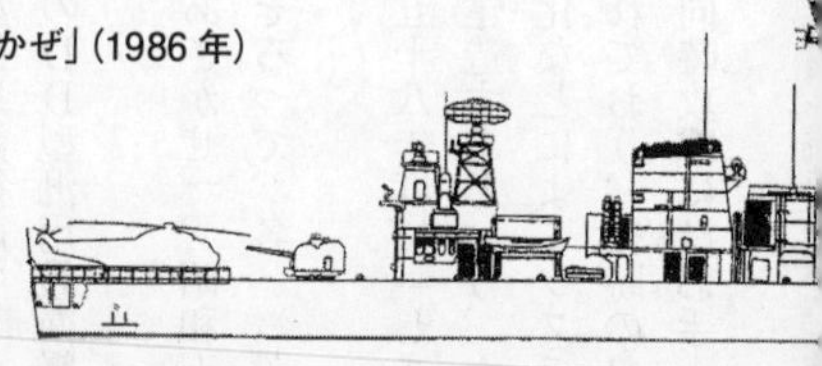

第61図　「こんごう」(1993年)

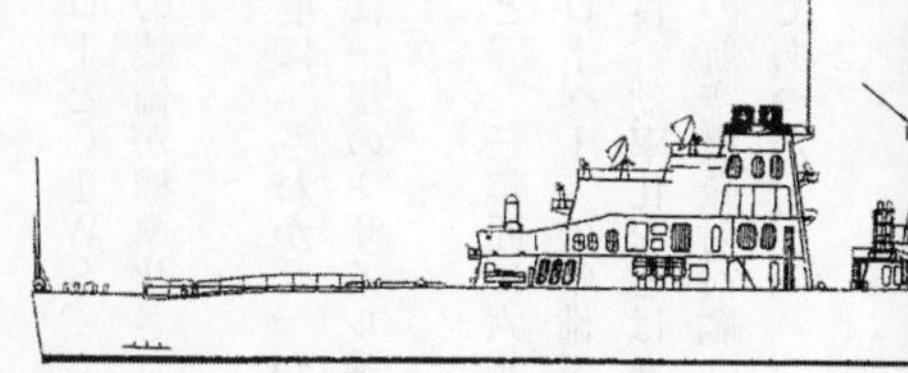

ルが最大の標的となっていることも、第二世代の艦載防空ミサイルとの大きな違いであることを理解する必要があろう。

海上自衛隊に例をとれば、一次防の昭和三十五年に最初のミサイル護衛艦「あまつかぜ」を計画し、一一年後の昭和四十六年計画で二隻目の「たちかぜ」を建造した。昭和五十年度のヘリ搭載護衛艦「しらね」で、個艦防御用のシースパロー・ミサイルとCIWS高性能機関銃（後日装備）が最初に装備された。

さらに昭和五十二年度計画の「はつゆき」型汎用護衛艦で、シースパローとCIWS、さらに対艦ミサイルの装備が確定化され、以後のDD型汎用護衛艦で、この装備が標準化されている。

艦隊防空については、昭和四十八年度に「あさかぜ」、昭和五十三年度に「さわかぜ」が建造されて、ここに四隻のミサイル護衛艦がそろって、各一コ護衛隊群に一隻のミサイル護衛艦の配置が実現した。

さらに昭和五十六年度に「はたかぜ」、同五十八年度に「しまかぜ」と、二三年間に六隻のターター・システム搭載ミサイル護衛艦を建造するという、かなりスローペースの整備ぶりであった。この間、コンピュータの高性能化などによるシステムの改良、効率化などはあったものの、同時迎撃目標は一目標にかぎられており、当時のソ連海軍の航空機発射対艦ミサイルや、水上艦発射の対艦ミサイルの多発同時攻撃にはお手上げ状態であった。

（上）タイコンデロガ。（下）「こんごう」

　こうした状況に対処するために、アメリカ海軍が開発したのがイージス・システムと呼ばれた戦闘システムで、高性能レーダーや各種センサー、垂直発射装置などのハードと、大規模コンピュータによるソフト技術により、迅速な多目標同時迎撃戦闘システムが完成した。一九八三年に、このシステムを搭載した最初のミサイル巡洋艦タイコンデロガが就役した。

　海上自衛隊では昭和六十三（一九八八）年度に

最初のイージス・ミサイル護衛艦「こんごう」を計画、平成五（一九九三）年に就役した。アメリカ海軍に遅れること一〇年であった。

以後、同型三隻のイージス・ミサイル護衛艦が平成十（一九九八）年までに完成し、各護衛隊群に一隻あての配備計画が実現した。

しかし皮肉なことに、ソ連邦の崩壊により東西冷戦の構図は消滅し、こうした高価なイージス艦も無用の長物と化すかに思われたが、日本にとっては拉致事件を契機に、日本海をはさんで北朝鮮が新たな脅威として認識されるようになる。

とくに北朝鮮の保有する近中距離弾道ミサイルの迎撃が最大の課題となった。このため、日本海に配備したイージス艦による弾道ミサイル迎撃が唯一の対抗手段となり、そのために日米で戦闘システムの開発がおこなわれ、数年後の実用化をめざして既成イージス艦の整備がおこなわれた。

また、平成十四、十五年度に各一隻の新イージス艦の建造がおこなわれ、十四年度艦「あたご」は十九年三月の就役、十五年度艦「あしがら」は二十年三月の就役で、イージス艦六隻態勢が実現したが、その後北朝鮮における弾道ミサイルの脅威の増大に対処して、平成二十七、二十八年度にて「あたご」型各一隻の新造計画が成立して、目下のところイージス艦八隻態勢をめざしているものの、弾道ミサイル防禦にどれだけ有効なのか、まだ未知数もすくなくない。

第8章　日本海軍の艦載機銃

江差沖で浮上した新事実

ここに一冊のガトリング砲にかんする本がある。一〇年ほど前に海外の古本ネットで購入した『The Gatling Gun Notebook』という本で、二〇〇〇年にジェームス・B・ヒューズという米テキサス州ヒューストンの人が編纂したものである。

あえて編纂と称したのは、ガトリング砲にかんするあらゆるデータとイラストを集大成したもので、著者自身による個人的な考察や歴史的な評価などはいっさいなく、客観的事実のみを集めたユニークな刊行物である。

ガトリング砲については、世界最初の実用機関銃として今日評価されているが、発明者はリチャード・J・ガトリング（一八一八～一九〇三年）という米人の医師で、一八四四年に米国で最初のパテントが取得されている。

第62図
ガトリング砲の発明者
リチャード・J・ガトリング

ガトリング砲そのものは主に米国の西部劇映画に登場することで、我々に身近な存在となっている。では、その実像はと問われれば、ほとんど何も知っていないことに気づく。
　ここでは幕末から明治初年にかけて、このガトリング砲が日本海軍とどのようなかかわりを持ってきたのか、前記文献にかさねることで、日本側の事実関係にあらたな史実をくわえてみたいと考えている。
　日本海軍の歴史にガトリング砲が登場する最初は、明治二（一八六九）年五月六日（新暦、以下同様）の宮古海戦においてである。この戦闘は宮古湾に碇泊中の新政府側艦船「甲鉄」「春日」その他六隻を旧幕軍榎本艦隊の「回天」が単艦襲撃、「甲鉄」の捕獲奪取をはかったものであった。
　この時、「甲鉄」の左舷に接舷した「回天」は、舷側の外輪が邪魔して「回天」の艦首と「甲鉄」の上甲板が入の字のようにからみあった。「回天」艦首乾舷の方が「甲鉄」の舷側甲板よりも三メートルも高く、襲撃隊が乗り移れずに躊躇している間に、「甲鉄」艦上（後部砲郭上か？）に装備するガトリング砲で掃射された。

「甲鉄」（後に「東」）

第63図　宮古海戦（明治2年5月）、「回天」「甲鉄」に接舷の図

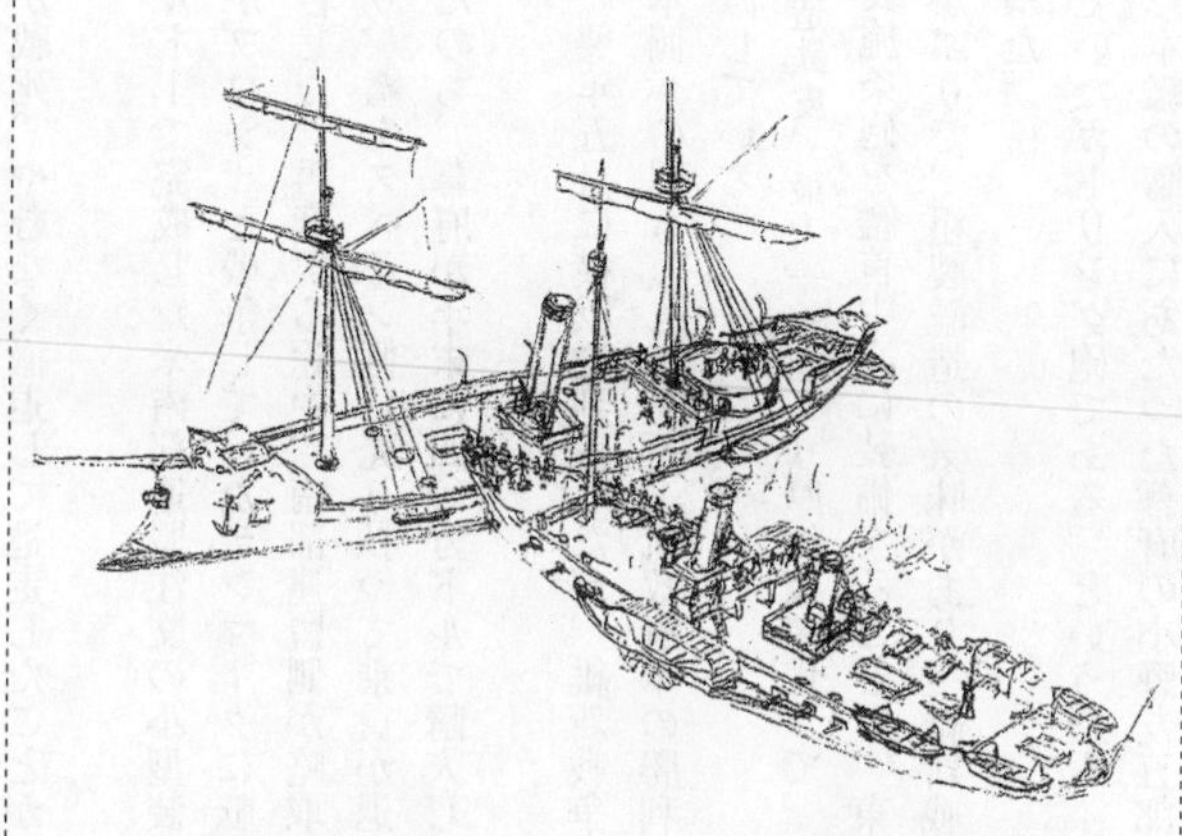

「回天」は荒天で円形マストの1本を失っていた。「甲鉄」のガトリング砲は後部砲郭の上にあったらしい（作図・石橋孝夫）

ている。

「回天」側は艦長古賀源吾をはじめ一五名が戦死、やむなく撤退して逃走したことが知られている。

「甲鉄」は一八六四年十月にフランスのボルドーで完成した米南部連盟注文の小型装甲衝撃艦であった。しかし、米国の抗議で建造主がプロシャと戦争していたデンマークに転売、これも戦争終結でデンマークが受けとりを拒否した。再度戻る途中、南部連盟側が略取して本国に回航せんとしたが、ハバナで終戦となり、艦をスペイン側に売り払って乗員が退去したものを米国が買い戻し、本国で保管していたのち、幕府が年末に四〇万ドルで購入したのであった。

一八六七年七月に米人の手により米国発、翌年五月に横浜に到着したが、維新戦争の最中ということで、米国は局外中立をたてに日本側への引き渡しを拒否、新政府軍の勝利が確定した翌年はじめに、これを新政府側に引き渡している。

当時の日本にあっては唯一の装甲艦（木造鉄皮、最大一一四ミリ厚鉄板装備）で、三〇〇ポンド（二五四ミリ）アームストロング前装施条砲を艦首中心に装備することで、東洋最強の軍艦と恐れられた。実態はかなりの買いかぶりで、粗製濫造の気味があり、維新戦争後は修理に長期を要し、港内にいることが多かった。

問題は宮古海戦の時に「甲鉄」が装備していたガトリング砲である。というのも「甲鉄」が日本に回航するにさいして、たぶん米国で本艦の購入にあたった幕府の小野友五郎が、ついでにガトリング砲を購入、本艦で持ち込まれたと考えるのが一番自然である。ただし、これを裏付ける文書などはない。

ただ、榎本艦隊の最有力艦と見られていたオランダ製の「開陽丸」が、宮古海戦の前年に榎本艦隊が函館を攻撃したさいに江差で荒天により坐礁沈没したことで、奇妙な事実が浮かび上がってきたのである。

日本のガトリング砲

「開陽丸」の沈没から一世紀以上を経た江差市では、観光目的で同艦の復元を計画した。岸壁に固定するかたちで原寸大の「開陽丸」を復元して、海底から引き揚げた武器弾薬などを艦内で展示しているが、そのなかに二十数発のガトリング砲の弾丸がふくまれていたのである。

ただし、ガトリング砲そのものは回収兵器のなかにはなかった。小銃、短銃の類がほとんど回収されていないことからも、こうした個人用武器は陸戦用に水没前に陸上に持ち出された可能性が高い。

しかも、インターネット上に公開されている「開陽丸二一世紀」新聞によると当時「開陽丸」の乗組士官で英語通訳方を役目としていた山内六三郎の自叙伝によれば、「開陽丸」が品川沖にあった当時、夜間に小舟にて横浜碇泊中の「甲鉄（ストンウォール）」に横付けし、得意の英語を駆使して速射砲や銃器、その弾薬を小舟に移し、「開陽丸」に戻って艦上に移したことが述べられているという。

この速射砲がガトリング砲ではないかという推測は容易につく。これから推測するに、「甲鉄」が横浜についた明治元年五月から榎本艦隊が品川沖を離れた同年十月の間であろう。ただ、当時引き渡しを保留していた「甲鉄」は少数の米人により管理されており、そう簡単に見ず知らずの人間に武器弾薬を引き渡すとも思えない。事前にワイロかなにか不正行為で、持ち出しを容認させたのではないかとの疑いも生じる。

とすれば、この時「甲鉄」には、最低でも三梃のガトリング砲が搭載されていたという推測はなりたつ。

肝心のガトリング砲だが、最初の製造は一八六二年（一八六二年型モデル1）で六梃が完成している。口径は〇・五八インチ、六銃身ということが前掲書に記されている。さらに、一八六二年型モデル2が一三梃製造されており、口径、銃身は同じである。ただしこの一三梃のうち一二梃を米陸軍軍人が、残り一梃を米海軍軍人が購入しており、価格は一梃一〇〇〇ドルといわれている。

次の製造は一八六五年型で、同じ口径、銃身数だが、このロットについては製造数は不明である。この間、製造工場も三回にわたって変更されており、南北戦争に生産が上がらなかったのは、こうした製造工場のトラブルにあったらしい。

「開陽丸」

第64図　1865年型ガトリング砲の弾丸

0.58インチ（14.7㎜）口径の砲はこれ以後は製造されておらず、北海道の江差で発見された「開陽丸」の遺物とされる弾丸と非常によく似ており、2条の溝もまったくおなじである

ガトリング砲の製造が軌道にのったのは一八六六年以降、コルトの工場に製造をまかせてからのことである。

ここで重要なのは「開陽丸」の遺物として回収されたガトリング砲の弾丸口径が一五ミリであったことだ。これは一八六六年型以前の型の〇・五八インチ（一四・七ミリ）モデルに該当する。すなわち、これ以降〇・五八インチ口径のガトリング砲は製造されていないのである。

第65図　1866年型(25ミリ口径6銃身)

このイラストは1867年1月に『サイエンテフィック・アメリカン』誌（?）に掲載されたのが最初で、以後転載されて広まった。日本でも長岡藩などが購入したガトリング砲として紹介されている。長岡藩が購入したのは0.58インチ(14.7㎜）口径の1865年型で、口径は異なっている

さらに、一八六六年末に購入できたのは、この一八六五年型以降というのはあり得ない事実であろう。前述のように一八六五年型の製造数は不明だが、南北戦争も終わった後だけに、米陸海軍も購入をひかえたのか、これらのうちの数梃が弾薬付きで「ストンウォール」に搭載されて持ち込まれた可能性は高い。

なお、別に維新戦争前にオランダ商人スネルから薩摩藩が一梃、長岡藩が二梃を一梃五〇〇〇両という大金で購入した記録もある。とくに薩摩藩の一梃が、後に「甲鉄」に持ち込まれた可能性も否定できない。

いずれにしろ、これらのガトリング砲はすべて陸上野戦型の砲架（車輪付）であったと思われた。

しかし、維新戦争が終わった時点で「東」（明治四年に「甲鉄」を改名）からガトリング砲は撤去されたようで、以後の公式資料上からガトリング砲は消えている。

たとえば、『公文備考』などの明治七年度の各艦船の搭載兵器一覧を見ても、「東」をはじめガトリング砲の搭載はない。ただ、武器庫に保管中の予備兵器（砲銃）のなかにガトリング砲一（野戦砲架）の記載と、鹿児島製造所保管の砲のなかに後装六連砲一の記載がある。前者が「甲鉄」からの撤去砲、後者は薩摩藩の購入したといわれる一梃ではと推測される。

正式採用を見送った海軍

しかし、ここに別の記録がある。『公文類纂』によれば、明治五年九月に伊万里県（佐賀藩）よりガトリング砲一梃とミタラ砲（ミタラユース砲）二梃を買い上げ、これを武器庫に移管することが記されている。とすれば、先の武器庫の在庫ガトリング砲は佐賀藩より買い上げの一梃となり、「甲鉄」搭載砲ではないことになる。

明治十年の西南戦争において、海軍は各艦船を派遣して陸上戦闘を支援したが、この時の各艦船の搭載兵器にガトリング砲の名はまったくない。ただし、政府軍が消耗した弾薬類のリスト中にガトリング砲弾薬八万四〇〇〇発の記録があり、ガトリング砲が西南戦争でもち

第66図　1877年型米海軍向けモデル
（11㎜口径・10銃身）

いられたのは事実らしい。

『公文類纂』によれば、明治十年四月に西南戦争にさいしてガトリング砲弾薬五万発の購入要求があり、同年六月に現地に三万発（一梃につき一万五〇〇〇発）を発送したとある。これから見ると、ガトリング砲二梃がこの戦役で海軍側でもちいられたらしい。

明治十一年十二月に艦船装備用として六連ガトリング砲をアーレンス社より購入、代価は付属品共で一四〇一ドルであったという。これは日本海軍が誕生後はじめて艦載兵器としてのガトリング砲の正式購入であった。

ガトリング砲には当時、野戦用いがいに海軍用として艦船に装備するモデルも製造されていた。一八七一年型以降、口径は〇・四五インチまたはこれ以下、銃身は一〇連が標準となり、口径一インチ六銃身タイプは一八六六年型だけである。

この時のガトリング砲の口径は一インチと推定するが、この砲を艦船に搭載した記録がない。後の日清戦争時に佐世保鎮守府の仮設砲台の一つに一インチ六銃身のガトリング砲一梃があったが、これがその砲の可能性が高い。

明治十三年に「磐城」（砲艦）の艦尾に一一ミリ口径一〇銃身ガトリング砲一梃の装備要求を認め、兵器庫の在庫品を装備したが、この在庫品は新規に購入したものと推定される。

新造艦で最初からガトリング砲を装備したのは、明治十九年に英国で建造完成した「浪速」と「高千穂」の二隻で、前後のファイティングトップに各二梃の一一ミリ一〇銃身のガトリング砲を装備した。ただし、これは米国製ではなく、英国のアームストロング社がライセンスを得て自社で製造した砲と思われた。

第67図　シャーのガトリング砲

1877年（明治10年）南米ペルー沖で反乱を起こしたペルー海軍装甲艦ファスカルを攻撃する英海軍のフリゲイト・シャーの檣上に装備されたガトリング砲。英安社製の1871年型、（11㎜口径10銃身）で「浪速」の装備した砲も、ほぼ同型のものと推定される

明治二十二年現在の調査では、艦船の搭載

するガトリング砲は前記二隻の他に、建造予定の「秋津洲」に「浪速」と同じく四梃の装備を記している。さらに、砲術練習艦の「浅間」に一一ミリ一〇銃身のガトリング砲一梃を搭載している。この時点で、前記「磐城」の搭載砲はすでに撤去されている。

いずれにしろ、明治十六年に現役艦船への機関砲、機関銃の装備が計画されたさいにガトリング砲は故障が多いとされ、日本海軍はノルデンフェルト一一ミリ三／五銃身式および二五ミリ四銃身式とホッチキス三七ミリ五銃身式の採用を正式に決めていた。

日清戦争開戦時にガトリング砲を装備していた日本艦船は、前記の「浪速」「高千穂」の二隻のみであった。この二隻のガトリング砲も故障が頻発して、明治二十四年には調査委員会がもたれて故障原因を追及、改善をほどこすことで使用を継続していたらしい。日清戦争開戦時のガトリング砲は、こうしたことで他に予備として兵器庫に保管されていた四梃があったのみで、結局、日本海軍はガトリング砲を正式に艦載兵器として採用することなく終わっている。

さらに、日露戦争になると、日本艦艇でガトリング砲を装備していたのは、日清戦争の戦利艦であった「鎮西」などのルンデル式砲艦四隻のみであった。もともと清国はガトリング砲のライセンスを得て自国兵器廠で国産化をはかり、自国艦艇にも相当数が搭載されていた。ガトリング砲は、米国で一九〇六年までに一三〇〇梃あまりが製造されたところで製造を止めている。

米国製造分の大半は米陸軍が購入しているが、海軍も少数だが購入している。海外でのライセンス製造はオーストリア、清国、ロシア、英国の四ヵ国にのぼっている。

いずれにしろ、マキシムなどの単銃身の機関銃が出現すると手動回転式では対抗できず、電動ガトリング砲も出現したが普及しなかった。

しかし、半世紀を経てガトリング砲は再度生まれ変わって出現する。バルカン砲の名で艦載の近接防御兵器のエースとして登場、米ジェネラル・ダイナミックス社のファランクスはＣＩＷＳの名で自衛艦の多くに装備され、近接航空機、ミサイル防御用兵器としてかかせないものになっている。

かくしてガトリング砲は一〇〇年を経て、やっと日本海軍に正式に採用されたことになる。

幻の名著『海軍造兵史』

明治元（一八六八）年には、すでに西欧海軍では木造帆走軍艦時代を脱して、鉄製・蒸気機関をそなえた軍艦が主流であった。まだ木造帆走軍艦も全廃されたわけではなく、一部には存続しており、蒸気機関装備艦でもなんらかの帆装設備を残していたのが一般的であった。

前に述べた宮古海戦は、たぶん日本海軍の歴史にあって、帆船時代の常套戦術であった接舷攻撃（当時旧幕軍の軍事顧問として同行していたフランス軍人は、これをアポルタージュと言ったという）を戦った唯一の事例と思われる。襲われた「春日」は、日本海軍でアポルタージュを体験した唯一の軍艦ということになる。

こうした帆船時代の戦術は、創設時の日本海軍には未体験のものであったが、当時日本海軍を西欧海軍風に教育したオランダ、フランス、イギリスのお雇い軍人は、当然アポルタージュを主要な伝統的戦術として伝授したのはいうまでもない。

ちなみに、先の「春日」の明治二十三（一八九〇）年度の兵器簿を見ると、小銃、拳銃などの武器のほかに、襲撃用刀四四振、襲撃用槍一〇本、襲撃用斧一五個の記載があり、この時期まだ接舷襲撃にそなえていたことがわかる。

また、各艦には必然的に明治十一年二月に廃止されるまで、海兵と呼ばれた軍人が乗り組んでいた。たとえば明治六年の「春日」の定員を見ると、総員一二五名のなかに海兵が一七名含まれている。海兵が艦船に乗り組んでいるのは、欧米では帆船時代からの伝統で、陸上戦闘いがいに接舷攻撃時には、檣頭などから敵兵の狙撃にあたるなど、多くの役割をになっていた。

もちろん、こうした戦法は搭載する砲の威力がまし、射程が伸びると可能性が薄れ、廃止されることになるが、日清戦争ごろまでは全廃されることはなかった。

南北戦争期に出現した最初の実用機関銃ガトリング砲は、こうした接舷攻撃にたいして、檣頭などの高所から相手を掃射して制圧するのに最適の武器であった。しかし、前に述べたように、日本海軍はガトリング砲の信頼性に疑問をもち、最初に選んだ艦載機関銃は別のものであった。

この日本海軍の最初の艦載機関銃の採用経緯については、戦前、艦政本部の依頼をうけて有馬成甫海軍少将（当時退役海軍大佐、海兵三三期）が昭和九～十年にまとめた『海軍造兵史』のなかの「機関銃採用始末」に詳しい。ただし、この海軍造兵史は刊行にいたらず、草稿の多くが終戦のさいに失われてしまったという。

有馬少将は戦前、退役後に国学院大学で歴史学を学ぶなど、歴史家としての才能をもち、事変公刊戦史や先の造兵史の編纂を委託されるなど、その道では著名な人物であった。氏が戦前に著した『朝鮮水軍史』は今日でもなかなか入手できない貴重本で、インターネットの古本屋でも五～六万円の高値がついているほどである。

氏の草稿の一部は、平成十二年に日本銃砲史学会の会員、山田太郎氏が自家出版された『呉海軍工廠造兵部史料集成（上）』に収録されており、貴重な草稿を公にされた山田太郎氏の労を多としたい。以後、有馬氏の草稿を参考に、日露戦争時前後までの日本海軍の艦載機関銃採用の経緯を述べてみたい。

なお、掲載した図版はすべて筆者が別途作図したもので、有馬氏の草稿には含まれていない。

ノルデン砲の全盛

装甲艦「比叡」

日本海軍が、正式に採用した最初の艦載機関銃（砲）は、明治十三（一八八〇）年に英国ヤーロー社に注文した最初の水雷艇（水雷船）第1〜4号に搭載目的で購入したノルデンフェルト式一インチ四連機銃であった。

ノルデンフェルトとは、スウェーデン人のパームクランツが発明した機関銃を改造実用化した人物といわれる。

改造者の名をとってノルデンフェルト式機関銃と呼ばれた海軍用機関銃は、英国で製造されていた。水雷艇防禦用または甲板掃射用の檣楼装備銃として著名であった。

ガトリング砲よりやや遅れて出現したが、銃身を並列に複数ならべた型で、手動で装塡・発射を連続しておこなうタイプであった。二連装の場合、一分間の発射速度三〇発、最高一一〇発と称されていた。四連装なら、この倍近くの発射速度と理解できる。

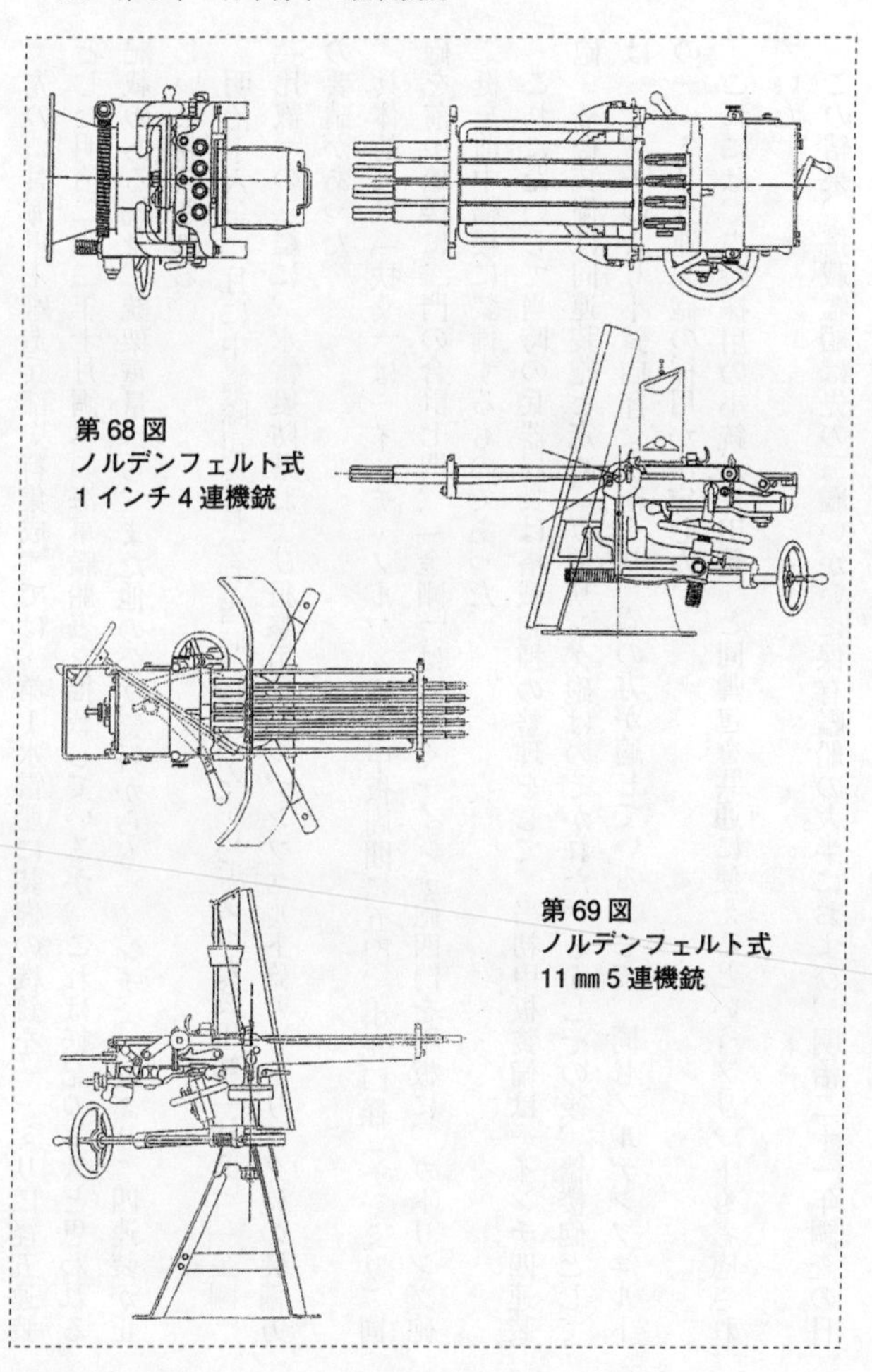

第68図
ノルデンフェルト式
1インチ4連機銃

第69図
ノルデンフェルト式
11㎜5連機銃

先の『呉海軍工廠造兵部史料集成』では、第1水雷船に装備の機銃を一一ミリ口径五連装とした明治二十二年十月調べの海軍艦船表を掲載しているが、これは転記のミスと思われる。記載のある銃身、銃架重量から、また他の公文資料からも一インチ（二五ミリ）四連装が正しいと判断される。

明治十六年二月に中艦隊司令官から当時、艦隊の中核であった装甲艦「扶桑」「金剛」「比叡」の三艦に、水雷艇防禦および狙撃用にノルデンフェルト砲とガトリング砲の装備方の要請があった。

具体的には「扶桑」は一インチ・ノルデン砲を甲板周囲に五門、小銃口径（一一ミリ）同砲を前中檣楼に二門の合計七門、「金剛」は同じく一インチ砲四門を甲板に、ガトリング砲二梃を前中檣楼に装備するものであった。

これにたいして当時の兵器局長は搭載砲種の整理をして、当初甲板装備は一インチ四連装砲、檣楼装備は同連装砲と定め、ガトリング砲はのぞかれた。しかしその後、檣楼砲としては一インチ砲より小銃口径（一一ミリ）砲の方が適しているとして、同じノルデンフェルトの一一ミリ五連装砲の採用が決定した。

これには、当時採用の小銃（村田銃）と同弾包を共通に使えるというメリットも考慮されていた。

この結果、搭載艦船は先の三艦いがいに保有艦船の大半におよび、明治二十一年調査の日本帝国海軍砲表によれば、ノルデン式砲の保有は一インチ四連装砲が一三七門、同連装砲三門、一一ミリ五連装砲一二門、同三連装砲六門におよんでいた。

砲および弾薬の購入も巨額にのぼるため、明治十八年には機銃本体と弾薬の国内製造施設の建設に着手するにいたった。

明治十八年に完成した英国建造の有力巡洋艦「浪速」と「高千穂」が、檣楼砲として一一ミリ一〇銃身ガトリング砲（安社製）を装備していたのはあくまで例外で、安社の売り込みの意図があったのかもしれない。

当時、保有艦船の多くは帆装を有しており、檣楼砲を装備するうえで、その設置場所や実際に射撃を実施するには周囲の索具がさまたげになっており、有効な射撃を実施できるかどうかは、そう簡単ではなかった。また、こうした機銃の装備は、人員の増加や弾薬庫のスペースの増加をきたした。

山内大尉名をつけた艦砲

しかし、ノルデンフェルト砲の全盛期は、そう長くはなかった。これより早く明治十四（一八八一）年にフランスのホチキス社が艦載用の三七ミリ機砲を発表、これはガトリング砲と同じ五連砲身の機関砲で、砲身長は二〇口径と短かった（ノルデン一インチ砲は四〇口径長）。

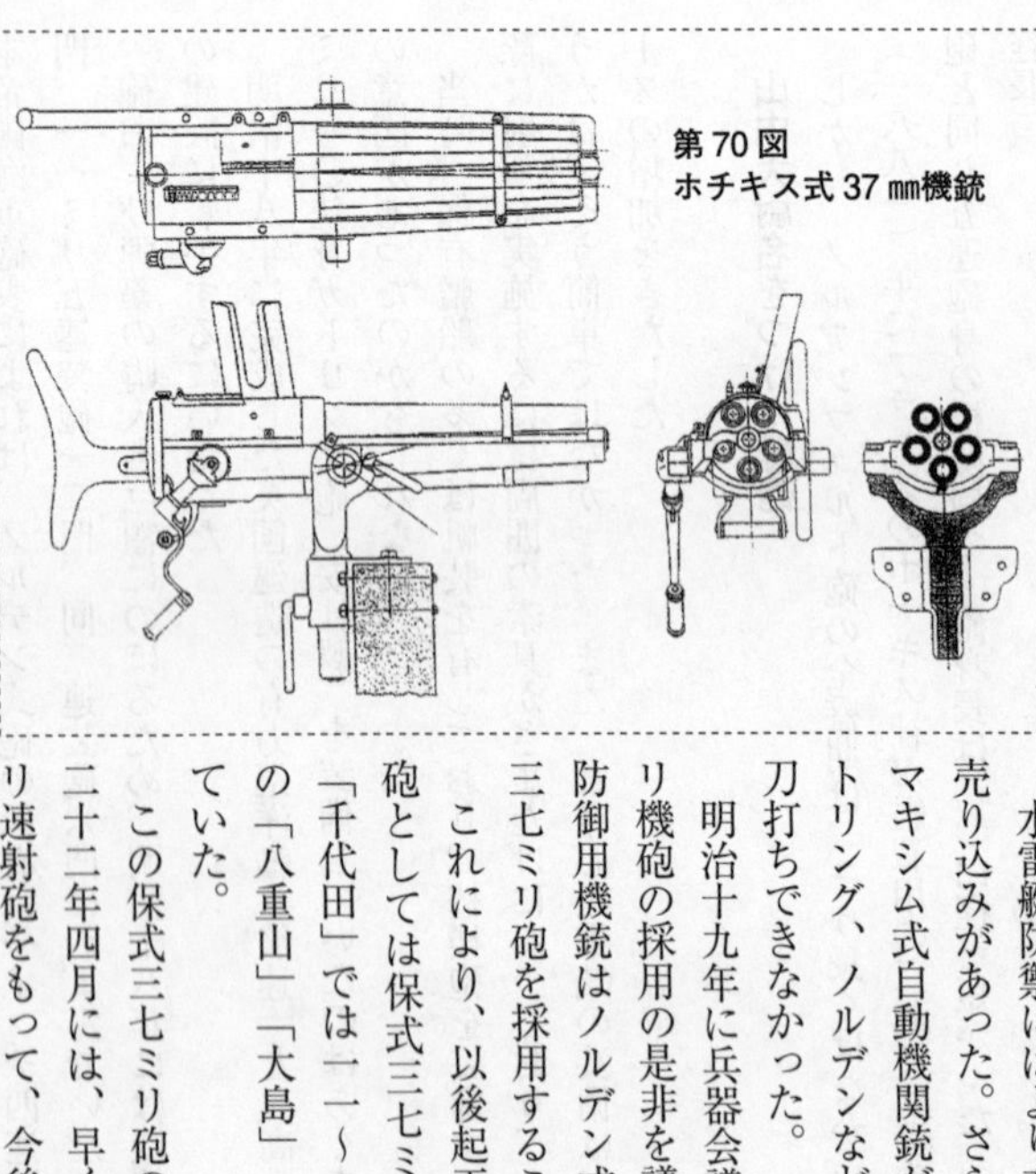

第70図
ホチキス式37㎜機銃

水雷艇防禦にはより有効な武器として、日本にも売り込みがあった。さらに、これと前後して英国でマキシム式自動機関銃が出現すると、小銃口径のガトリング、ノルデンなどの手動機関銃は、もはや太刀打ちできなかった。

明治十九年に兵器会議でホチキス（保式）三七ミリ機砲の採用の是非を議論した結果、今後、水雷艇防御用機銃はノルデン式一インチ砲に代わり、保式三七ミリ砲を採用することを決定した。

これにより、以後起工の新造艦の水雷艇防禦用機砲としては保式三七ミリ砲が装備され、三景艦と「千代田」では一一～一二門と多数が、さらに国産の「八重山」「大島」「赤城」などの諸艦が装備していた。

この保式三七ミリ砲の寿命もそう長くなく、明治二十二年四月には、早くも同じホチキス社の四七ミリ速射砲をもって、今後の水雷艇防禦の武器とすることが決定されている。

理由の主なものは、水雷艇の大型高速化により保式三七ミリ砲の威力不足と、ノルデン式や保式の手動機関砲では操作に相当の腕力を要し、非力な日本人には向かないなどの理由をあげているものの、朝令暮改の観はまぬがれない。

この時期のガトリング砲に代表される人力回転式多銃身機関銃は、いずれにしても作動上、信頼性に欠けていたのは事実である。とくに弾薬包が今日の品質管理の行き届いた製造工程とはことなる、部品寸法のバラツキや製造工程の検査不備により、多くの不良品が混在していた。そのため、発砲中の弾づまりや不発を頻発させていた。これは後の保式三七ミリ砲の場合でも同じであった。

これにくらべて、銃身を固定並列に配置したノルデン式の砲が機構も簡単であり、発砲中の作動不良事故は少なかったようである。

保式四七ミリ速射砲は、その名のとおり機関砲ではなく、垂直作動尾栓をもつ砲身長四〇口径の重砲と三〇口径長の軽砲の二種があった。砲架は構造的には退却式と無退却式の二種があり、いずれも英国の安社がたぶんライセンスを得て、改造をくわえて広く製造していた。また、口径を五七ミリとした同種砲もあった。

日本海軍は甲板装備用として四七ミリ重砲を、檣楼装備用として四七ミリ軽砲を採用、後に五七ミリ砲は水雷艇および駆逐艦の備砲として採用した。

この保式四七ミリ砲については、明治二十三年に造兵監督官として英国に派遣されていた山内満壽治大尉が、個人的発想でその改良点を着想、改造砲の試作を具申したが、許可されなかった。かわりに安社の重役に着想を披瀝したところ、その優秀性を認め、社内で試作を代行してくれた。

試作品は期待どおりの成績をあげ、これを日本に報告したところで、当局も同改良試作砲を五七ミリ砲で一門を安社に注文、明治二十五年春に船着し、同年七月の技術会議で正式採用が決定した。

山内大尉の改良点は、自動式砲身および同心退却砲架と称するもので、尾栓の開閉を半自動式とし、砲身の両側にあった駐退器を廃して、砲身をつつむかたちの同心型駐退装置をもうけたことである。

砲架の部品数を減じて重量を軽減、さらに尾栓開閉動作の半自動化により砲操作人員が四名から三名に減じることができ、発射速度も向上するという優れた改良であった。

山内大尉はこの功績で叙勲、賞金七〇〇円が下賜された。試作砲が天覧に供し、同年のシカゴ万国博覧会に出品される名誉を得た。それとともに以後、日本海軍の海軍砲で個人名を名称（尾栓名）とした制式砲として、山内砲は唯一の砲となる。

保式四七ミリ速射砲は日清戦争までに主力艦艇の大半が装備、保式三七ミリ砲は主力艦からすべて撤去して四七ミリ砲に換装された。日清戦争時に三七ミリ砲を装備していたのは

第71図　山内式47㎜速射砲

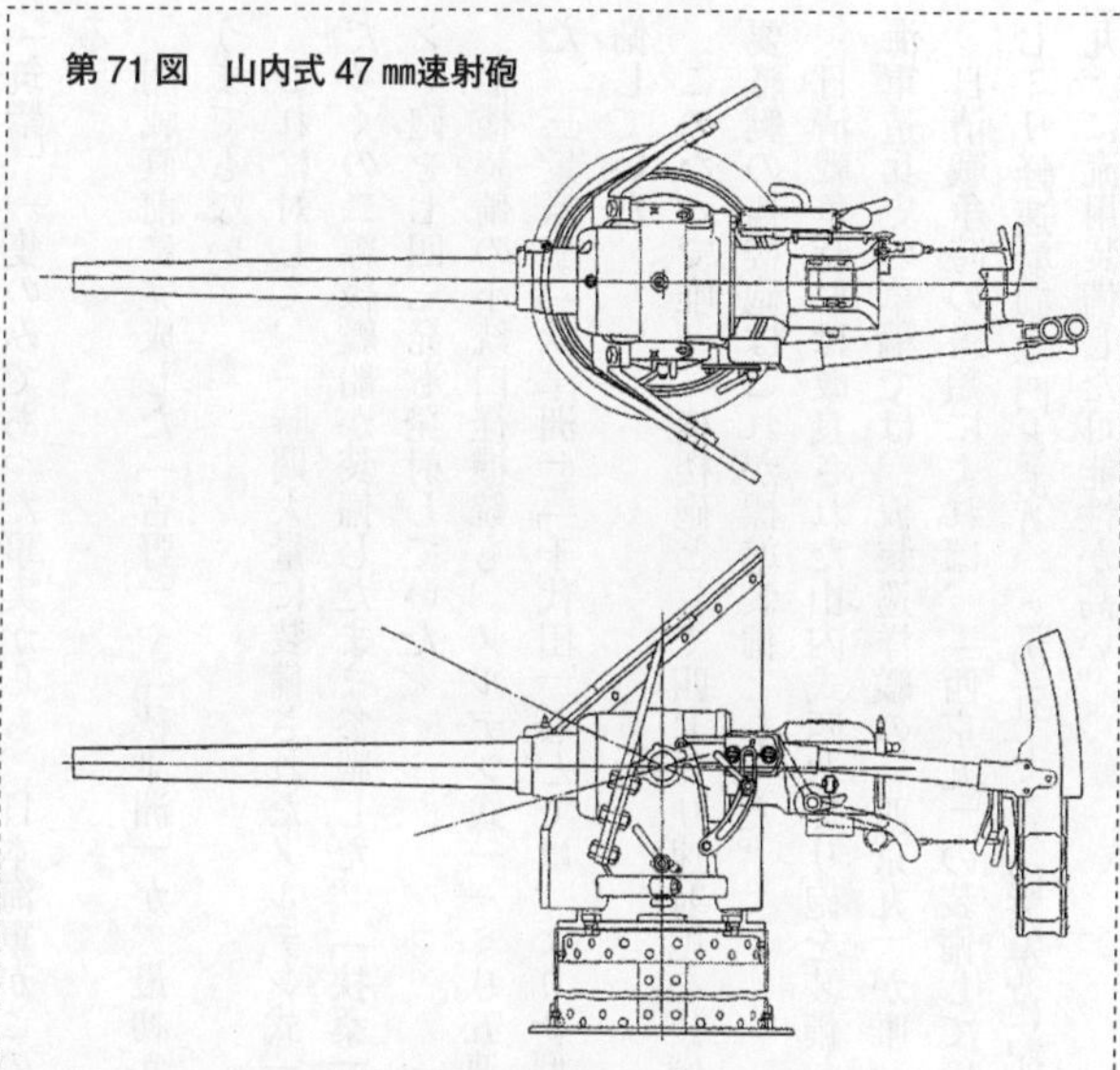

第72図　各種弾薬包（ともに保式または山内式）

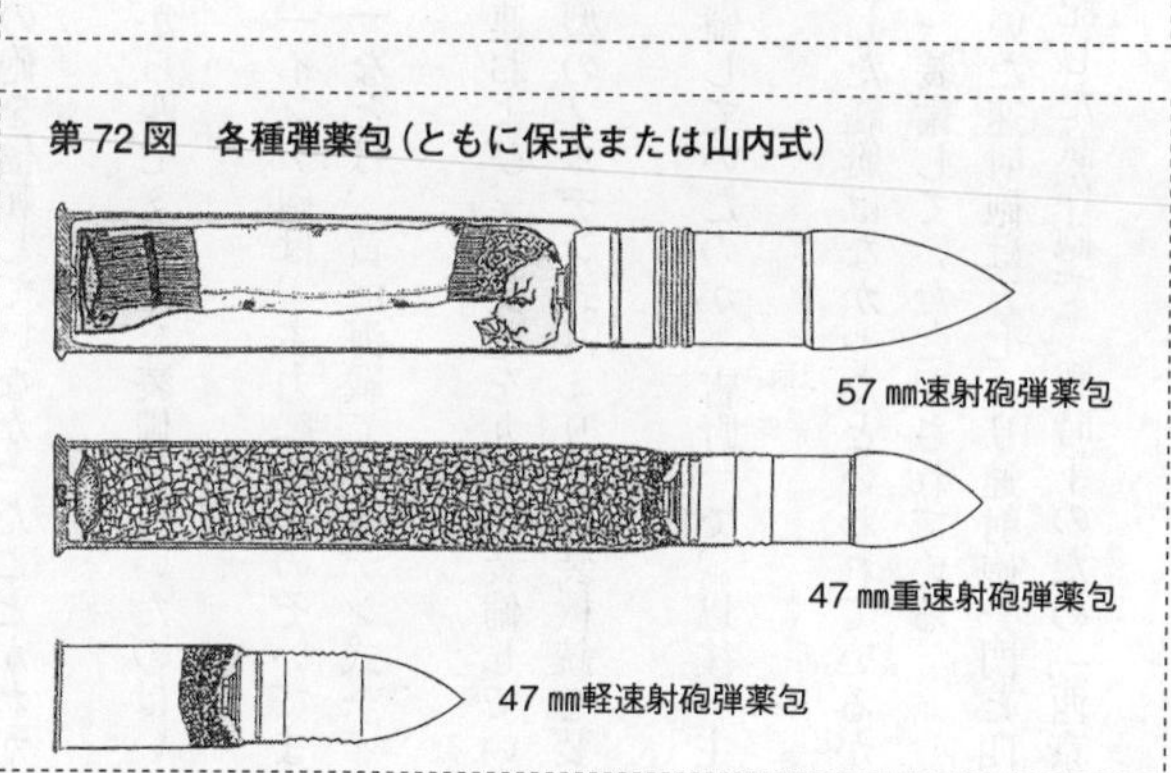

「筑紫」一隻のみであった事実からも、日本海軍がこの砲を信頼していなかったことがわかる。

開戦直前に完成した「吉野」や「秋津洲」が、最初から四七ミリ砲を装備していたのはいうまでもない。

これに対して、一時期大量に装備されたノルデン式一インチ砲は、主力艦艇をのぞいてまだ多くの二線級艦船が装備したまま参戦した。「扶桑」などは、黄海海戦でノルデン式一インチ砲を七四三発も発射していた。

檣楼装備の小銃口径機銃も、ノルデン式一一ミリ五連および三連装砲を九艦が装備していた。三景艦や「秋津洲」「千代田」などでは、より新型のノルデン式八ミリ五連装機銃を装備していた。

このなかで唯一、檣楼砲として四七ミリ速射砲を装備していたのが「吉野」で、以後、主要艦艇の檣楼砲はこれが標準装備となった。

日清戦争時には改良された山内式四七ミリ砲を装備した艦艇はなかったといわれているが、海軍造兵史の草稿では、仮装巡洋艦の「西京丸」が唯一装備していたと記されている。

日清戦争時の書類によれば、「西京丸」の装備していた速射砲は五七ミリ速射砲一門と四七ミリ軽速射砲二門とあり、この五七ミリ砲が先に記した試作砲で、戦時下のため「西京丸」に流用装備した可能性が高い。

約一〇年後の日露戦争においては、大半の艦艇から手動式機関銃は撤去されており、四七ミリ速射砲に換装していた。それも半数前後は山内式砲に替わっていた。

主要艦艇では、水雷艇防禦砲として新たに三インチ速射砲が搭載され、これは水雷艇に代わる駆逐艦の出現に対抗したものである。これに応じて、四七ミリ速射砲は相当数を減じていた。

明治三十六（一九〇三）年現在では、新たに出現したマキシム機関銃はまだ揚子江の河用砲艦二、三隻が八ミリまたは六・五ミリのマキシム機銃を装備していたのみで、主要艦艇では新造の巡洋艦「音羽」が装備していたのみである。

檣楼砲は、開戦当初は四七ミリ軽速射砲を標準としていたが、黄海海戦の戦訓から、主要艦艇の檣楼砲は被弾にさいして破片を飛散させ、人員の被害を生じるとして、日本海海戦時にはすべて撤去されており、ここに檣楼砲の歴史は完全に終わっている。

麻式機銃から毘式機銃へ

日本海軍は日露戦争で檣楼砲をほぼ全廃し、水雷艇、駆逐艦の大型、高速化にたいして防禦火力は、機関砲または五〇ミリ前後の速射砲から、より威力のある八センチ速射砲に切りかえていた。

もちろん、日本海軍では明治初年に海兵制度を廃止していらい、艦艇が外地などで治安維持などのため、乗員により陸戦隊を編成して陸上戦闘に従事することが一般化していた。艦上任務のためだけでなく、このような陸戦用の個人携帯兵器の小銃や拳銃を一定数、常時艦にそなえることが定められていた。

こうした兵器に陸戦用の機関銃がくわわるようになるには、大正期になってからである。それまでは、艦載用に装備を定められていた機関銃や小口径砲を艦載艇に装備、または揚陸して戦闘を火力支援することが一般的であった。

機関銃そのものは、初期のガトリング砲やノルデンフェルト砲のような手動式について、一八八三年に米人ヒラム・マキシムが英国で、発射の反動力を利用した最初の自動機関銃を発明している。以後、このマキシム機関銃が世界を席巻することになる。

初期のマキシム機関銃は水冷式、口径七・七ミリ、一分間に約四〇〇発の発射ができた。日本では陸軍が先に目をつけて、日清戦争時には村田銃と同口径の実包を使用できるように改造したマキシム（陸軍では馬式と呼称）機銃を、東京砲兵工廠で二〇〇梃製造して戦線に投入したという。

しかし、故障がおおく、戦後はマキシムをあきらめて、評判のよかったフランスのホチキス社が製造していたガス圧利用、空冷式のホチキス（保式）機銃に乗りかえ、ライセンスを得て国内で多数製造、日露戦争はこの保式機関銃で戦われた。

海軍が陸戦目的でマキシム（海軍では麻式と呼称）を導入したのは、明治三十五（一九〇

「日進」に搭載された麻式6・5ミリ機銃

二）年前後のことで、口径八ミリの麻式機銃を揚子江に駐在する河用砲艦「宇治」に三梃を装備した。さらに、実包を小銃口径に合わせた六・五ミリ麻式機銃を、巡洋艦「音羽」に二梃装備している。

これらはいずれも輸入購入したものらしく、日露開戦時に麻式機銃を装備していたのは、上記二艦だけであった。

ただ、横須賀工廠には六・五ミリ口径機銃一〇梃の在庫があり、開戦直後に到着した「日進」「春日」が搭載してきた八ミリ口径のマキシム機銃二梃は、横須賀工廠在庫の六・五ミリ口径銃に換装されている。

この両艦は、前後の主砲塔上にこれを装備していた。さらに明治三十八年三月、日本海海戦前にヴィッカーズ社に同機銃三〇梃を発注していた。

一八九七年にマキシムのマキシム・ノルデンフェルト銃器会社はヴィッカーズ社に買収され、一時期、ヴィッカーズ・サンズ＆マキシム会社と呼ばれていたが、後にこのマキシム機銃を小改良したヴィッカーズ機銃（毘式）に引き継がれている。横須賀工廠の麻式機銃は当時、英国に発注していた河用砲艦「隅田」「伏見」に各四梃搭載予定のものであったという。

この時期、河用砲艦がこの麻式機銃を優先装備したのは、もちろん揚子江警備上、暴徒の襲撃や陸上戦闘にそなえたものである。

朱式は最新鋭艦に

日露戦争後、軍艦装備の機関銃はこの六・五ミリ麻式機銃が標準装備となり、四七ミリ速射砲に置きかわって戦艦三梃、大型巡洋艦二梃、中小巡洋艦二～一梃程度が大正期を通じて装備された。

もちろん例外的に、揚子江警備の河用砲艦では本銃三～四梃のほかに、陸用機銃一梃が装備されていた。これは陸軍の制式機銃である三八式機銃か三年式機銃と推定される。

この間、明治四十四（一九一一）年に海軍ではめずらしく新機銃の採用をはかっている。欧州オーストリアのオーストリッレェ・ワッフルファブリック社のシュワルツローゼ機銃二〇梃（銃架、三脚架、付属品および予備品込み）を、販売代理店ボーレル兄弟社の日本支社と購入契約をおこなっている。納入期限は明治四十五年八月末で、価格は一梃あたり二八〇三円八〇銭とされていた。

シュワルツローゼ（朱式）機銃

ただし、納期はかなり遅れたらしく、大正三年二月に現地での領収発射試験用に、機銃実包三万六〇〇〇発をオーストリアに輸出するための火薬類輸出許可願が書面で残されている。

これはシュワルツローゼ機銃の実口径が八ミリであったのを、日本陸軍の六・五ミリ径に修正して納品させたもので、新造そうそうの「金剛」型巡洋戦艦と「扶桑」型に各三梃ずつが装備された。

このシュワルツローゼ（朱式）機銃は遊底圧利用水冷式で毎分四〇〇発と、表面的な性能およびサイズは麻式と大差ないが、なぜ最新鋭の巡洋戦艦と戦艦だけに装備したのか、その理由は明らかではない。ちなみに、朱式機銃に陸軍はまったく関与していない。

大正中期以降、八八艦隊の新艦艇には新しい機銃が装備されることになった。これは陸軍の制式機銃の三年式機銃で、戦艦では「伊勢」型、巡洋

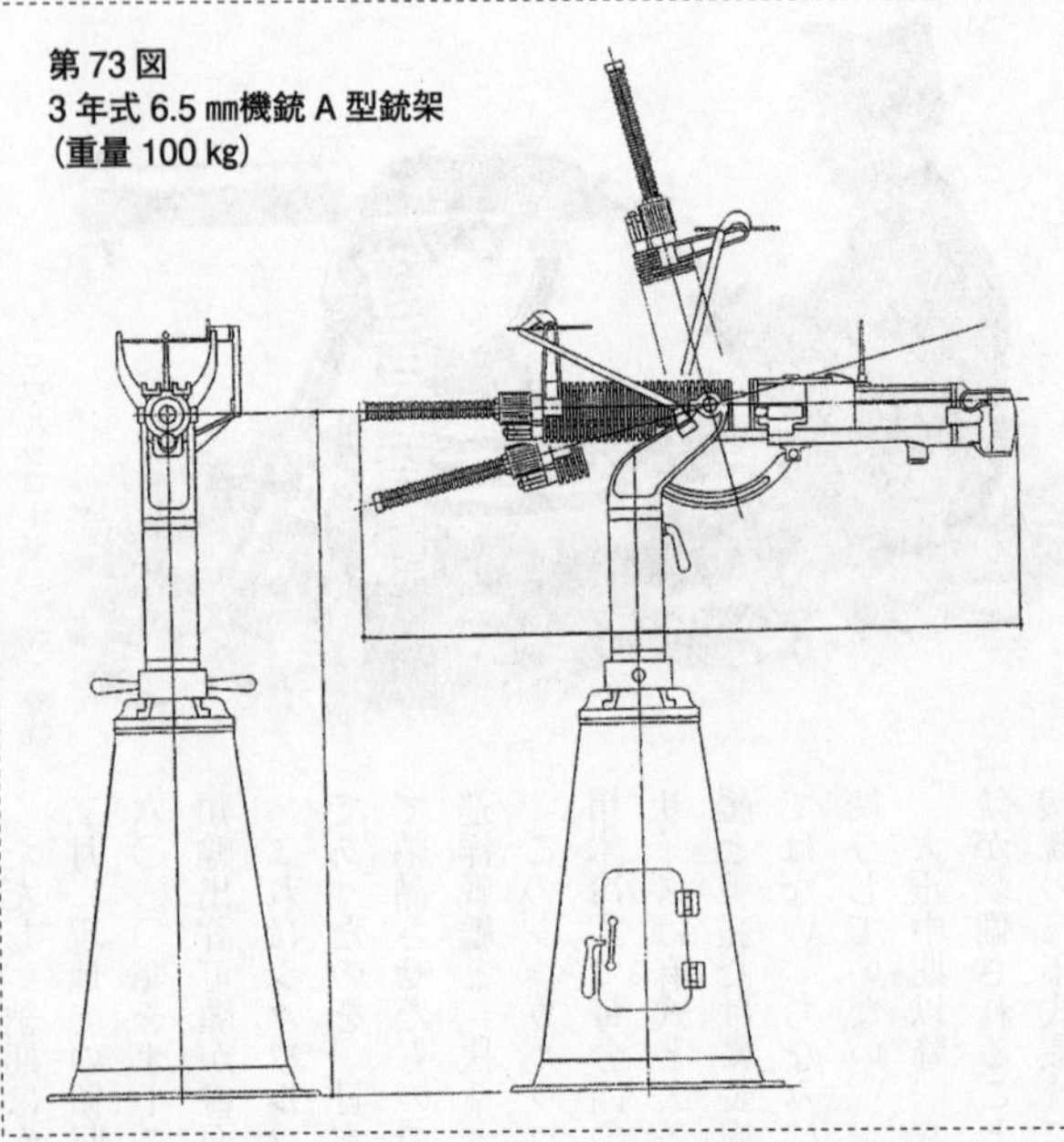

第73図
3年式6.5㎜機銃A型銃架
（重量100 kg）

艦では「龍田」型、五五〇〇トン型から三梃および二梃の装備が開始された。

陸軍の機銃は、日露戦争後に最初の国産機銃である三八式機銃を制式化したが、これは保式のほぼコピーにすぎなかった。大正三年にこれを改良して、最初の純日本式機銃といえる三年式機銃が完成、大正七（一九一八）年に制式化された。口径は小銃実包とおなじ六・五ミリ、空冷式ガス圧利用の毎分四〇〇発と発射速度は大差なかった。

陸軍では大正十二年に三年式機銃の高射化をはかり、銃架を改造して対空射撃用にもちいた。しかし、海軍の採用した大正中期頃は、まだ機銃の対空射撃までは考慮しておらず、八センチ高角砲の装備がはじまったばかりであった。

第一次世界大戦では、潜水艦と航空機という新しい海軍兵器が出現した。とくに戦後、性能的に急速に実力をたかめつつあった航空機は、海軍艦艇にとって新しい脅威となり、これにたいする兵器、装備の開発、実用化は、列強各国にとって大きな課題であった。

大正末期、はじめて航空機に対処した対空機銃としてルイス式機銃が採用される。ルイス式機銃は、米人のルイス大佐が発明した、非常に特徴ある機関銃であった。

口径七・七ミリ、空冷式だが、銃身にアルミ放熱板を縦に放射線状にもうけ、これを包むかたちの銅板製筒が銃身先端より先に延びていた。発射にさいして、発射されたガスが銃身先端部に真空部をつくり、銃身周囲の空気を吸い出すことで冷却をおこなう方式である。また、弾倉も回転円盤式という独自の形態と機構を有しており、四七発を収容できる。

この機銃の特色は非常に軽量であることで、第一次大戦中は航空機搭載用に多用され、ライセンスを得た英国のBSA社などで製造されていた。

日本海軍では口径七・七ミリのまま銃本体を英国から購入して、銃架や銃座を国産化するかたちで艦艇への搭載をはじめている。大正末期に「夕張」に一梃が装備されたのが最初で、昭和三年三月現在では、他に空母の「加賀」に二梃、河用砲艦の「勢多」が六梃を装備していた。

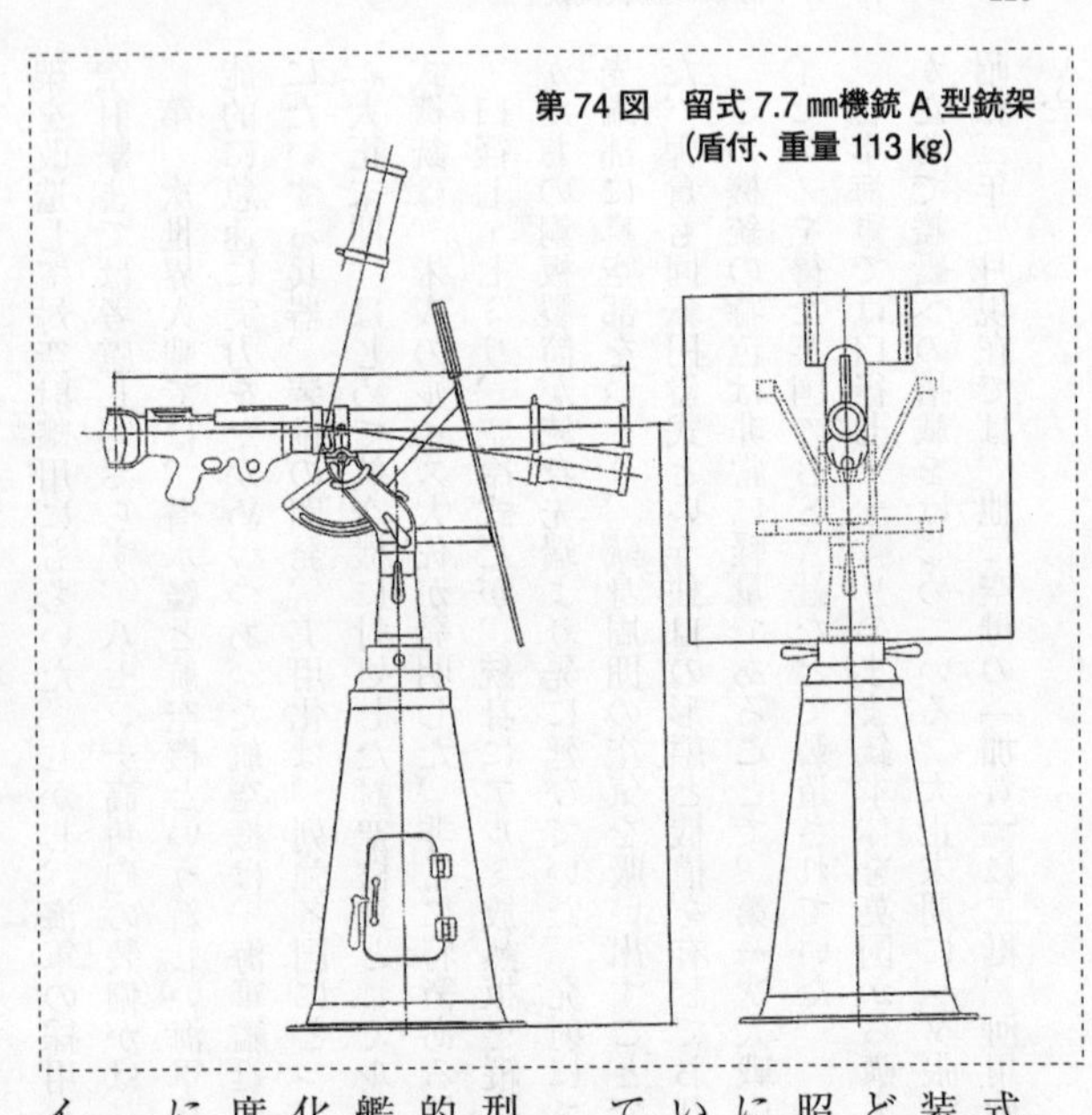

第74図　留式7.7㎜機銃A型銃架
（盾付、重量113 kg）

日本海軍ではこの機銃を「留式」と呼称した。A型が円錐銃座装備型で戦艦、巡洋艦、駆逐艦などの艦艇に二～三梃が装備され、昭和六（一九三一）年くらいまでに朱式機銃や麻式機銃にかわっている。ただ、三年式機銃が残されている艦も少なくなかった。

B型は簡易型ポール型銃座、C型は舷側やブルワークなどに簡易的に取りつける銃架構造で、潜水艦専用であった。この機銃を国産化したのが九二式機銃で、制式年度そのままならば昭和七年の採用になる。

陸軍では、すでに大正前期にルイス式機銃の国産化をはかり、試作を終えていたが、前述のように初期には航空機搭載用機銃の用途がおおく、艦載用はかなり遅れていた。戦艦、巡洋艦などでは、この留式機銃は艦橋周囲に装備して、機銃掃射のため来襲する戦闘機などの防御目的を意図していた。

ただし、この九二式機銃の国産化は、昭和九年に横須賀工廠に艦載機銃専門工場が開設、それまで主に英国毘式機銃の国産化を担当していた呉工廠の機銃工場を横須賀に統合した後のことらしい。後の大戦中に留式機銃の代替用として装備されたが、すでに対空機銃の主力はホチキス式機銃に取ってかわられていたため、その装備は一部にとどめられた。

なお、海軍ではこの時期、陸軍の九二式重機関銃も陸戦用に採用しており、これも七・七ミリ口径で艦内装備の定数が定められていたから、混同してはならない。

新たな経空脅威への対応

昭和期にはいって、最初の麻式機銃は前述のように新しい機銃に代わっていったが、英ヴィッカーズ社の関係はつづいていた。毘式機銃は昭和期にはいっても、七・七ミリ機銃と一二・七ミリ機銃の導入があり、これらは留式機銃と同様に、銃本体を輸入、銃架や銃座を国産化して艦載化を実施した。

毘式七・七ミリ機銃は、麻式機銃をヴィッカーズ社で小改造をくわえた水冷式機銃で、円錐銃座と三脚銃架がある。航空機用機銃の改造品もおおく、小艇への装備にとどまって、艦

日中戦争中、日本艦艇に装備された毘式7・7ミリ機銃（手前）と三年式6・5ミリ機銃（上部）

艇への装備はなかった。

おなじ一二・七ミリ機銃には水冷式と空冷式があり、艦艇への装備は水冷2型（円錐型銃座二座）が掃海艇の一部（5～6号）と敷設艇「燕」が各一艇、同（隠顕式銃座）は潜水艦の一部が装備していた。水冷4型（円錐型銃座）は特型駆逐艦の後期六艦、掃海艇の一部、敷設艦「八重山」などが一～二梃を装備、例外的に水上機母艦「神威」は六梃を装備していた。

したがって、毘式空冷式一二・七ミリ機銃の艦艇装備はなかった。

この時期、航空機の威力増加に応じて、機銃口径の増加も課題のひとつであった。日本海軍では、ヴィッカーズ社が第一次大戦中に開発した二ポンド機関砲を選択した。水冷式ベルト給弾式のこの大口径機関砲は、口径四〇ミリ、射程六〇〇〇メートル、発射

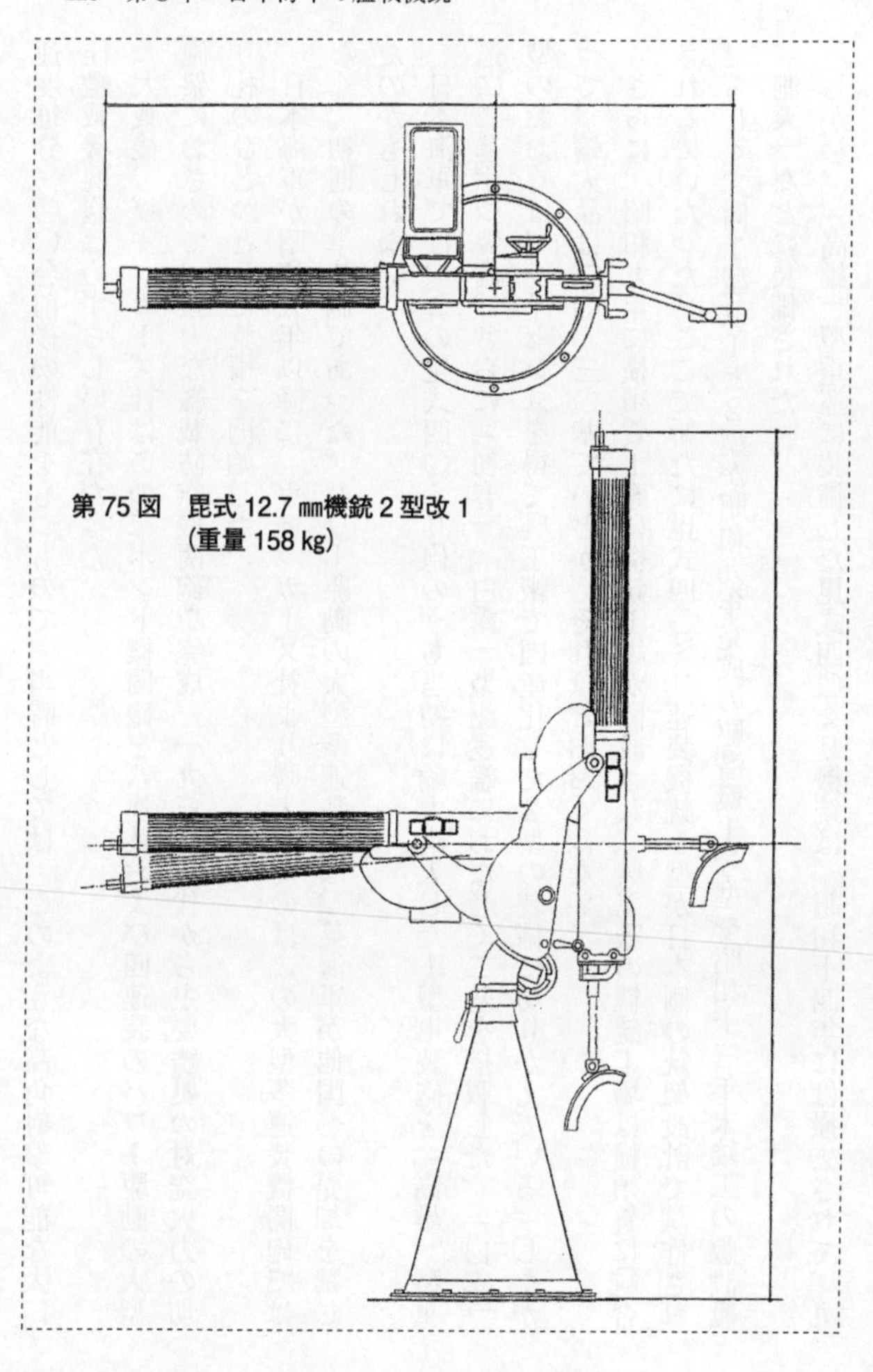

第75図　毘式12.7㎜機銃２型改１
（重量158 kg）

速度毎分一〇〇発前後の性能をもつもので、当時としては、このような高角射撃可能な大口径艦載機関砲はめずらしい存在だった。

大戦後、ヴィッカーズ社はこの二ポンド機関砲を八連装および四連装のパワー駆動の大型砲架におさめて、強力な艦載防空機関砲を完成、一九三〇年代から主要艦艇の対空火力の切り札のひとつとして装備を開始した。

日本海軍が昭和五年以降に、ヴィッカーズ社より購入したのはこの大型多連装機関砲ではなく、初期の単装砲であった。パワー駆動の大型多連装砲は、英海軍が他国への売却を禁じたのかもしれない。

日本海軍では、この毘式四〇ミリ砲のうち当初に輸入購入した1型単装砲を「高雄」型重巡に二基ずつ装備、さらに「初春」「白露」型駆逐艦におなじく二基を搭載した。「白露」型のおおくは、ライセンスを得て呉工廠で国産化した2型の装備に切りかえている。したがって、輸入品は二〇〜三〇基ていどか、それほどおおくはない。

さらに、昭和九年に横須賀工廠に機銃工場が開設され、呉工廠の機銃工場は横須賀に統合されるにいたった。ここで新たに毘式四〇ミリ連装機銃1型が日本側の銃架設計で試作されたらしく、同1型改1と2型が昭和九年完成の駆潜艇1号型や昭和十三年末竣工の敷設艇「測天」などに装備された。

しかし、「高雄」型重巡に装備した毘式四〇ミリ機銃は、昭和十四年には撤去されて、九

第76図　毘式40㎜機銃（2連装1型）

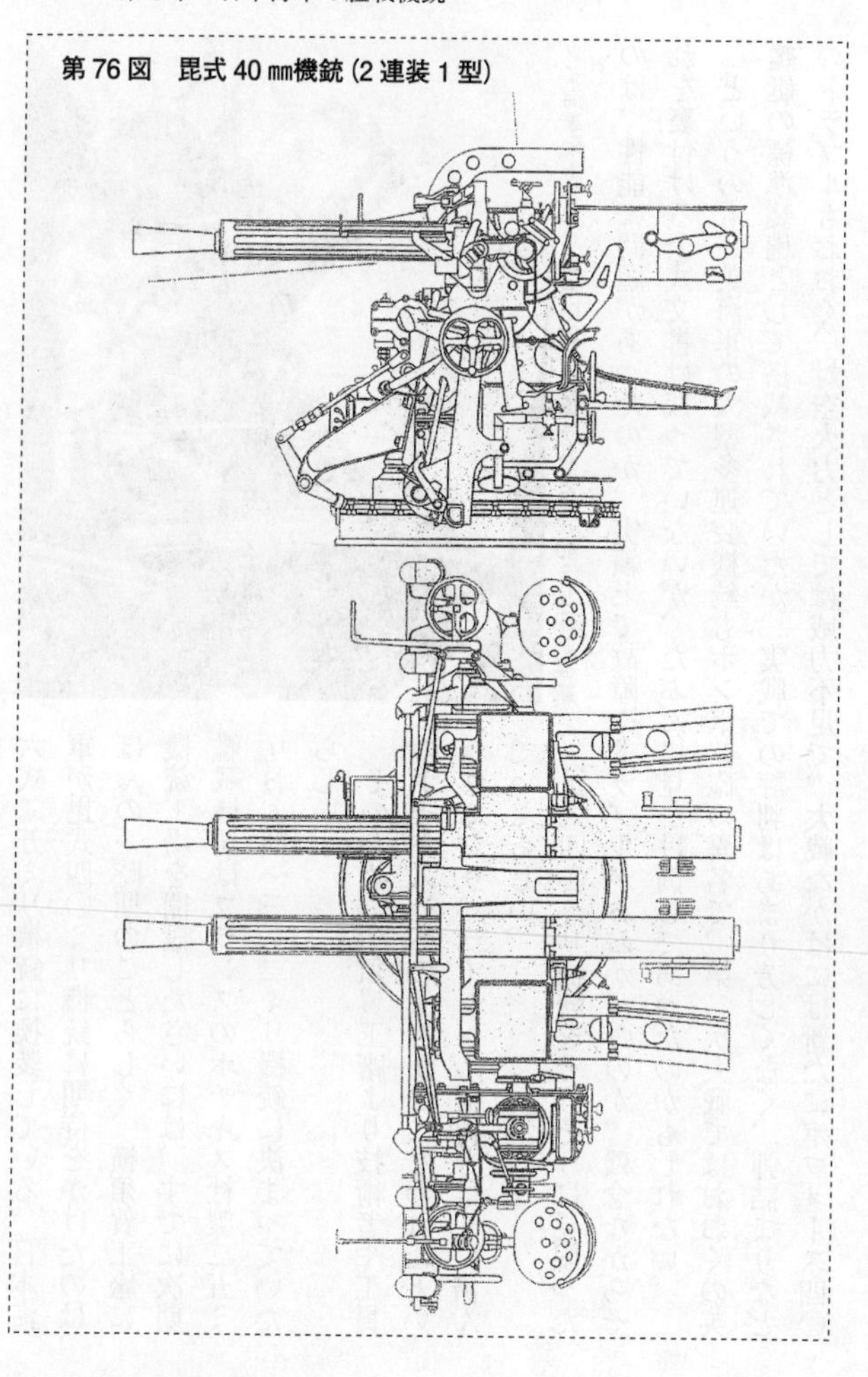

タイ海軍のトンブリ級海防艦に装備された毘式40ミリ連装機銃

六式二五ミリ機銃に換装している。日本海軍が毘式四〇ミリ機銃に期待をかけたのは、ほんの一時期のことらしく、横須賀工廠に機銃工場を開設したさいには、すでに次期艦載機銃はフランスのホチキス社製二五ミリおよび一三・二ミリ機銃に決まっていたらしい。

そのため、横須賀工廠より技術者や工員のホチキス社への派遣がおこなわれたといわれており、ライセンス契約も早くに済んでいたらしい。

毘式四〇ミリ機銃をそうそうに見限ったのは、性能に問題があったのか、実績上で故障やトラブルがおおかったのか、残念ながらそれを裏付ける公式文書は残っていないが、たぶんに見かけ倒しであったのかもしれない。

というのも、英海軍の大型多連装機銃もポンポン砲の異名で、第二次大戦ではおおくの英艦艇の標準装備として搭載されていたが、実戦での評判はあまり芳しくなく、弾詰まりなどのトラブルもおおく、対空火力としては威力不足で、大戦なかばには新たにボフォース四〇ミリ機銃に乗りかえていた。

そんなことで、せっかく新設計した毘式四〇ミリ連装機銃も、日本海軍では主要艦艇へ搭載することなく、昭和十三年にタイ海軍向けに建造引き渡した海防艦「トンブリ」に装備するなどは、日本海軍がこれを有力兵器とは考えていなかった証拠であろう。

主力となった二五ミリ機銃

昭和十（一九三五）年は日本海軍の艦載機関銃にとって、一つの大きな転機になったことは、あまり知られていない。

すなわち、これまで日本海軍の艦載機銃の主力を占めていたイギリス毘（ヴィッカーズ）社製機銃の四〇ミリ、一二・七ミリ口径銃を、フランスのホチキス社製二五ミリ、一三・二ミリ口径機銃に切り換える政策を実行にうつした年であった。

厳密にいえば、ホチキス社と二五ミリ艦載機銃の開発、ライセンス契約を結び、以後、太平洋戦争の全期間中、日本海軍の艦載対空機銃の主力をなした二五ミリ機銃誕生の発端となったのが、この時期ということができる。

もっとも、記録のうえでは九四式二五ミリ連装機銃というのが存在する。これは横須賀海軍工廠で試作されたというから、この設計にホチキス社が関与しなかったわけはなく、ホチキス社提案の設計を日本側で事前に試作したと見るべきであろう。

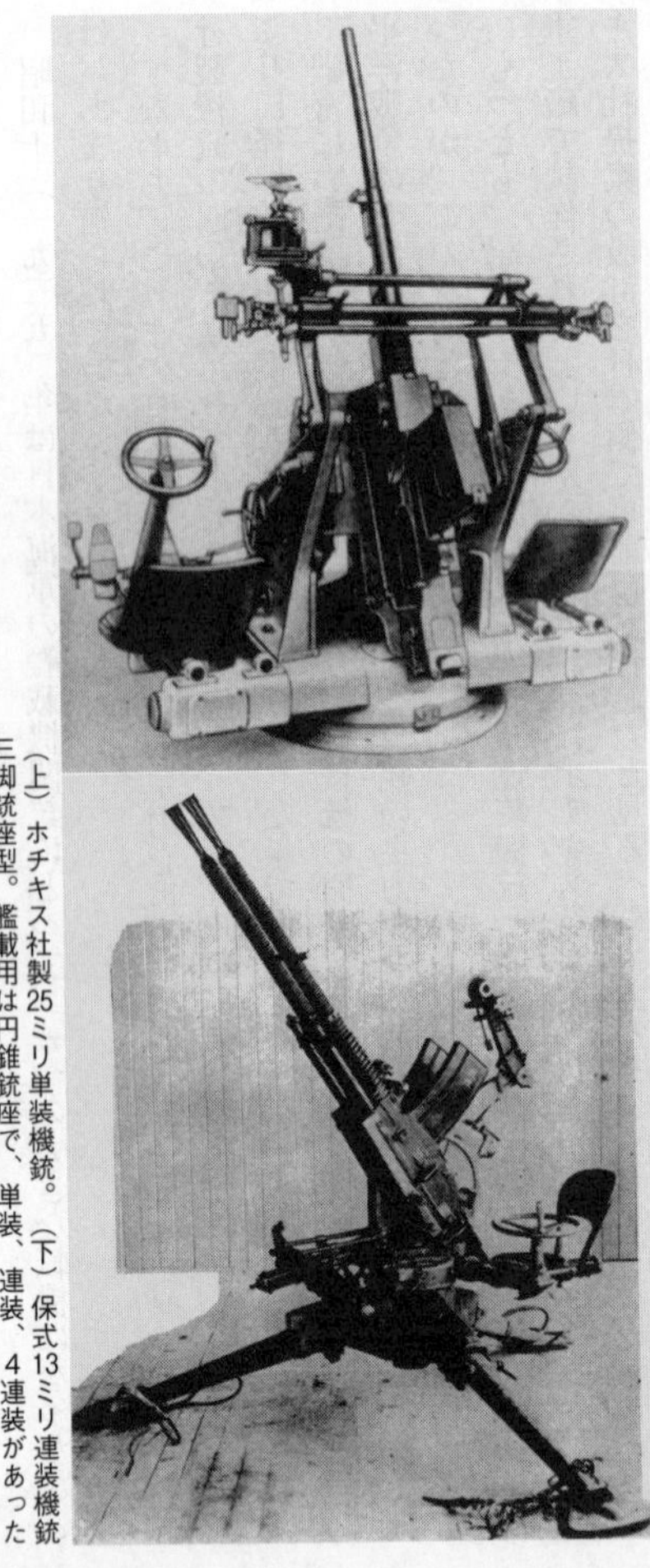
(上) ホチキス社製25ミリ単装機銃。(下) 保式13ミリ連装機銃三脚銃座型。艦載用は円錐銃座で、単装、連装、4連装があった

この他に保（ホチキス）式二五ミリ機銃連装1型、2型というものがあり、ホチキス社の試作品とされている。この二つは弾丸重量が違うだけで、1型は呉工廠、2型は横須賀工廠で、それぞれ吟味されたらしい。

これは前記九四式二五ミリ機銃の前に日本に届いたらしく、これから見ると、すでに昭和八、九年ころからホチキス社とのコンタクトがあったものらしい。

第77図　保式25㎜連装機銃1型（ホチキス社製）

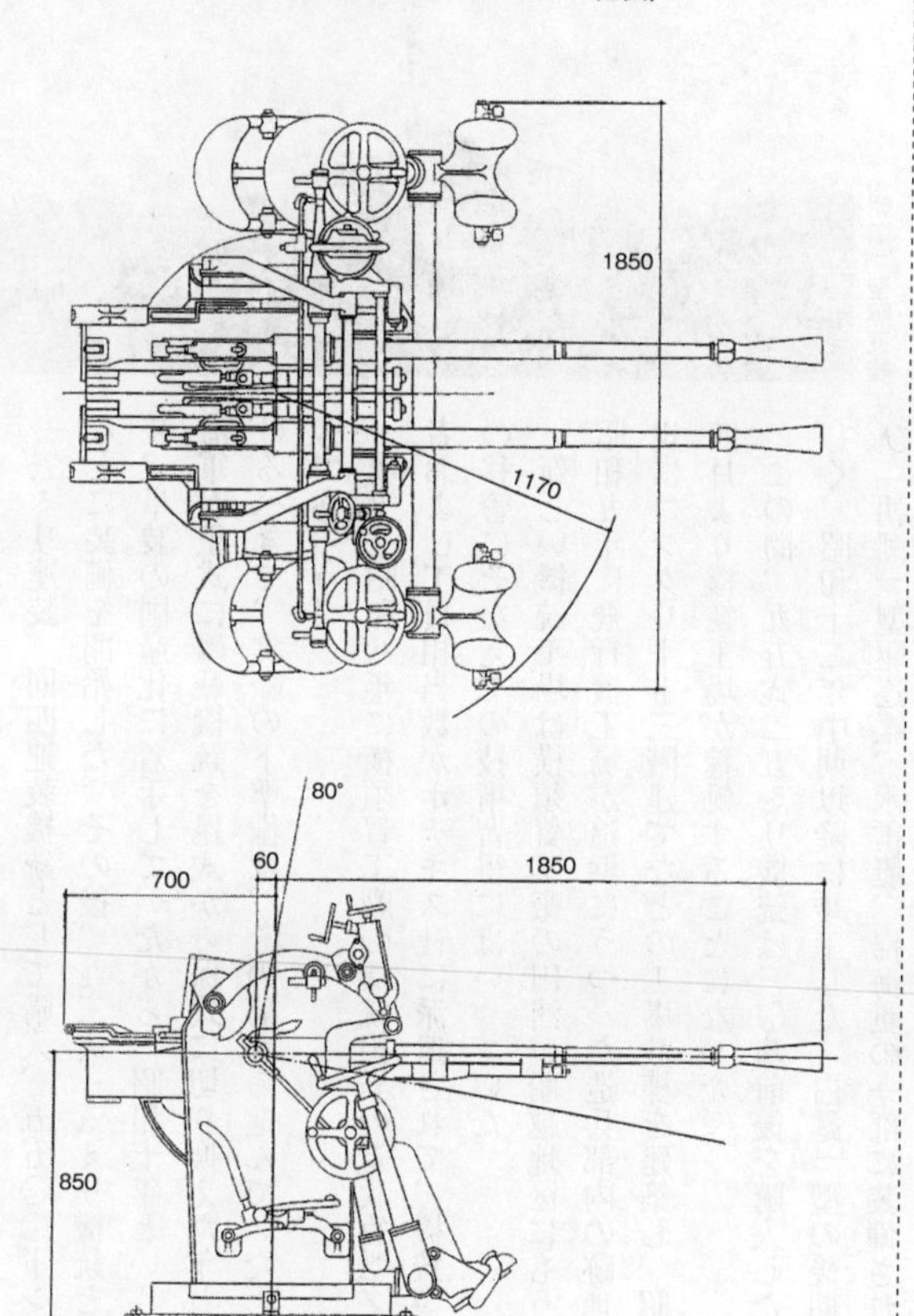

「朝潮」型駆逐艦

一三・二ミリ機銃については、すでに昭和六年ころから保式一三ミリ連装、同四連装機銃として購入、五五〇〇トン型軽巡などに装備を開始した。その後、九三式一三ミリ機銃として連装、単装の国産化に着手していたから、昭和十年というのは、海軍が正式に艦載機銃を毘式から保式に切り換えた年と位置付けるべきで、実際の下準備は、その前から進んでいたと見るべきであろう。

事実、昭和八年に横須賀工廠の機銃担当の造兵官数名と技術者および工員相当数がホチキス社に派遣されて、機銃製造技術の移管にそなえての技術習得にはいっていた。

新しい機銃工場は横須賀工廠の田浦、船越地区にもうけられ、昭和九年に飛行機工場が追浜にうつった造兵部内の跡地に、新規にコンクリート三階建てなどの工場数棟を建築し、昭和十年四月より機銃工場が稼働することになった。

この間、九五式二五ミリ機銃は三〇基前後を購入したものらしく、昭和十二年中期以降に竣工した「白露」型の後期艦および「朝潮」型駆逐艦、水雷艇、掃海艇の一部に装備された。

第78図　96式25㎜連装機銃2型

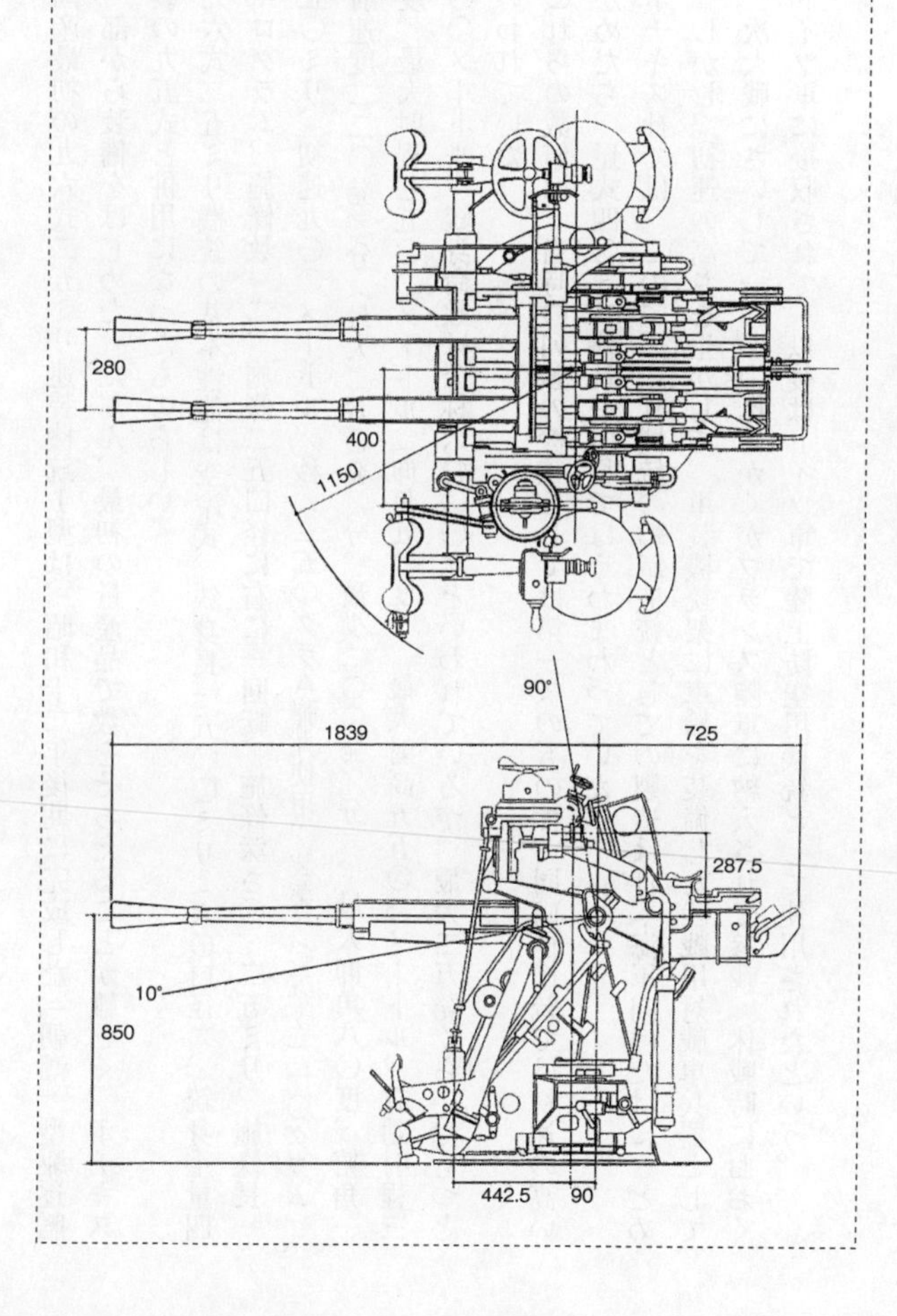

国産最初の九六式二五ミリ連装機銃1型は、昭和十二年後期に完成した「朝潮」型駆逐艦の一部から装備をはじめた。たぶん、最初の量産品で数をそろえることが難しく、ホチキス社製の九五式と併用になったものらしい。

九六式二五ミリ機銃の基本性能は空冷式、銃身長一五〇〇ミリ（六〇口径）、銃身重量四三キログラム、施條数一二、施條二五口径に右に一回転、施條深さ〇・二五ミリ、施條長一三五〇ミリ、初速九〇〇メートル／秒（二五〇グラム弾丸使用、装薬一〇五～一一〇グラム）、発射速度二二〇発／分（最大二六〇発／分、最少二〇〇発／分）、最大仰角八〇度、俯角一〇度、最大射程七五〇〇メートル（仰角五〇度）、最大射高五五〇〇メートル、有効射程三〇〇〇メートル、銃身命数は公称六〇〇〇発といわれているが、最大二万発くらいはもっともいわれていた。

これらの数値は、当時の列強の機銃としては第一級のもので、同口径機銃では初速の高いのがめだち、毘式四〇ミリ機銃を射程ではうわまわっていた。

ホチキス社では、この二五ミリ機銃の艦載機銃としての製造は日本海軍向けだけにとどめた。しかし、初速の高さを生かして、単装機銃架に車輪を装備した陸戦用対戦車兵器として、第二次大戦にさいして一〇〇〇梃ちかくがフランス陸軍に納入されて参戦、休戦時におおくがドイツ軍に接収されて、以後はドイツ軍で陸上防空用機銃として使用されたという。

期待の機銃射撃装置登場

日本海軍では、横須賀工廠の機銃工場が量産化に成功して、昭和十二年以降は戦艦、重巡の改装期にあわせて、機銃兵装の刷新が実施された。

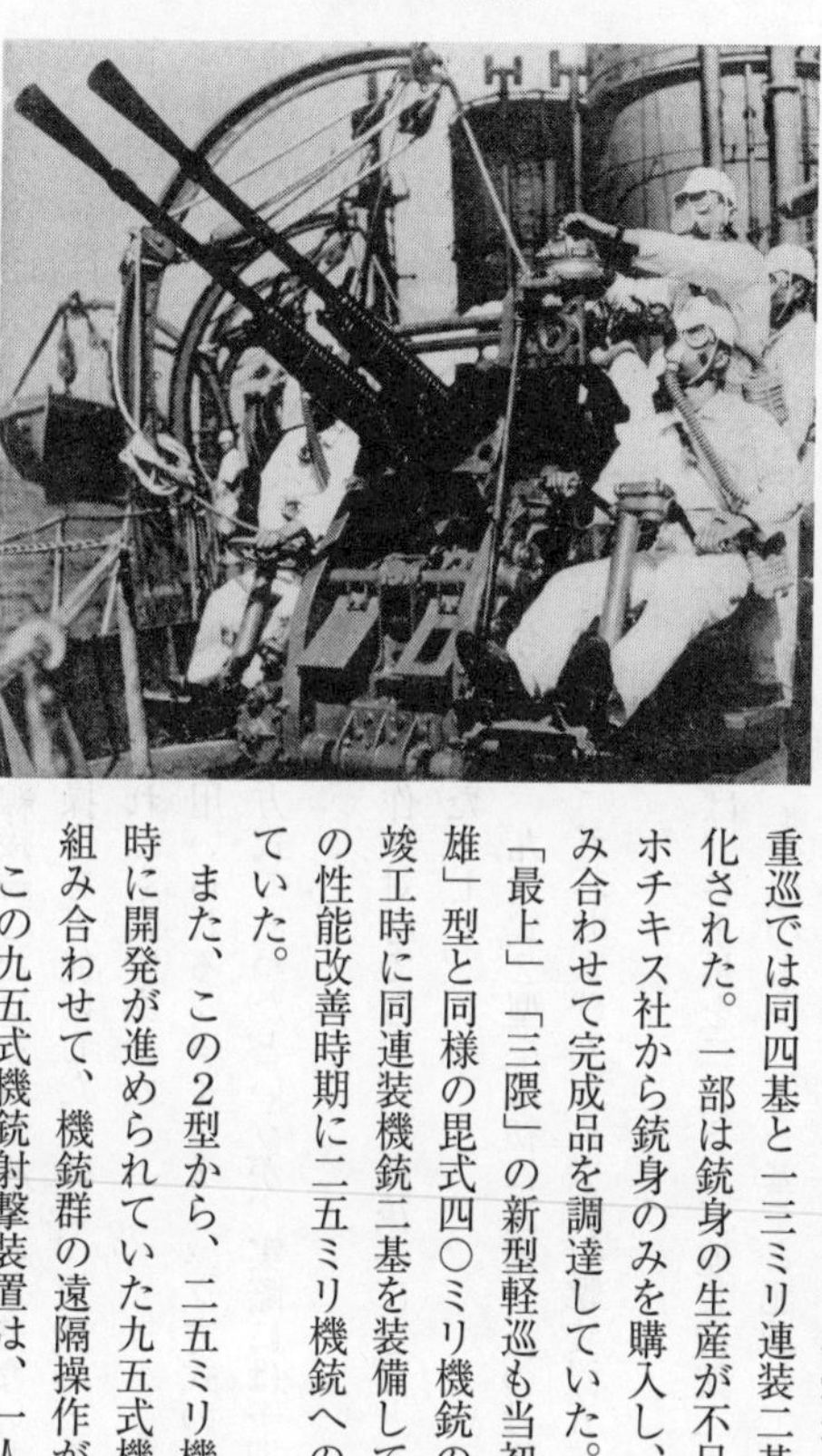

5500トン軽巡に装備された九六式25ミリ連装機銃

戦艦では九六式二五ミリ機銃連装2型一〇基、重巡では同四基と一三ミリ連装二基の装備が標準化された。一部は銃身の生産が不足したらしく、ホチキス社から銃身のみを購入し、国産銃架と組み合わせて完成品を調達していた。

「最上」「三隈」の新型軽巡も当初、前型の「高雄」型と同様の毘式四〇ミリ機銃の採用を決めて、竣工時に同連装機銃二基を装備していたが、のちの性能改善時期に二五ミリ機銃への換装を実施していた。

また、この2型から、二五ミリ機銃の採用と同時に開発が進められていた九五式機銃射撃装置と組み合わせて、機銃群の遠隔操作が可能となった。

この九五式機銃射撃装置は、一人の照準射手が照準鏡を目標に合わせて追尾すれば、配線接続したはなれた場所の二基ないし四基の機銃群が、同一の目標に銃身を指向させる遠隔操作を可能にしたもので、複数のセルシン・モーターなどによる電力駆動装置により開発されたものであった。

射撃装置は今日、ゲーム機などでよく用いられるジョイスティック方式の一本のレバーを、前後左右に動かすことで目標を追尾する方式であったというが、実際には予期したほどの効果は見られなかった。

結局は、目標の高速化に有効な追尾動作が対応できず、大戦後半になると、大半の機銃は単独で射撃を実施することが普通であったらしい。

昭和十四年以降は三連装機銃も完成し、九六式2型を最初に装備したのは横須賀で建造した空母「飛龍」で、同七基と連装（2型）五基および九五式機銃射撃装置五基を装備していた。

ちなみに、「飛龍」砲熕兵装図によれば、各重量を二五ミリ三連装機銃二・二〇〇トン、同連装機銃二・〇二六トン、射撃装置一・〇〇〇トン（各一基）と記載している。参考までに記せば、四〇口径八九式一二・七センチ連装高角砲は二四・〇〇〇トン、九四式高射装置は七・〇〇〇トンということになる。

なお、各機銃の給弾は一五発入り弾倉を手動で装塡するもので、一銃身当たり一名の給弾手と一名の装塡手の二名が従事、三連装では合計六名が必要になる。

第79図　95式機銃射撃装置

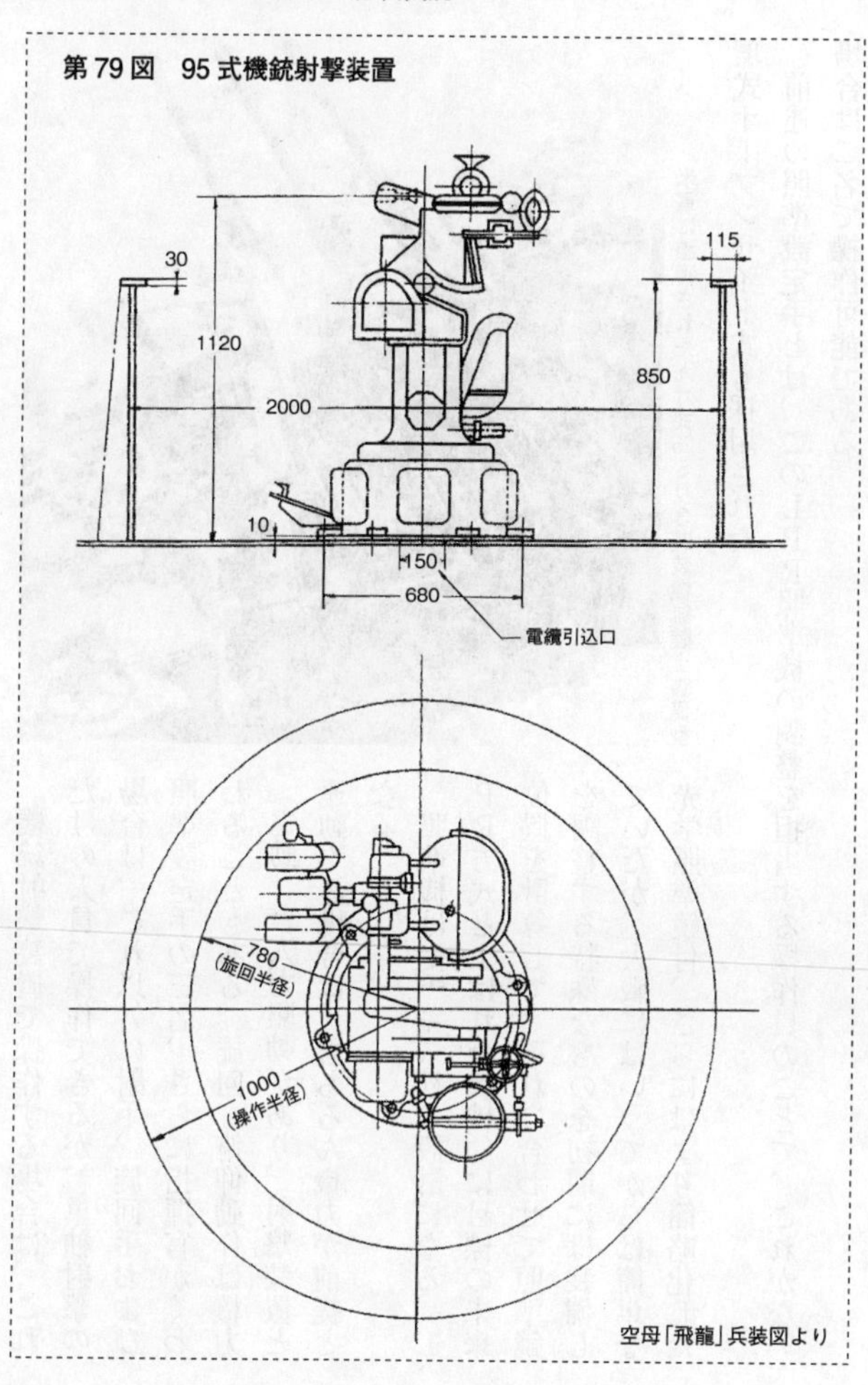

空母「飛龍」兵装図より

米軍に鹵獲された九六式25ミリ3連装機銃陸上装備型

機銃射撃装置で操作する場合は、これだけの人員で操作できるが、単独射撃の場合は、これ以外に射手、旋回手および照準設定手の三名、さらに指揮官がくわわることもある。旋回、俯仰動作は機力（電動）と人力駆動があり、射撃装置と連動する場合は、もちろん機力が前提となる。

照準機はホチキス社の設計になる、LPR方式とよばれた機械的に目標の未来位置を計算して、それに合わせて照準鏡を調整する特殊なものを初期には装備していたが、大戦にはいってからは簡単な光学照準鏡付、さらにはより簡略化した環式オープンサイト式も採用された。

前述の照準設定手とは、このLPR照準機の調整を担当する操作員のことで、これがない場合は二名で操作可能である。

第80図　96式25㎜3連装機銃2型

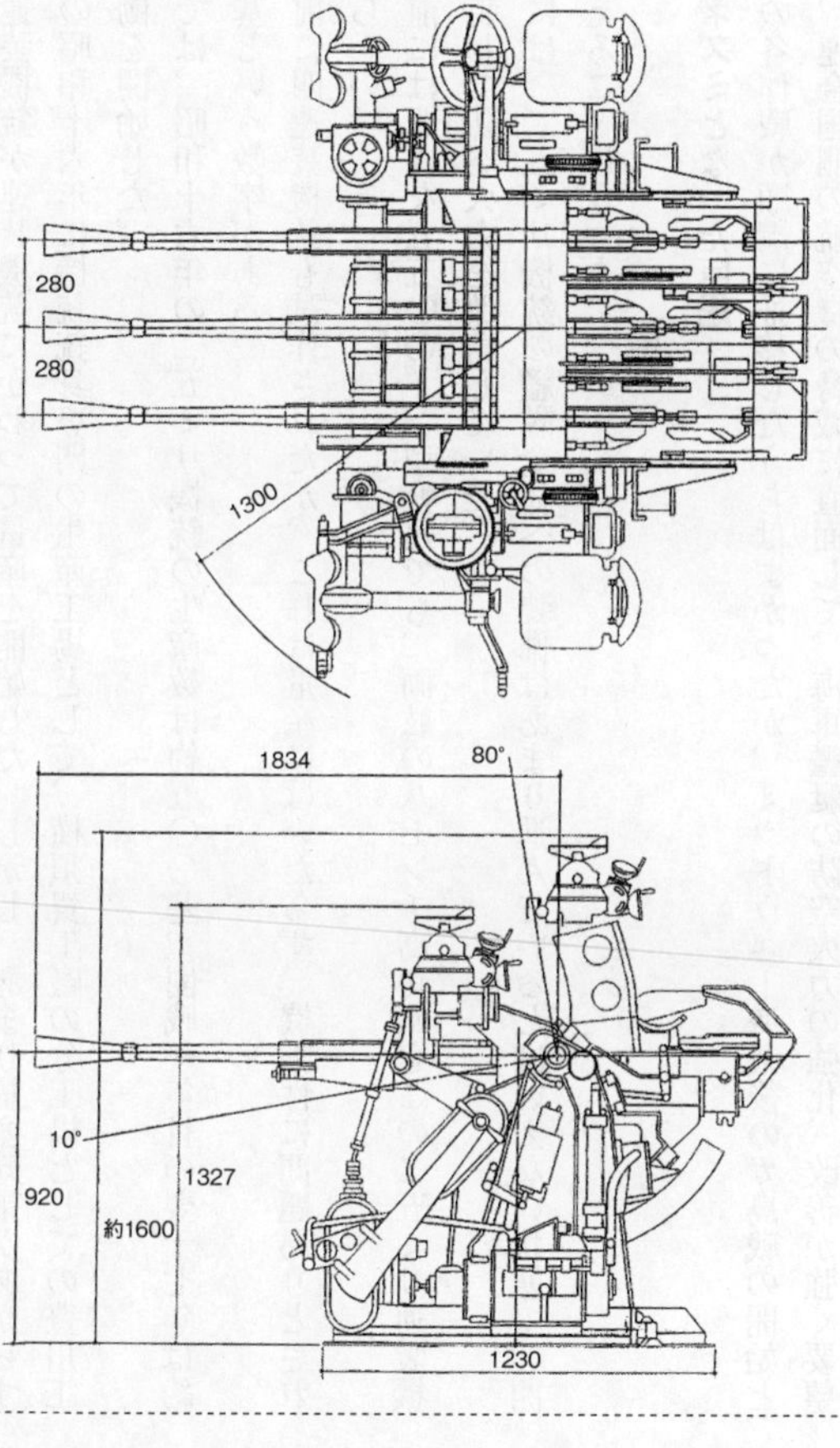

二五ミリ三連装機銃は日本海軍の独自デザインらしく、昭和十五（一九四〇）年以降は、この三連装機銃が連装機銃にかわって量産を開始した。しかし、あまり量産効果があがらず、開戦前の昭和十六年に機銃銃身専門の生産工場として、横須賀工廠の分工場としての豊川工廠が稼働を開始した。

概略では、昭和十六年の二五ミリ機銃の生産数は約五〇〇基、開戦一年目の翌十七年は約九〇〇基という数字がある。

開戦前に四連装機銃も試作されたが、これは量産にはいたらず、機動性に問題ありとされたものらしい。

開戦前には旧式な五五〇〇トン型軽巡でも、両舷の八センチ高角砲をこの二五ミリ連装機銃に換装して防空火力を改善していた。

実際には、二五ミリ機銃の艦隊全体への装備はあまり進んでいるとはいえない状態で、開戦を迎えることになった。

ハリネズミとなった巨艦

緒戦の各作戦が順調に推移したうちはよかったが、ミッドウェー海戦後のガ島戦の開始とともに、連合国側の航空機の脅威に直面して、海軍艦艇の防空火力の強化、改善が強く要望されるようになった。

各艦艇は損傷修理などで内地に帰還したおりに、二五ミリ機銃の増備、一三ミリ機銃の二五ミリ機銃への換装などを実施することがあった。これも主要艦艇優先で、第一線艦艇側の要望にこたえるまでには、時間がかかるのが実態であった。

昭和十八年の二五ミリ機銃生産量は、各種合わせて六五〇〇基という数字がある。

この年の豊川工廠の銃身生産量は五六四〇梃との数字から見て、この年から舞鶴工廠が生産にくわわったほか、民間の外注会社も増えていたことを加味しても、かんじんの銃身は横須賀工場と豊川工場以外では製造できなかったはずで、実際の完成基数はもっと少なかったものと推定する。

この年からは単装機銃の生産もはじまった。これは銃身の生産に銃架の生産が間に合わず、単装機銃として早く前線に送りだす意味合いもあった。

単装機銃は最大仰角を八五度と五度高めて、円錐銃座に装備して環式照準機および肩当てを装備した。装塡、給弾を別にすれば一人で操作するもので、一般艦艇用から、陸上砲台用、潜水艦、魚雷艇用などの各型が、終戦時までに多数生産された。

昭和十九年にはいって、各艦艇にたいする機銃の増備は、より加速されることになるが、装備数が画期的に強化されたのは、六月のマリアナ沖海戦に敗れてからであった。

この海戦で日本海軍の空母機動部隊は事実上壊滅、二度とアメリカ空母部隊に戦いを挑むことはなかった。

したがって、味方が制空権をうしなって、水上艦艇だけで艦隊行動をおこなうには、各艦艇が自力で防空力を高めるしかなく、とりあえずできることは、二五ミリ機銃の増備しか手がなかった。

このため、戦艦「大和」の例では、竣工時の二五ミリ機銃兵装は三連装八基であったものが、昭和十九年七月には同三連装二九基、同単装二六基までに強化され、機銃射撃装置も四基から一二基に増加していた。

最終的に「大和」が沖縄特攻で出撃したさいは、三連装五〇基、単装二基、射撃装置一八基にまで増備されていたといわれる。単装の減少は、対空用三式弾を発射する主砲爆風の影響を避けるためであった。

ただし、このような大幅な増強は、大型艦である「大和」のように甲板スペースがあり、復原性能に余裕のある艦だからできることで、軽巡や駆逐艦になると、三連装機銃の増備においては、主砲の一部撤去などの代償重量の考慮が必要であった。

しかし、こうした二五ミリ機銃の数的増強も、比島沖海戦でアメリカ空母機の空襲にたいして効果的な対空戦闘ができたとはいえず、おおくの艦艇が空襲によりうしなわれているのが、その答えであった。

日本側の担当技術士官が戦後の米海軍技術調査団に答えているように、二五ミリ連装、三連装機銃は、その機動力が目標の高速移動に追従できず、照準装置も高速目標に不適であった。

　また、機銃の発射時の振動が激しく、正常な照準をさまたげ、銃口のブラストも大きく操作人員の妨害になった。

　その他、弾倉の装塡数も少なく、連続発射を維持するのが難しかったともいわれる。

　昭和十九年には、横須賀工廠の二五ミリ機銃生産基数は三一〇〇基、豊川工廠でも銃身一万七六〇〇梃と前年の三〜四倍の生産高をあげた。品質管理の手法による大量生産も軌道にのってきたが、素材となる金属材の不足、空襲による工場疎開など、問題もおおく発生した。

　昭和二十年にはいると、もはや搭載すべき大型艦もなくなり、中小艦艇への装備は充実したものがあった。

　二五ミリ機銃を日本海軍が艦載対空機銃の主力に選んだことについて、終戦時の反省としては、より大口径で発射速度の速い機銃、さらには航空機搭載機銃との弾薬共通化、初速の早い貫通威力のある機銃を求める声もあった。

　結果的には、アメリカ海軍のようにエリコン二〇ミリ機銃とボフォース四〇ミリ機銃という二本立てで、近距離、中距離に有効な防空火力を構成したことを見習うべきであったのではなかろうか。

高性能ボフォース機関銃

昭和十七年二月、陥落したシンガポールで日本軍はイギリス軍が残した何門かの四〇ミリ高射機関銃を発見する。これが第二次大戦でもっとも有名な高射機関銃、スウェーデンのボフォース社が開発した四〇ミリ機関銃であった。

この機銃の開発は一九二八年と早く、一九三〇年に最初の製品が完成している。開発にはスウェーデン政府が予算を提供したもので、最初に完成した水冷式連装機銃はスウェーデン海軍での採用が決定した。

同時に開発されたものに空冷式単装の陸上用機銃があった。この二種のボフォース機銃は以後、一九三九年の第二次大戦勃発までに、じつに世界一八ヵ国が購入したという。ただし、この中に日本は入っていなかった。

また、ライセンスを得て自国で製造した国はイギリス、フランス、ベルギー、フィンランド、ギリシャ、オランダ、ポーランド、チェコスロバキア、ハンガリー、オーストリア、イタリアの一一ヵ国にのぼった。

このうち、いくつかの国では独自に改良をくわえている。とくにポーランドでは、自国での製造にあたって、銃座をより軽く簡単な構造として良好な結果を得て、イギリスやフランス、スペインに逆輸出していたともいわれている。

これらは主に陸上用の対空機銃であったらしく、第二次大戦において枢軸側のドイツや日本側の手に相当数が落ちることになる。

（上）ボフォース社のオリジナル40ミリ水冷式連装機銃。戦前の同社のカタログ写真。（下）オランダ軽巡デ・ロイテル。1942年。後部に40ミリ連装機銃5基を集中装備している

とくに欧州においては、多くの国がドイツとの戦闘に敗れて占領下におかれたことで、ドイツ側に接収されたボフォース機銃も相当な数にのぼり、ドイツ軍で再利用されたといわれる。

水冷式の連装機銃は、より大型の機力駆動の台座に装備された艦載用の大型機銃である。オランダやポーランドでは一九三五年以降、自国艦艇の新造にさいして、これらを搭載した。一九三六年竣工のオランダ軽巡デ・ロイテル(六四五〇トン)やイギリスで建造され一九三七年に完成したポーランド大型駆逐艦グロム(二〇一一トン)などに装備され、一部から注目されていた経緯があった。

ボフォース機銃といえば、第二次大戦中の米艦艇がひろく搭載して、大戦末期の沖縄戦などで日本の神風特攻機の撃墜に威力を発揮し、アメリカ海軍の代表的艦載対空機銃という印象が強いが、実際には、その導入は他の列強とくらべてかなり遅れてはじまった。

そもそも日米開戦時の米海軍の主力艦載対空機銃は二八ミリ(一・一インチ)四連装水冷式機銃で、機力駆動の大型機銃であった。

海軍砲熕廠が一九三四年に開発し、以後、製造を続けてきたが、艦艇への装備はかなり遅れている。米海軍があまり積極的でなく、その性能に疑問を持っていたふしがあった。

米海軍が注目した新機銃

米海軍とボフォース機銃との出会いには、かなりドラマチックなエピソードがある。一九三九年夏、ドイツのポーランド侵攻直前に、一人の米技術者がストックホルムを訪ね、ボフォース社でこの機銃のデモンストレーションを見たことに端を発する。

帰国した技術者は、ただちにこれを海軍兵器局長のファロング少将に報告した。同少将はこれに興味を示し、ヨーク・セイフ&ロック社にライセンス取得の打診を依頼するとともに、テスト用のサンプル購入をストックホルム駐在武官に命じた。

サンプルは空冷式連装型で水冷式ではなかったが、一九四〇年七月に完成した。しかし、ドイツ軍のノルウェー侵攻のため、フィンランド経由で米船アメリカン・レジョンに搭載、八月末にニューヨークに到着した。

同船は第二次大戦勃発により、足止めされていたバルト海沿岸方面の米人引き揚げ用に、アメリカ政府がドイツから安全航行権を得ていた船であった。

このサンプルの到着前に、兵器局では当時トリニダッドにあったオランダ砲術練習艦ヴァン・キングスベルゲンが、このボフォース機銃を装備していたことを知って、実際にその実物を見聞するために、わざわざ重巡タスカローザを派遣していた。同練習艦は水冷式連装機銃二基を装備しており、米側は巡洋艦搭載の水偵に標的を曳航させて、実際に射撃をこころみるなどの実験をおこなって、ボフォース機銃の調査をおこなったという。

一九四〇年九月末からダールグレンの海軍兵器研究所において、陸海軍共同でこのボフォ

9名で操作される米海軍40ミリ連装機銃Mk1

ース機銃と陸軍の三七ミリ機銃、英海軍の二ポンド（毘式四〇ミリ）機銃を比較検討しながら、最終的に採用機銃を決定することになった。同年末には、ほぼボフォース機銃の採用に決まり、英海軍でも、これに相乗りすることになった。

スウェーデンのボフォース社とのライセンス契約は、一九四一年六月二十一日にストックホルムで締結され、ライセンス料として六〇万ドルが支払われた。これは陸海両軍が半分ずつ負担したが、実際にはボフォース社が派遣する人間が来なかったため、五〇万ドルに減額されたという。

これからがアメリカ工業力の底力というべきで、一九四二年の後半には、最初の米海軍モデルとなる水冷式連装型Mk1と同四連装型Mk2が完成して、艦艇への装備が開始された。終戦までに連装型八九〇〇基、四連装型二三〇〇基が完成している。

日本海軍の真珠湾攻撃時、このボフォース機銃を装備した米艦艇は一隻もなかったが、翌一九四二年十月の南太平洋海戦では、ボフォース四〇ミリ四連装機銃を最初に装備した戦艦サウスダコタが出現して、日本空母機は大損害を受けている。

サウスダコタはこの時、ボフォース四連装四基とエリコン二〇ミリ三六基のほかに、在来の二八ミリ四連装機銃五基もまだ残っていた。そして、一九四五年の終戦時には、同戦艦の対空機銃は四〇ミリ四連装一七基、二〇ミリ連装八基、同単装五九基を装備していた。

沖縄戦では日本側の特攻攻撃が熾烈をきわめたが、撃墜した機の約半数はボフォース機銃によるものといわれているほどであった。ただし、米海軍はこの沖縄戦でボフォース四〇ミリ機銃の威力に限界を感じて、VTヒューズ装着可能な三インチ（七六ミリ）自動砲の開発をいそいだといわれている。

なお、米海軍ではこれらボフォース機銃の射撃装置として、日本海軍の開発した九五式機銃射撃装置と同原理の遠隔操作方式を採用して、効果を上げている。指揮装置に射撃用レーダーも併用し、こうした電子および自動制御技術は、日本のレベルより数段上をいっていた。

まぼろしの五式四〇ミリ機銃

さて話を戻すと、前述のように日本軍は、緒戦の英領や蘭印地帯の占領で相当数のボフォース機銃を入手したはずであった。しかし、米国のようにその優秀性に着目して、ただちに

1942年、ジブラルタル基地で使用中の英陸軍ボフォース40ミリ機銃。シンガポールで日本軍が鹵獲したものと同型、五式機銃はこれをコピーしたもの

自国兵器として応用することはなかった。勝利に浮かれていた日本軍にたいして、そうした行動力や洞察力に欠けていたことを責めるのも酷であろう。

それでもシンガポールで接収した可動品を、一九四三年の春に日本海軍は横須賀工廠で試射して、その性能を確認していたらしい。

これはイギリス陸軍が陸上防空用に使用していた、車輪付き台座に装備された単装空冷式人力操作のイギリス製であったらしく、構造的にはもっとも簡素な型で、照準器も環式のシンプルなものだったらしい。

ただ、長年使用してきた毘式四〇ミリ機銃にくらべて砲身長が長く、初速も高いため、射程も長く、当時二五ミ

大戦中の米潜水艦ジャックのセイル後方に装備された空冷式ボフォース40ミリ単装機銃。このMk3機銃は陸上用に使用された

リ機銃の威力不足を感じていた日本海軍にとって、その性能はかなり魅力的であったと思われた。

海軍が正式に、この機銃の生産を決定したのは一九四四年の後半らしく、横須賀工廠の機銃工場で生産用図面の作成をおこない、銃身は横須賀工場で、銃架は日立造船に外注することになった。

国産化にあたっては、銃身部を二一六〇ミリから二四〇〇ミリに二四〇ミリ延長、原型の五四口径から六〇口径に銃身長を長くしていた。これはより初速を高めて、威力の向上をはかったものらしいが、いずれにしろ銃身の命数にかかわることなので、単に長ければいいというものではない。

もう一ヵ所の改正は、銃口の閃光覆いをラインメタル社タイプに改めるというものであった。

昭和二十年にいたって制式化が未定のため、仮式五式四〇ミリ機銃と命名されて、公式に用いられるようになった。

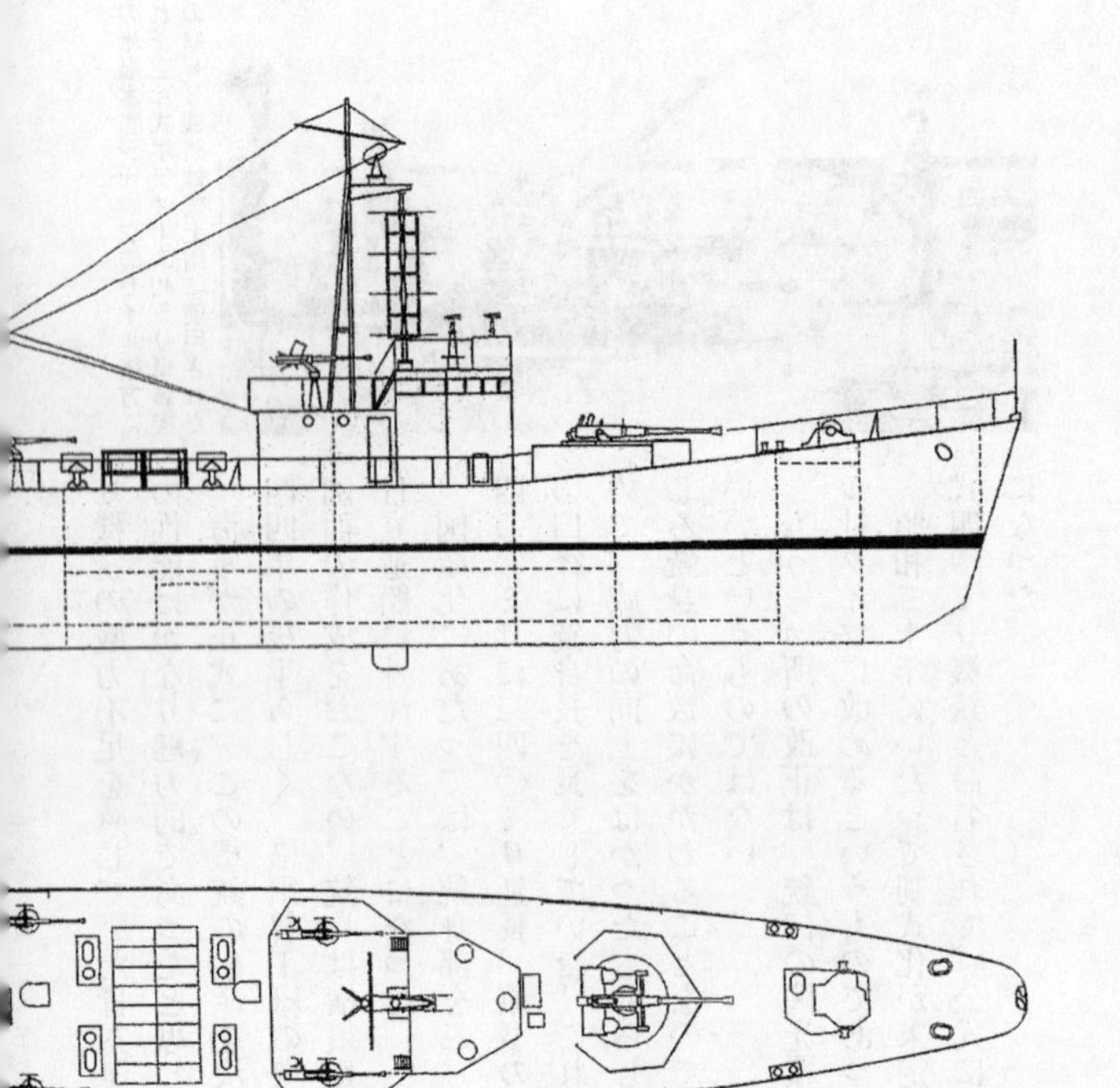

第 81 図　海防艇甲型完成予想図

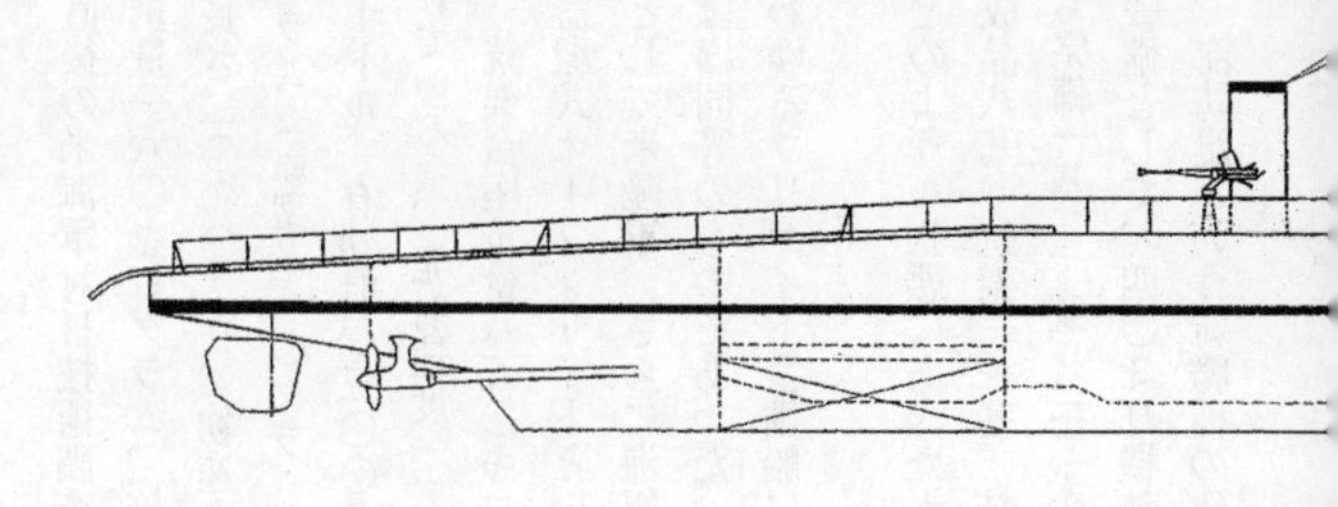

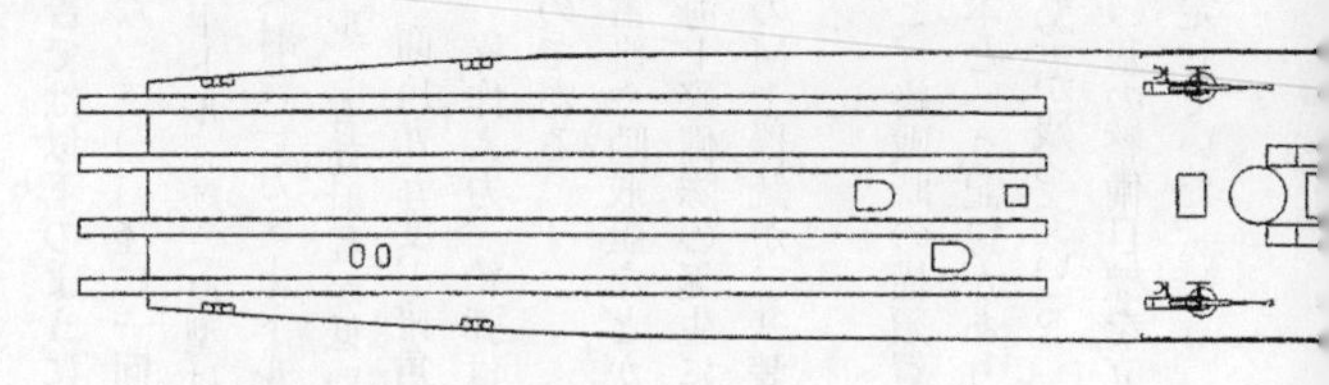

本銃の基本仕様は、終戦直後の米海軍対日技術調査団の報告では以下のようになっている。

銃身長二四〇〇ミリ、同重量一六〇キログラム、施条数一六、三〇口径に一回転右方向、深さ〇・二五ミリ、施条部長さ二〇〇〇ミリ、初速九〇〇メートル／秒（原型は八六〇メートル／秒）、装薬三〇〇グラム（原型三八〇グラム）、最大射程一万メートル（仰角五〇度）、最大射高八〇〇〇メートル、有効射程三〇〇〇メートル（有効射程が低いのは信管の性能に左右されるためとされている）、発射速度一二〇／分、仰角九五度、俯角一〇度、銃身部重量三五六キログラム、銃架台座重量八五〇キログラム、操作人力、給弾はクリップ止め四発分を人力装填、照準器環式オープンサイトといったものである。

基本的には、陸上防空用として米陸軍、さらに海軍でも魚雷艇や哨戒艇などが装備していた空冷式単装のＭ１機銃とほぼ同等のものであった。戦後の海上警備隊の誕生にあたって、米国より供与されたＰＦいわゆるフリゲイト警備船にも、このＭ１機銃が二基装備されていた。


この五式機銃は終戦時、どのような状態にあったかというと、終戦時の横須賀工廠の兵器引渡調書に、五式機銃の完成品八基、銃架一一基、銃身四六本という記録があり、豊川工廠の分には五式機銃六基（うち完備一基）、銃身三二本という数字が残っている。

海軍では昭和二十年度の戦備として、四〇ミリ機銃二〇〇〇基の整備目標を立てていたが、五式機銃を装備する艦艇に、海防艇という新艦種の建造を予定していた。

「神島」

海防艇とは、昭和二十年はじめに設計を終えていた本土防衛特攻作戦をになう艦艇の一つで、艦尾に特攻兵器「回天」を搭載発進できるスロープをもうけて、洋上での「回天」発進、沿岸基地への「回天」輸送などを主任務としていた。

「回天」を搭載しない場合は、爆雷兵装をそなえて近海での対潜護衛任務にも従事可能な排水量三〇〇トン弱の駆潜艇級の小艦艇であった。

鋼製の甲型（回天二基搭載）と木造の乙型（回天一基搭載）が計画され、それぞれ四〇隻、八〇隻の建造を目標にしていたが、終戦時、甲型二隻が進水ずみ、乙型二一隻が各地の中小木造造船所で起工ずみであったが、進水までいった艇はなく、いずれも船台上で終戦を迎えた。

したがって、海防艇で五式機銃を装備した艇は一隻もなかった。これより前、昭和二十年七月三十日に佐世保工廠で竣工した敷設艇の「神島」に、この五式機銃二基が装備されている。これは従来の「平島」型の八センチ高角砲にかわるものであった。

五式機銃を装備した「神島」の写真は、残念ながら今のところ存在しないが、これが五式機銃を装備した唯一の日本艦艇ということになる。五式機銃の生産状況から、装備されたのはまず間違いないであろう。

おなじく佐世保工廠で建造中であった同型の「粟島」にも装備を予定していたが、終戦時九〇パーセントの完成度であったというから、すでに装備を完了していた可能性もある。いずれにしろ、両艦とも戦後は復員輸送船にもちいられ、後に賠償として連合国側に引き渡されているが、兵装は終戦直後に撤去したはずである。

五式機銃は終戦時、米軍も興味を示し、実物を何梃か持ち帰ったといわれているが、写真の類いはまったく知られていない。

第9章　エリコンとボフォースで勝利した米海軍艦載機銃

ボフォースとエリコン社

第二次大戦中の米海軍の艦載機関銃といえば、エリコン二〇ミリとボフォース四〇ミリが有名である。その真相がどこまで知られているかといえば、名前だけがうわすべりして、実態についてはほとんど知られていないといってよい。

先に日本海軍の艦載機銃について述べてきた。日本の場合、欧米のような有力な民間銃器メーカーが存在せず、必然的に外国からの輸入、技術導入にたよってきたが、米国は歴史的には新しいものの、一八〜一九世紀に幾多の戦乱を経て、国内に有力な銃器メーカーが出現していた。

そのなかでも第一次大戦後にブローニング社の開発した五〇口径（一二・七ミリ）Ｍ２機銃は米陸海軍に採用された。海軍では艦載対空機銃として、一九三〇年代に出現した急降下

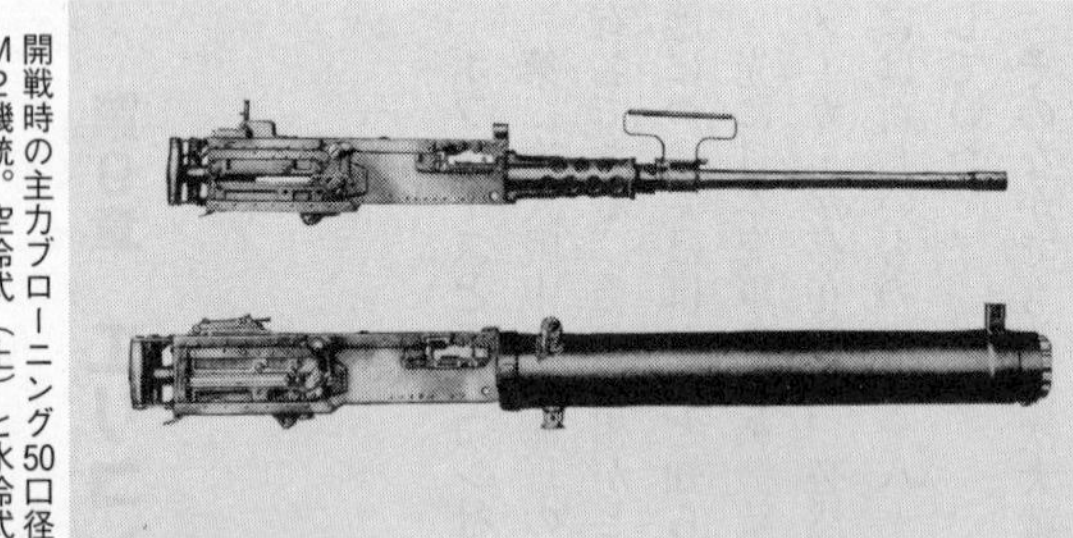

開戦時の主力ブローニング50口径M2機銃。空冷式（上）と水冷式

爆撃機や戦闘機などの高速で来襲する航空機の防禦用に装備がはじまった。

このM2は、重機関銃の歴史のなかでも最高傑作のひとつで、現在もわずかな改良で、米国をはじめ多くの国で現用されており、五〇口径機銃ではベストとされている。海上自衛隊でも、最近は護衛艦の艦橋両側にこの銃架をもうけており、不審船の近接防禦をはかっている。

ただし、米海軍が当時採用したのは水冷式M2で、一九四〇年七月一日現在で艦載搭載数は合計で単装九一六基に達していた。

たとえば、当時の戦艦ネバダでは八基を装備、前後の三脚檣トップ付近に四基ずつが配置されていた。

一九四一年十二月の日本海軍の真珠湾攻撃時、フォード島にあった米戦艦群は、この機銃で来襲した日本機に反撃したものと思われる。

当時建造中であった新戦艦サウスダコタ級では、原計画では対空機銃として二八ミリ四連三基のほかに、このM2を一二基

28ミリ4連装水冷式Mk1。射手、旋回手のほかに装填手4名、給弾手4名の最低10名によって操作される

搭載予定であった。また、完成したばかりの新戦艦ノースカロライナでは、一九四二年三月の状態で、当時装備がはじまったエリコンの二〇ミリにまじって、M2が二三基も装備されていた。

M2はベルト給弾、射手は一人の操作で、人力による自由照準操作方式である。発射速度は毎分五〇〇〜七〇〇発、曳光弾で弾道を修正するのは高度一五〇〇メートル程度が限界で、より高高度で弾幕を張って敵機の接近を防ぐには、力不足であった。

そのため一九二八年十月、兵器局においてより大型の機力操作の大口径機銃の開発がスタートした。これが一・一インチ（二八ミリ）Mk1機銃であった。

一九三一年五月までに試射用銃が完成、各種テストののち、一九三四年、海軍砲熕工廠において生産が開始された。この機銃は、ほぼ同時期の日本海軍の二五ミリ保式機銃にくらべて、いちだんと大型であった。銃身長は七五口径、冷却は水冷式、四連装という重装備で、全重量五トンを超える電動駆動のマウント構造を有していた。

発射速度は毎分一五〇発、八発入りマガジンを人力で装填する方式であった。弾丸重量は五〇口径機銃の約一〇倍もあり、曳光弾の弾道も二八〇〇メートルと、ほぼ約二倍の射程を有していた。

一九四〇年七月一日現在で、艦艇に装備されていたのは合計三八基といわれている。すくなくとも真珠湾攻撃ころまでは、米艦艇の対空機銃はこの二八ミリ機銃とM2機銃の二本立てを基本としていたらしい。

二八ミリ機銃は生産数もすくなく、空母、重巡、軽巡、駆逐艦などの新造艦に装備することを優先したらしく、M2機銃にくらべると装備数はすくなかった。

ただ、一九三七年のスペイン内戦などの実績から、米海軍もこの二種の機銃に満足していたわけではなく、より高性能、大口径で破壊威力の大きい機銃の必要性を模索していたのは当然であった。そのひとつが、五〇口径機銃に代わる二〇ミリ級機銃の採用であった。

米国に移された製造拠点

スイスのエリコン社の二〇ミリ機銃は、第一次大戦中にドイツのベッカー社が開発した大

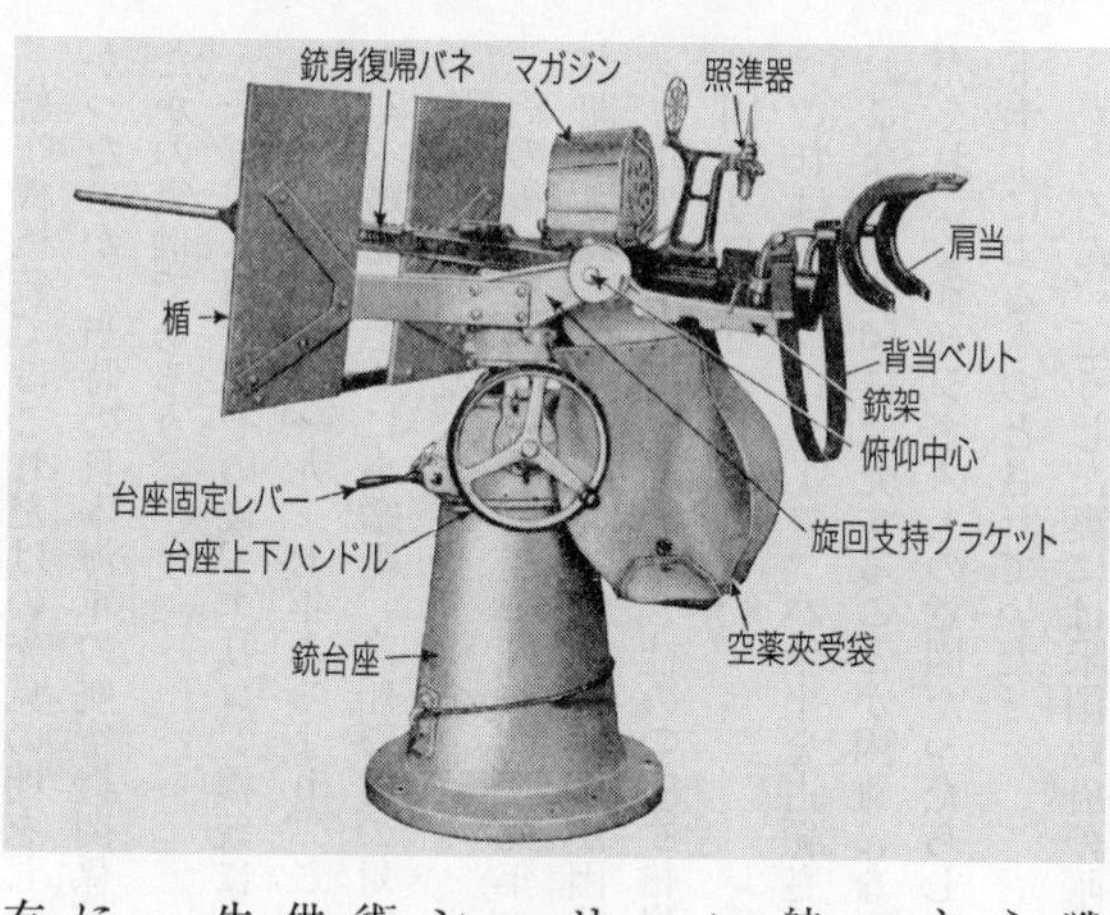

エリコン20ミリ機銃各部名称

口径（二〇ミリ）航空機用機銃のベッカー銃を、戦後にエリコン社がライセンスを得て改良をくわえ、一九三〇年代にはいってから発売したもので、主に航空機用として注目されていた。

一九三五年に米国もテスト用として二梃を購入、航空機搭載用としてテストしたが、発射速度が低いとして、陸海軍とも採用を見送った経緯がある。

このとき、日本海軍でも航空機用機銃としてエリコン二〇ミリに注目していた。関係者の努力で一九三六年一月に大日本兵器会社を設立、エリコン社との間にライセンス契約を結んで同社より技術者を招聘し、必要な工作機械および特殊材料の供給をうけて、翌年よりごく少数ではあったが、生産を開始するにいたった。

この航空機用二〇ミリ機銃はのちに零戦の主翼に装備されて、零戦の威力の象徴となったことは有名である。

航空機機銃ではこれだけの先見の明をしめした日本海軍が、なぜこれの艦船搭載を考えなかったのか。当時の日本海軍の航空機関係技術者と艦艇技術者との間が、いかに疎遠であったかの実例であろう。

一方、米国でもその後、エリコン機銃にたいする積極的なアプローチは見られなかった。しかし、英国では一九三七年ころより、このエリコン二〇ミリ機銃に注目して航空機用ではなく、艦船、とくに小艦艇、商船などの対空機銃に最適として、輸入およびライセンス製造の検討を開始した。

その後の英国の動きは遅く、一九三九年の第二次大戦勃発を迎え、翌年、ドイツの電撃戦が開始されると、エリコン機銃の輸入が困難になってしまった。

一九四〇年五月にエリコン社のGazda輸出部長が渡米して、同年十月に同氏を代表とした米国エリコン社が設立された。

これはドイツにヨーロッパ全土を占領されて、エリコン社ではスイス本土で機銃の製造をおこない第三国に販売することが困難になったため、米国に拠点を移して、機銃の生産と販売をおこなうビジネス上の意図だったらしい。同社の資本の七五パーセントは、米国側のオーナーによるものとされていた。

もちろん、こうした裏には米国政府の暗黙の了解があったものと思われる。米国もこの時期、エリコンとイスパノ・スイザ製の優劣を比較検討する作業をつづけており、エリコンは発射速度ではいくぶん劣るものの、マガジン給弾方式で優れていると判断されていた。

さらにこの時期、英国海軍が実際に艦船に装備した両機銃の優劣をくらべた結果、イスパノ・スイザは海上の艦船に装備した場合、構造上または材質上のトラブルを生じることが多く、エリコンの方が優れているとの情報を米国に提供していた。

英国はとりあえずエリコン二〇ミリ機銃二〇〇〇基と弾薬一〇〇〇万発の取得を希望していたが、入手が困難となり、さらにライセンスの取得もエリコン社の同意が得られなかった。

一九四〇年十一月、米海軍はM2機銃に代わる自由操作式対空機銃として、エリコン二〇ミリ機銃の採用を正式に決定した。

米国はエリコン機銃を国内でライセンス製造するのではなく、米国エリコン社と契約して必要数を調達することになり、一九四一年八月に最初の契約として二五〇〇基を同年十月までに納品することになった。

このうち二〇〇〇基は英国に引き渡す分で、実際の生産はこれより早く、六月八日にすでにスタートしていたといわれている。これに先だって、五名の技術者がスイス本社から呼ばれて、生産設備の整備にあたっていた。

数字がしめす米国工業力

機銃の生産は以後、順調に推移している。真珠湾攻撃時には三七九基が海軍側に引き渡しずみであったといわれ、一九四五年十二月までに、じつに機銃機構部一四万六九五六基、マウント部一三万三一四九基が調達されたというから、今さらながら米国工業力の底力がわかる数字である。

もちろん、これは米国エリコン社のみで達成した数字ではなく、自動車会社GM傘下のポンティアック・モーター部門、おなじ自動車メーカーのハドソン・モーター社、海軍砲熕工廠などが主な製造拠点となった。ほかにも四社ほどが途中より生産にかかわり、さらにこれらの下請会社は何百社に達していた。

また生産開始後、品質管理の徹底で工程管理、材質の変更、加工方法の改善などにより、一九四五年には一基あたりの製造工程時間は八二パーセント減少短縮されたという。

一九四二年前半の生産数は約一万基、同後半期には二万基に達しており、以後一九四四年までは、年間五万基ちかい生産数を維持している。これは日本海軍の二五ミリ機銃にくらべても、一〇倍以上の生産数であった。

先の真珠湾攻撃時の引き渡し数から、当時真珠湾にあった米艦艇で、どれだけエリコン二〇ミリ機銃を装備ずみであったかは不明だが、あったとしてもわずかで、M2機銃が大半を占めていたものと推定された。

一九四二年一月の米空母ワプスの例では、すでに三二基を装備していたといわれる。開戦後は空母、巡洋艦などの空母機動部隊に優先して装備したらしく、新戦艦ノースカロライナでは前述のように、一九四二年三月の例ですでに三〇基が装備ずみで、本土にあった艦艇から装備が進んだようである。

空母レキシントンは一九四二年四月、サンゴ海海戦に先立ってハワイで二〇センチ連装砲四基をおろし、対空火力の強化をはかったさい、ボフォース四〇ミリは間に合わなかったが、撤去跡に二八ミリ四連装機銃を増備、同一二基とエリコン二〇ミリ三二基を装備した。他にM2機銃二八基を装備しており、そろそろエリコン二〇ミリがM2機銃に代わりつつあった過渡期であった。

それにしても、当時の日本海軍最新の「翔鶴」型空母の対空機銃が二五ミリ三連一二基のみであったのにくらべても、米海軍における対空機銃の強化策はかなり徹底したもので、日本海軍がこうした対空火力の強化策を本気で実施するようになったのは、これから二年後のマリアナ沖海戦のあとであった。

一九四二年後半にはいってボフォース四〇ミリの装備が開始された。エリコン二〇ミリの量産も進んで、従来の二八ミリとM2機銃との切り替えがほぼ完了した。

以後、米艦艇は圧倒的な対空機銃の火力を保持してきたが、一九四四年十月の比島沖海戦以降、日本軍の特攻機に対抗するため、さらに火力の強化が実施されることとなる。

エリコン二〇ミリの装備数は、終戦時において新戦艦では五二〜七〇基、旧式戦艦で三六〜六四基、エセックス級空母五六〜六二基、重巡一二〜二八基、新型駆逐艦一〇基ていどの

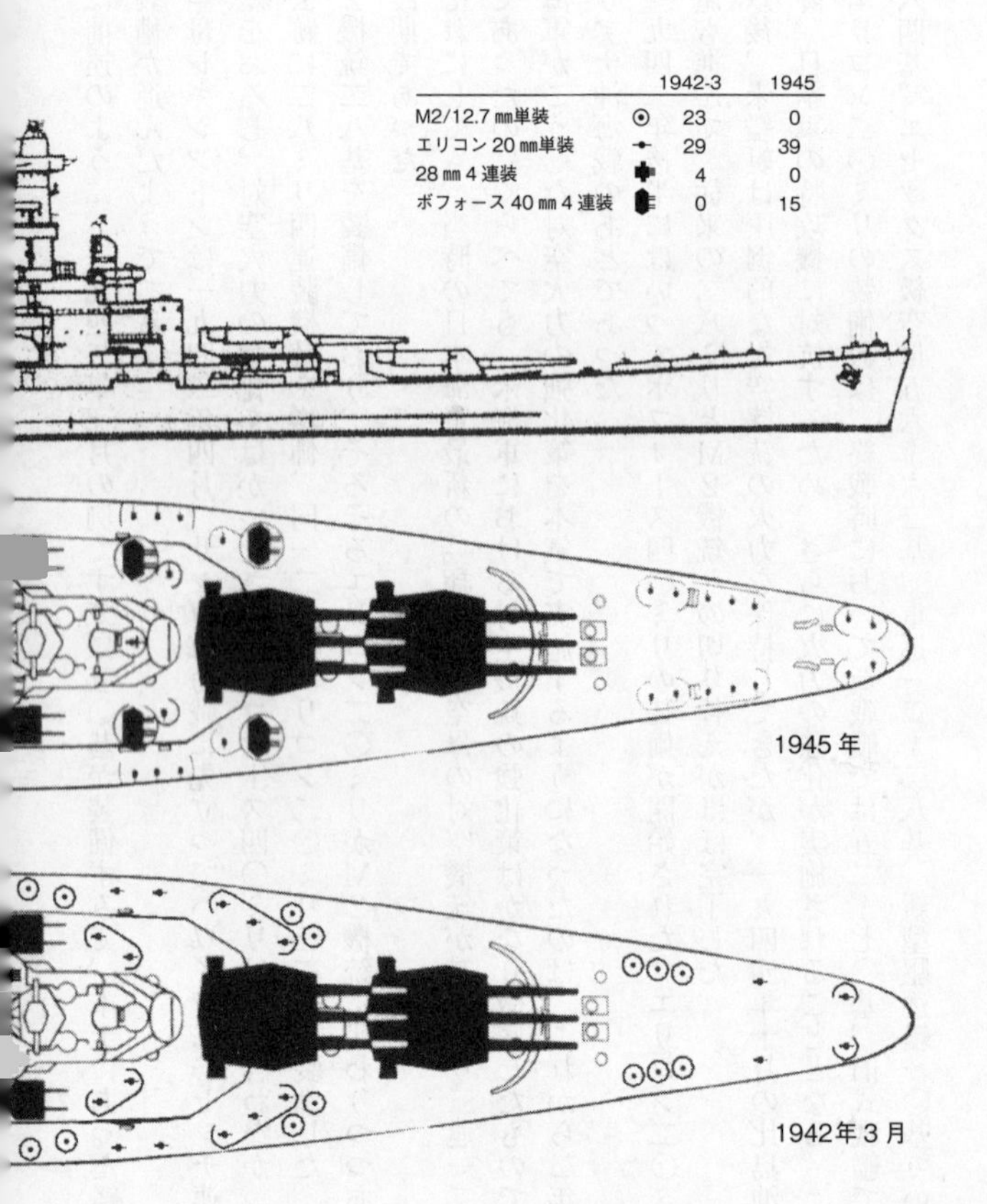
1942-3
1945
M2/12.7㎜単装
23
0
エリコン20㎜単装
29
39
28㎜4連装
4
0
ボフォース40㎜4連装
0
15
1945年
1942年3月

第82図　戦艦ノースカロライナ機銃装備変遷

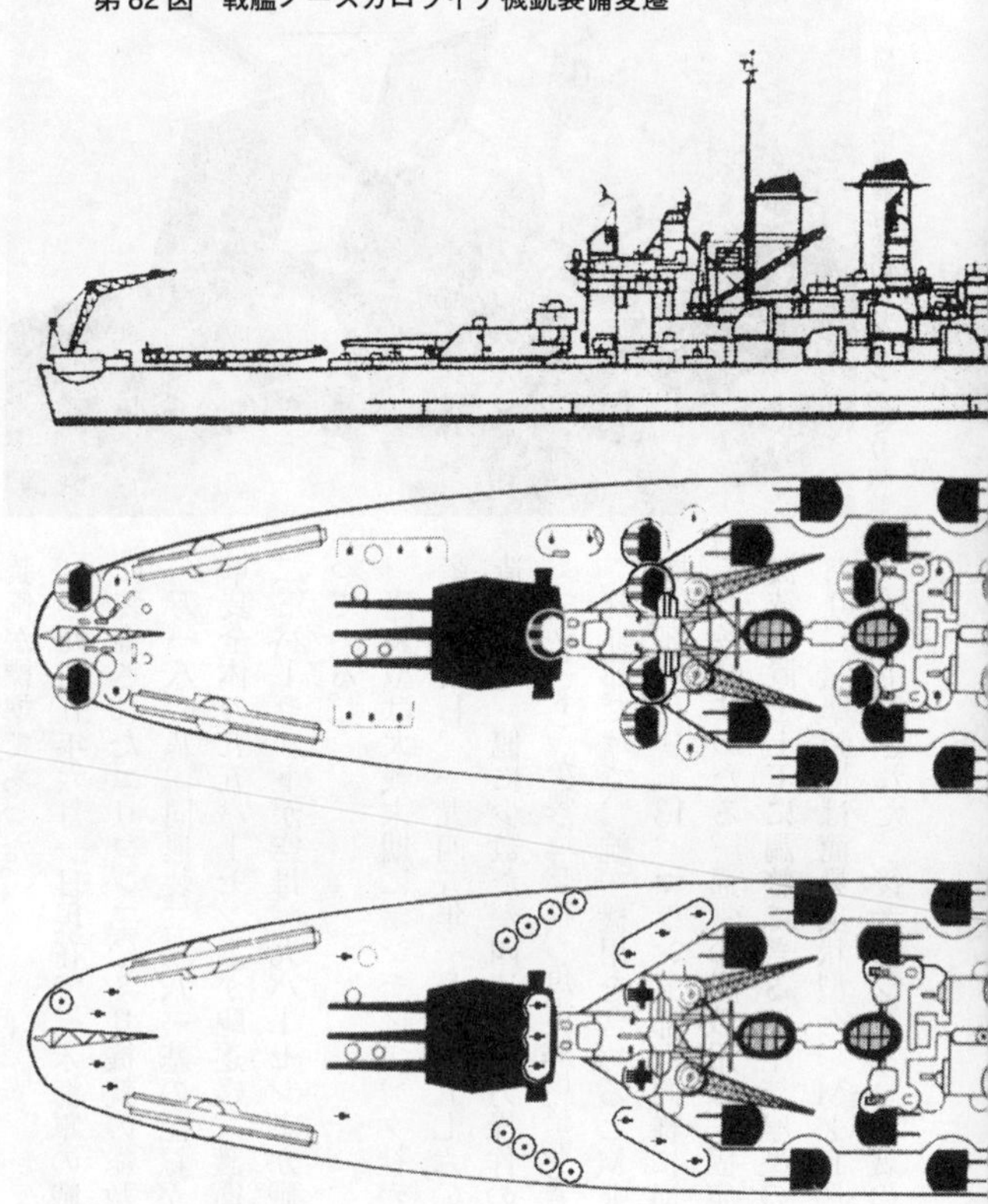

Mk14照準器付きのエリコン20ミリ機銃

装備が標準であった。

一九四五年六月一日現在で、米海軍の戦闘艦艇に装備されたエリコン二〇ミリ機銃の総数は単装一万一八〇基、同連装二三八一基の記録がある。単装全体の五五パーセントが駆逐艦、護衛駆逐艦、二三パーセントが空母、九パーセントが戦艦となっている。

連装型は大戦末期にポンティアック社が開発生産を担当し、一九四五年一月以降五七六〇基が製造された。他に少数だが四連装機力操作のMk15（マウント）が製造され、魚雷艇に搭載された。

銃身部だけで、航空機用を含めるとMk1－16、機構部Mk9－13、マウント部も同様にMk1－27と多岐にわたる。通常の艦載用は、固定銃座と機銃位置を上下に調整できる油圧銃座型の二つがあり、照準装置は簡易環状型と、Mk14照準器の二種が主用された。後者はジャイロ内蔵の機械的簡易計算装置をもつ、かなり高度な照準装置である。

　エリコン二〇ミリ単装機銃の操作は通常、射手いがいに給弾装塡手一名、油圧銃座の場合は調整手一名、さらにＭｋ14照準器装着の場合は距離設定手一名より構成される。

　発射速度は約毎分四五〇発、円筒マガジンは六〇発を装弾する。有効射程は二〇〇〇メートル以内で、銃身長は約七〇口径、初速は八三八メートル/秒と日本の二五ミリ機銃よりいくぶん低い。

ボフォース四〇ミリ機銃

ボフォース四〇ミリ機銃については、日本製ボフォース機銃「仮称五式機銃」において、その発端を述べたので、それ以降の大戦中の米国における量産化を中心に述べることにする。

　大戦中の米海軍艦載対空機銃がすべて外国製で、そのライセンス製造権を得てみごとに量産化に成功、大戦を戦いぬいたのは、武器大国の米国としてはいささか奇妙な現象であった。

　しかし、さすがに巨大で強力な工業力を生かして、きわめて短期間に前線の艦艇に豊富に供給し、有力な戦闘力を発揮したのは、他国にはまねのできないことであった。

　スウェーデンのボフォース社が、米国に製造権をあたえる契約を結んだのは、対日戦の開戦がせまっていた一九四一年六月二十一日のことであった。米国が自国向けだけに製造する権利をあたえたもので、ライセンス料は六〇万ドル、米国陸海軍が半分ずつ負担したとされ

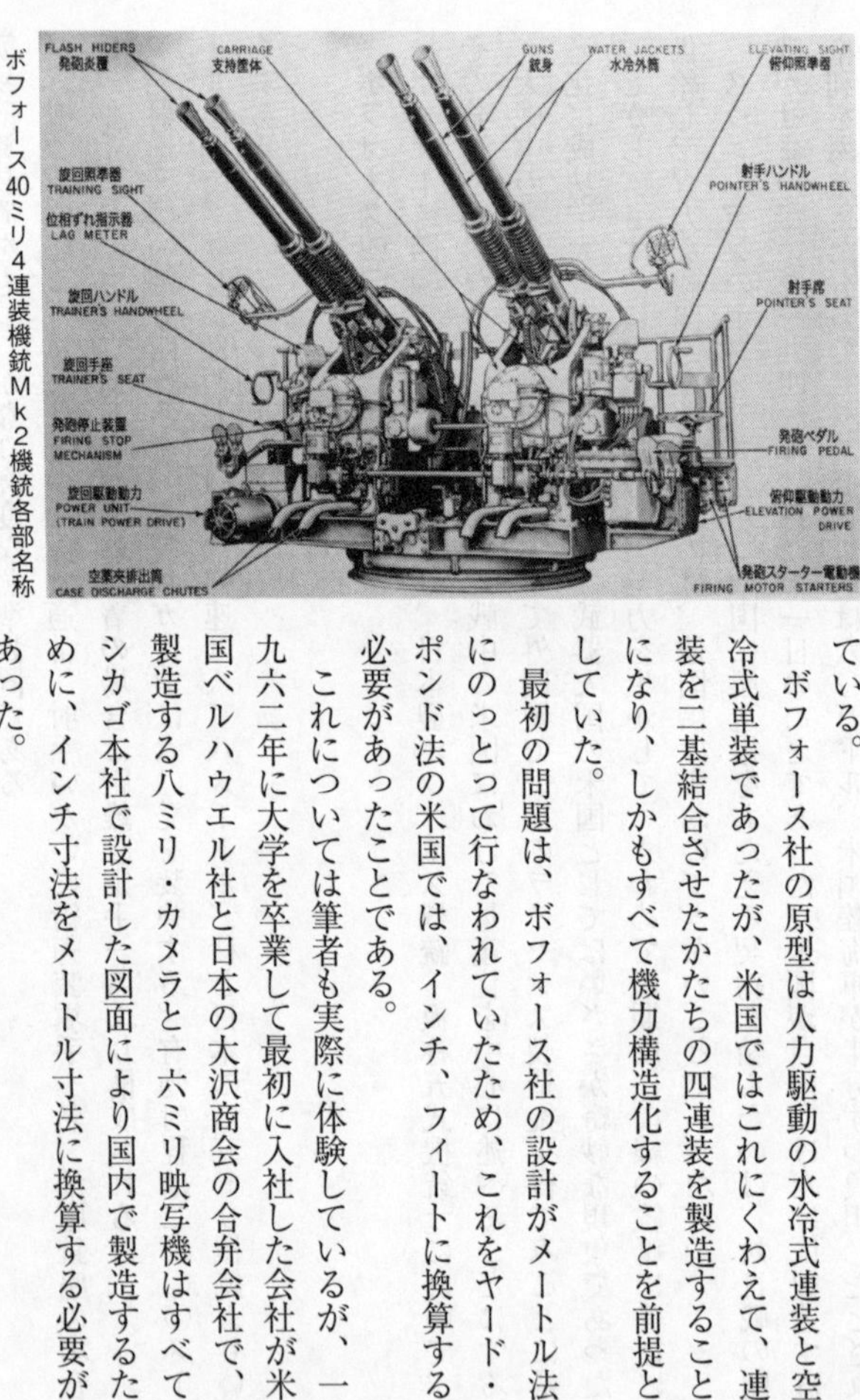

ボフォース40ミリ4連装機銃Mk2機銃各部名称

ている。

ボフォース社の原型は人力駆動の水冷式連装と空冷式単装であったが、米国ではこれにくわえて、連装を二基結合させたかたちの四連装を製造することになり、しかもすべて機力構造化することを前提としていた。

最初の問題は、ボフォース社の設計がメートル法にのっとって行なわれていたため、これをヤード・ポンド法の米国では、インチ、フィートに換算する必要があったことである。

これについては筆者も実際に体験しているが、一九六二年に大学を卒業して最初に入社した会社が米国ベルハウエル社と日本の大沢商会の合弁会社で、製造する八ミリ・カメラと一六ミリ映写機はすべて、シカゴ本社で設計した図面により国内で製造するために、インチ寸法をメートル寸法に換算する必要があった。

サウスダコタ

換算そのものは、まだ電卓のなかった当時、歯車式のタイガー計算機や計算尺を使って苦労したことを憶えているが、それ以上に換算後の数値が不規則なものとなり、寸法誤差や品質管理上このましくないことであった。

ちなみに、四〇ミリは一・五七四八インチとなり、丸めて一・六インチとするには無理があった。米国でもさすがに四〇ミリは四〇ミリと呼称、インチ呼称は断念していた。

こうした問題はほかに、陸海軍の規格のちがいによる部品の共通化をさまたげる事態も発生している。問題の解決にはかなりの時間と労力を要し、図面の標準化を完成させたという。

ボフォース四〇ミリ機銃の主契約会社はヨーク・セーフ・アンド・ロック社であった。とても一社では量産が間に合わないため、デトロイトの自動車会社クライスラーの子会社ブローノックス社を準契約会社としてくわえ、陸軍向けの製品の製造も担当することになった。一九四二年六月二十五日の最初の契約数は、連装五〇〇基、四連装五〇〇基で、一九四二年五月までに各二五基ずつを納入するというものであった。

一九四二年十月末の南太平洋海戦は、日米機動部隊が対等に対戦した最後の戦闘であったが、この海戦で米空母部隊の護衛役で出現した新戦艦サウスダコタとアトランタ級防空巡洋艦は、ボフォース四〇ミリ機銃を搭載していた。前者は四連装四基、後者は連装三基を装備して、猛烈な弾幕により来襲した日本機を迎撃、おおくの日本海軍ベテラン搭乗員の命を奪っている。

余剰機銃の戦後の配備先

一九四二年の生産数は連装五〇〇基、四連装二五〇基で、一九四三年一七〇〇／五五〇基、一九四四年三六〇〇／七五〇基、一九四五年三〇〇〇／八〇〇基である。

終戦時までの契約数合計は、連装一万基、四連装二三〇〇基、単装一万基に達した。このなかには、英国にレンド・リース法により引き渡された相当数がふくまれている。

途中、機力化のため多岐にわたる電機部品が不足し、フォード社、ジェネラル・エレクトリック社、ウエブスター電機社、スペリー社などが部品供給に協力、全般的に下請け会社の数は七〇〇社近くに達していた。

サラトガ

ボフォース四〇ミリ機銃は機力駆動化されたことで、Mk51方位盤による射撃指揮も大型艦艇では標準化され、Mk14照準器と併用された。

終戦時、戦艦ではアイオワ級が四連装二〇基、空母では歴戦のサラトガが二三基と全艦艇中の最多装備で、巡洋艦ではボルチモア級の一二基が最多であった。

一九四五年六月末までに、米海軍戦闘用艦艇に実際に装備された四〇ミリ機銃は、連装Mk1三〇四五基、四連装Mk2一五八五基、単装Mk3五一〇基にのぼるとされている。もちろん、このほかに海軍の補助艦船、コーストガードや一般商船に装備されたものが相当数ある。

これとは別に、米陸軍向けに量産された単装空冷式人力駆動のM1四〇ミリ機銃がある。これは戦後、日本に貸与され、海上自衛隊初期兵力の主力をなしたPF型護衛艦（フリゲイト船）に二基が装備されていた。

ただし、米海軍では大戦末期の日本側の特攻機による自爆攻撃に直面して、四〇ミリ機銃では威力不足を痛感、より遠距離

米重巡装備のボフォース40ミリ４連装機銃。右後方に見えるのがＭｋ51射撃指揮装置。日本の九五式とことなり、１基ごとに装備されている

で対空目標を捕捉撃破できる新型砲の開発に着手している。

大戦には間に合わなかったが、三インチ五〇口径速射砲を終戦後まもなく実用化した。ＶＴ信管を装着、かつ発射速度を高めることで特攻機に対抗できるとして、一九五〇年代なかばころまでに、第一線戦闘用艦艇の四〇ミリ機銃連装および四連装を、このＭｋ33三インチ速射砲単装および連装に換装している。

このため、米海軍におけるボフォース四〇ミリ機銃の全盛期は、第二次大戦後半から戦後の一時期のわずか四、五年で終わっており、おおくの余剰機銃が生じたものと推定される。

そのため、終戦後の米ソ冷戦時代に、西側諸国の海軍艦艇の再建にさいして搭載兵器として、これらの余剰機銃が広く供与されたのは、ある意味いたしかたないことであった。

日本においては、一九五〇年六月の朝鮮戦争勃発に

ともない、警察予備隊がマッカーサーの意向で創設、一九五二年四月に海上警備隊が創設されたのが、新生日本海軍の誕生であった。以後、保安庁をへて防衛庁が一九五四年七月に創設され、海上自衛隊の出現となったものである。

海自艦艇のボフォース史

最初の国産艦艇の建造計画は、早くも一九五一年九月に第二復員局から旧海軍技術大佐の牧野茂氏のひきいる旧海軍造船官グループの「国際船舶工務所」に、駆逐艦、海防艦級の試案作成依頼があったと、牧野氏が後年回顧しており、このあたりから海軍再建の機運が始動していたことがわかる。いわゆる「Y委員会」が発足した前後のことである。

一九五八年七月、防衛庁に移行する寸前に最初の国産艦艇の新造計画の予算が組まれた。甲型警備艦二、乙型警備艦三、工作補給艦（敷設艦）一、掃海艇（敷設艇）一、中型掃海艇三、丙型駆潜艇（魚雷艇）六の建造が決定した。

これらの基本計画は、当時の保安庁には立案能力がなく、牧野氏の主催する国際船舶工務所を解体して再生した「船舶設計協会」が保安庁の外郭団体として、以後しばらく初期国産艦艇の基本計画にあたることになる。

これらの艦艇には当時、国産武器が皆無であったため、そのすべてを米国に依存したのはいたしかたないところであった。

（上）戦後最初の国産警備艦「はるかぜ」搭載のため米国より供与され長崎三菱造船所で整備中の40ミリ4連装機銃。（下）「はるかぜ」の武器公試において前方の5インチ砲と同様に最大仰角で射撃中の前部40ミリ機銃。パラボラ・アンテナはMk34射撃用レーダー

（上）駆潜艇「わし」の武器公試で発砲中の40ミリ連装機銃（昭和32年3月撮影）
（下）海自艦艇で最後のボフォース40ミリ機銃装備艦となった「ねむろ」

供与される武器が決まらないと、基本計画も立案できない。結果的に当時最新の武器が供与されるわけもなく、とくに砲熕兵器については、すべて第二次大戦型の米海軍艦載砲と機銃で我慢するしかなかった。

ボフォース四〇ミリ機銃については、敷設艦と中型掃海艇いがいにはすべて装備された。四連装は甲型警備艦に二基ずつが搭載された。ただし、射撃指揮装置はいくぶん近代化された。

主砲の五インチ三八口径砲が射撃用レーダーをもたないMk51方位盤だけであった（昭和三十三年の特別改装時に追装備）のにたいして、射撃用レーダーMk34を銃側に装備した。Mk63方位盤と組み合わせることで、有効な対空戦闘を行なうことができるようになっていた。

連装型を装備した乙型警備艦と敷設艇では、射撃用レーダーなしのMk51方位盤を射撃指揮装置として、魚雷艇では単装のMk3が各一基ずつ搭載された。

海上自衛隊の内部資料では、四連装四〇ミリ機銃について、発射速度毎分一門あたり一六〇発、初速八八一メートル／秒、最大射程一万五八メートル、最大射高六九五〇メートル、俯仰角一五／九〇度、旋回部重量一一・三トン、動力：電動油圧式、旋回速度二四度／秒、俯仰速度三〇度／秒、装弾四発クリップ人力装塡、操作人員一一〜一五人としている。

Mk63方位盤により遠隔操作するもので、方位盤自体は機力ではないため、銃側の射撃用レーダーは補助的に機能し、後のような完全自動追尾能力はない。

以後、海上自衛隊では昭和五十年度計画の輸送艦「ねむろ」まで、ボフォース四〇ミリ機銃の装備を継続してきた。これらはすべて米国製のMAP（軍事援助計画）供与によるもので、国産化されることはなく、除籍艦艇からの撤去機銃を転用した例がおおいものと推定される。

いずれにしろ、平成十七（二〇〇五）年五月に「ねむろ」が除籍されたことで、五〇年前後にわたった海上自衛隊艦船のボフォース四〇ミリ機銃搭載の歴史はおわった。

本家の米国における搭載時期よりおおはばに長引いたのは、その優れた汎用性にあるものと評価したい。

日本海軍主要高角砲諸元(各データは資料によりバラツキがあり一例として掲げる)

一般名称	40口径3年式 8cm高角砲	45口径10年式 12cm高角砲	40口径89式 12.7cm高角砲	65口径98式 10cm高角砲	60口径98式 8cm高角砲
砲身型名	Ⅷ	Ⅸ	Ⅰ	Ⅰ	Ⅰ
尾栓型式	3年式(横栓式)	10年式(横栓式)	89式(横栓式)	98式(横栓式)	98式(横栓式)
実口径(mm)	76.2	120	127	100	76.2
砲身全長(m)		5.60	5.28	6.73	4.78
砲身重量 (kg)	685	2910	3100	3053	1317
弾 程(m)	2.66	4.74	4.55	5.75	4.1265
口径数	40	45	40	65	60
薬室容積(ℓ)	2.1	10.774	9.0	10.5	3.5
薬室最大圧(kg/mm^2)	23	26.5	25.3	30.5	29
施条纏度	28口径	28口径	28口径	28口径	28口径
〃 数	24	34	36	32	24
〃 深さ(mm)	1.02	1.45	1.52	1.25	1.02
〃 幅 (mm)		6.69	6.63	5.56	6.12
初速(m/秒)	680	825	720	1010	980
命 数	1200〜2000	700〜1000	800〜1500	350〜400	350〜400
砲身構造	単肉式	単肉式	単肉式	単肉式	単肉式
砲架型式	C型単装	B_2型単装	A_1型連装	A型連装	A型連装
最大俯仰角(度)	+75/−5	+73/−10 +75/−10	+90/−8	+90/−10	+90/−10
最大射程(m)	10800	15600	14800	19500	13500
最大射高(m)	7200	10400	9400	13000	8500
俯仰速度(度/秒)	1.5	15(1.5)	12(1.5)	16(1.5)	16(1.5)
旋回速度(度/秒)	5	8(3)	12(1.3)	12(0.3)	18(3)
駆動力	人力	電動(人力)	電動(人力)	電動(人力)	電動(人力)
発射速度(発/分)	13	11	14	19〜21	25〜28
砲架全体重量(kg)	2.6	8.4	20.5	33.4	9.5
弾丸重量(kg)	9.6	33.5	34.6	28.2	11.9
弾薬全長(mm)	711	1068	971	1163	769
装薬量(kg)	0.93	5.2	4.0	5.83	1.96
射撃装置	ナシ	91/94式高射装置	左同	94式高射装置	左同
初砲製造年	1915	1927	1931	1940	1940
全製造数(注)	1400	3000/2600	1500/750	120/50	50/20
代表搭載艦	戦前広く採用	重巡、空母、海防艦	戦艦、重巡、空母	秋月型駆逐艦	阿賀野型軽巡

(注) 砲身/砲架を示す

	ガトリング		
8 ㎜	25 ㎜	11 ㎜	11 ㎜
	峨砲		
5	6	10	10
8	25.4	11.4	11
35			
884		840	840
		181	
		416	
		400	
2000			1460
2.8		2.8	2.8
16		31	26
2		5.3	5.3
	3	2	8
大嶋	③	④	浪速 高千穂 ④

日本海軍明治前半期使用機銃一覧

一般呼称	保式(ホチキス社)		保式	ノルデンフェルト			
	47 mm	47 mm	37 mm	25 mm	25 mm	11 mm	11 mm
	重速射砲	軽速射砲	速射砲	諾典砲			
銃(砲)身数	1	1	5	4	2	5	3
実口径(mm)	47	47	37	25.4	25.4	11	11
口径数	40	30	20	40	40	60	60
銃(砲)身長(mm)	2048	1558	841	1032	1032	700	724
腔長(mm)	1881	1410	739				
銃(砲)身重量(kg)	220	120	33	193	56	54	25
銃(砲)架重量(kg)			55	162	57	32	25
施条纏度	7°−10′	5°−28′					
〃 数	20	20	12			5	5
初速(m/秒)	610	450	400	470	470	430	430
発射速度(発/分)			60	250	200	600	400
有効距離 (m)	4000	3500	800	1700	1700	1500	1500
弾長口径(口径)	3.7	2.7	2.3	2.7	2.7	2.8	2.8
弾薬包全重量(g)	1500	1085	455	210	210	26	26
装薬量(g)	710	200	80	42	42	5	5
在庫数 ①			5	137	3	12	6
搭載艦 ②	三景艦、扶桑 高千穂、秋津洲 千代田、八重山 大島、赤城、吉野		筑紫 筑波	厳島 浪速 高千穂 扶桑 水雷艇	高雄	松島 橋立 扶桑 海門	葛城

(注)①明治21年現在　②日清戦争開戦時(代表的なもの)
　③横須賀鎮守府に1基あり　④呉鎮守府に各1基あり

93式 13㎜機銃		96式 13㎜ 機銃
2連装 2型	単装 1型	4連装 2型
340	220	1200
	+85/−10	+85/−10
人力	人力	人力
1.40	1.30	1.50
LPR方式	環式	LPR方式
4	3	8
仏ホチキス社製 ライセンス製造		

日本海軍主要機銃諸元

一般名称	毘式40㎜機銃		5式40㎜機銃	96式25㎜機銃			保式13㎜機銃		
	単装2型	連装1型改		3連装2型	2連装2型	単装3型	4連装2型	2連装2型	単装1型
銃身実口径(㎜)	40		40		25			13.2	
銃身全長(㎜)	1575		2400		1500			1003	
銃身重量(kg)	68.9		160		43			19.8	
施条纏度	20口径		30口径		25口径			32口径	
〃 数	12		16		12			8	
初速(m/秒)	600		860		900			800	
命　　数	15000				3000〜15000				
銃身冷却方式	水冷式		空冷式		空冷式			空冷式	
銃架全重量(kg)	2641	4366		2828	2026	250	1750	680	215
最大俯仰角(度)	+85/−5		+95/−10	+80/−5		+85/−15	+85/−8	+85/−5	
駆　動　力	人力		人力	電動人力		人力	人力	人力	人力
操作半径(m)	1.50	1.90		2.30	1.77	1.30	1.50	1.40	1.30
最大射程(m)	5670		10000		7500			5800	
最大射高(m)	3840		8000		5500			3900	
有効射程(m)	3000		3000		3000			1500	
発射速度(毎分)	200				200〜260			425〜475	
弾薬包重量(g)	1297				795			120	
給弾方式	50発連続ベルト		4発弾肩		15発弾肩			30発弾肩	
照準方式	毘式照準望遠鏡		環式	LPR照準器(注)		環式	LPR照準器(注1)		環式
操作人員	7	10		9	7	3	8	4	3
備　　考	英ヴィッカーズ社製ライセンス製造型		ボフォース型コピー	仏ホチキス社製ライセンス製造					

(注) 95式機銃射撃装置と接続、遠隔操作が可能

雑誌「丸」平成十七年六月号～平成十九年四月号隔月連載
・原題「『航空機VS軍艦』艦艇防空の歴史」他に加筆訂正

あとがき

日本民族は古来より農耕民族と言われており、欧米の狩猟民族とは区別されているが、それが狩猟のための道具、銃器が発達してこなかった要因の一つと考えるのは早計であろうか。それはともかく、一九世紀の近代工業力の成長期に日本では民間の銃器、兵器メーカーはほとんど生まれず、陸海軍の兵器はすべて官営の陸海軍工廠で製造供給されるのが普通であった。明治期に二度の対外戦争を戦った日本帝国陸海軍の兵器は大半は外国からの購入品でまかなわれた。欧米では古くから民間の銃器、兵器メーカーが存在し、一九世紀において近代大量生産方式を採りいれた有力メーカーに成長、死の商人と言われながらも戦争のたびに大量の兵器を売り込んで肥大してきた。

航空機が兵器としての機能性を確立してのぞんだ第二次世界大戦は、一部に予言されていたように開戦時から航空機が猛威をふるい、とくに太平洋戦争では艦隊航空戦力と言われた空母部隊の対決となり、水上艦艇にとって航空機は最大の敵となり、いかにその脅威に対抗するかが最大の課題となった。こうしたとき、長い間外国兵器に頼ってきた日本海軍はそのつけを払わされたようで、とくに対空機銃の分野では、太平洋戦争下においてまったく米海軍に及ばなかった。

もちろん、その米海軍も開戦時まではこの分野であまり有力な対空機銃は持っていなかったが、この前後にスイスのエリコン社の二〇ミリ機銃とスウェーデンのボフォース社の四〇ミリ機銃という逸品を見出して、その強力な工業力にものを言わせて短期間に米国流の対空機銃に仕上げて量産化に移り、大戦末期の沖縄戦でも神風特攻機の攻撃をしのぐことができたのであった。また対空砲の分野でも米海軍の五インチ三八口径砲は射撃用レーダー照準装置、さらにVTヒューズの開発成功でその威力は絶大であった。

日本海軍のエレクトロニクス分野の遅れはともかく、零戦に搭載していたエリコン二〇ミリ機銃の艦載機銃化に気づかない鈍感さ、一九四二年に南方で鹵獲したボフォース四〇ミリ機銃採用の大幅遅延などは、当時の日本海軍の本質的欠陥と見るべきであろう。

ひるがえって現在の海上自衛隊の対空兵器を見ても、その一〇〇パーセント近くは米国または欧州メーカーのオリジナルで、似たような状況だが、戦後のミサイルを中心とした対空兵器の開発には巨費がかかる事情を考えると武器輸出を制限された日本では致し方ないのかもしれない。

平成二十八年九月　　　　　　　　　　　　著　者

NF文庫

艦艇防空

二〇一六年十二月 十七 日 印刷
二〇一六年十二月二十三日 発行
著 者 石橋孝夫
発行者 高城直一
発行所 株式会社潮書房光人社
〒102-0073 東京都千代田区九段北一-九-十一
振替/〇〇一七〇-六-五四六九三
電話/〇三-三二六五-一八六四代
印刷所 慶昌堂印刷株式会社
製本所 東 京 美 術 紙 工
定価はカバーに表示してあります
乱丁・落丁のものはお取りかえ
致します。本文は中性紙を使用
ISBN978-4-7698-2980-5 C0195
http://www.kojinsha.co.jp

NF文庫

刊行のことば

第二次世界大戦の戦火が熄んで五〇年――その間、小社は夥しい数の戦争の記録を渉猟し、発掘し、常に公正なる立場を貫いて書誌とし、大方の絶讃を博して今日に及ぶが、その源は、散華された世代への熱き思い入れであり、同時に、その記録を誌して平和の礎とし、後世に伝えんとするにある。

小社の出版物は、戦記、伝記、文学、エッセイ、写真集、その他、すでに一、〇〇〇点を越え、加えて戦後五〇年になんなんとするを契機として、「光人社NF(ノンフィクション)文庫」を創刊して、読者諸賢の熱烈要望におこたえする次第である。人生のバイブルとして、心弱きときの活性の糧として、散華の世代からの感動の肉声に、あなたもぜひ、耳を傾けて下さい。